工业和信息化部"十二五"规划教材

SHUZI XINHAO CHULI YUANLI YU YINGYONG

数字信号处理
原理与应用

主编 李 勇

编者 李 勇 赵 健
程 伟

U0202135

西北工业大学出版社

【内容简介】 本书系统地介绍数字信号处理的基本理论和原理以及数字信号和系统的分析与设计方法,同时结合工程应用介绍了数字信号处理技术的应用。

全书共分八章,主要内容包括绪论、离散时间信号和系统、离散时间信号傅里叶变换和 z 变换、离散傅里叶变换(DFT)、快速傅里叶变换(FFT)、无限冲击响应(IIR)数字滤波器设计、有限冲击响应(FIR)数字滤波器设计和数字信号处理技术的应用等。每章附有本章知识要点和习题,方便读者抓住重点和掌握要点。

本书可作为高等学校电子信息类等相关专业本科生和硕士研究生的专业课程教材和参考书,也可供科研人员和工程技术人员参考。

图书在版编目(CIP)数据

数字信号处理原理与应用/李勇主编. —西安:西北工业大学出版社,2016.4
工业和信息化部"十二五"规划教材
ISBN 978-7-5612-4828-7

Ⅰ.①数… Ⅱ.①李… Ⅲ.①数字信号发生器—高等学校—教材 Ⅳ.①TN911.72

中国版本图书馆 CIP 数据核字(2016)第 085141 号

出版发行:西北工业大学出版社
通信地址:西安市友谊西路 127 号 邮编:710072
电 话:(029)88493844 88491757
网 址:www.nwpup.com
印 刷 者:陕西金德佳印务有限公司
开 本:787 mm×1 092 mm 1/16
印 张:12.625
字 数:306 千字
版 次:2016 年 4 月第 1 版 2016 年 4 月第 1 次印刷
定 价:35.00 元

前　言

本书作为工业和信息化部"十二五"规划教材，根据普通高等教育本科生教学大纲的要求精心进行选材与编写。本书系统介绍数字信号处理的基本概念、理论和分析与设计方法，同时面向工程简要介绍数字信号处理技术的应用。

本书着力表现出对数字信号处理技术原理和概念进行清晰叙述，更侧重于对基本理论所蕴涵物理概念的透彻理解，同时通过介绍数字信号处理技术在工程实际中的应用，使读者能够把所学的基础理论与实际应用联系起来，能更加直观地理解物理概念。

本书内容涵盖数字信号处理课程经典的基本内容，并补充简单的应用素材。本书基于笔者多年从事数字信号处理课程教学和科研工作的经验，博采众长，吸取了国内外优秀教材和专著的优点。在讲述中特别注重对数学原理和物理概念的透彻讲解，针对工科类学生学习的需求和不同要求，融入世界著名大学同类经典教材的编写理念和内容体系，体现出内容的经典、细腻、明晰、严谨、实用和易学、易懂等特色和优点。本书从起笔时就确立了强调物理概念理解的思路，因此在编写时尽量减少生涩、枯燥和冗长的数学描述和推导。本书定位于理工科的本科生教材，部分内容也可以供研究生课程教学使用。

本书配套的专门的数字信号处理实验课教学内容的实验指导书，可以帮助读者完成相应的实验课学习和训练。

本书的先修课程主要是"高等数学""工程数学"和"信号与系统"，部分内容可能涉及"数字电路"和"微机原理"等课程。

本书的参考学时为 64 学时，第 8 章可能涉及较多的应用背景，若不讲授，教学学时可以减少为 56 学时。对非电子信息类专业或大专学生，可以只讲授第 1～7 章的主要内容，参考学时为 40～48 学时。

本书第 1,2,8 章由李勇编写，第 3,6,7 章由赵健编写，第 4,5 章由程伟编写，全书由李勇统稿。全书附录、习题和插图由程伟和赵健编写与绘制，研究生阮丽华、董理濛、杨军华、于莹洁、施歌等完成了相关计算机仿真。

在本书编写过程中，结合了"数字信号处理"陕西省优秀教学团队和陕西省优质资源共享课的建设任务，并得到了西北工业大学教务处的关心和帮助，在此向他们表示衷心的感谢！

编写本书曾参阅了相关文献资料，在此，向其作者一并致谢。

限于水平，本书仍存在不妥甚至错误之处，恳切希望广大读者给予批评指正。

编　者

于西北工业大学

2016 年 2 月

目　　录

第1章 绪 论

1.1 数字信号处理的基本概念

数字信号处理,简称 DSP (Digital Signal Processing),是电子信息学科一项重要的专业基础技术,近几十年来得到了广泛的关注和推广应用,显示了其巨大的生命力和应用潜力。纵观 DSP 的发展历程,自 20 世纪 60 年代以来,计算机科学、半导体器件和信息科学的迅猛发展和取得的巨大进步,有力地促进了数字信号处理技术的发展,数字信号处理在很多领域得到了广泛应用,逐步形成了一门独立的学科体系。

我们引用文献[1]对 DSP 的一段描述:数字信号处理是功能最为强大的专业技术之一,它必将在 21 世纪席卷众多的科学和工程领域。实际上,革命性的变化已经在下列领域发生:通信、医学成像、雷达和声呐、高保真音乐、石油勘探等。DSP 在这些领域的应用已形成了各自特殊的算法和专业技术。DSP 起源于 20 世纪 60 年代和 70 年代的数字计算机的发明和使用,在那个时候,计算机是昂贵的,因而 DSP 的应用范围受到限制。开拓性的工作主要集中在四个领域:雷达和声呐,涉及国家安全;石油勘探,涉及巨大的经济利益;空间探索,得到的数据是宝贵和无法替代的;医学成像,涉及拯救生命。80 年代和 90 年代个人计算机(PC)的普及推动 DSP 进入许多新的应用领域。DSP 不仅是为了满足军事和政府需求,而且商业市场的需求也极大地刺激了 DSP 的应用。DSP 在如下商业产品获得应用:移动电话,CD 播放机,电子语音邮件等。目前,数字信号处理器,也称 DSP(Digital Signal Processor),所形成的 DSP 系统技术以及相应的应用,已经形成一个巨大的产业和市场。

DSP 教育主要包含两个任务:一是在总体方面学习 DSP 的基本和通用的理论、概念和应用;二是掌握专业的 DSP 技术应用于专业的领域。20 世纪 80 年代,DSP 课程是为电子工程专业的研究生开设的,10 年以后,已经成为大学本科生的标准课程设置,今天 DSP 技术已经成为科学家和工程师的基本技能之一。DSP 可以与早期的电子学进行类比,对于电子工程师,基本电路设计是必要的技能之一,否则就会掉队,今天,DSP 具有同样的含义。近年来,学习和使用 DSP 更是成为人们提高能力需求,而不再是好奇。目前,国内外几乎所有的重点工科院校中,都开设了数字信号处理课程,并将其作为一门重要的技术基础课。在一些高校,还建立了数字信号处理技术的研究机构和平台,把教学、科研和人才培养紧密结合起来,在 DSP 的理论和实际应用方面取得了丰硕成果。

什么是数字信号处理的内涵?它研究的基本内容有哪些呢?它有哪些应用呢?

信号一般是指实际中获得的观测数据,所谓信号处理就是对这些数据进行所需要的变换,或按照预定的规则进行简单或复杂的数学运算,使之便于分析、识别和加以利用。信号处理一般包括变换、滤波、检测、频谱分析、调制解调和编码解码等,其中滤波的物理概念最为读者熟悉理解。

信号处理按信号的表示和处理形式分为"模拟信号处理"和"数字信号处理"。模拟信号处理也称连续信号处理,是传统的信号处理手段,它是对模拟信号进行处理的,模拟信号是物理世界中的原始信号,模拟处理的模型是基于模拟系统而言的。模拟信号处理的优点是它的实时性和简易性,但由于模拟系统的局限性,系统性能很难达到很高,也不能进行复杂的信号处理任务。数字信号处理是利用专用或通用数字系统(包括计算机)以二进制计算的方式对数字信号进行处理。数字信号处理的信号既可以是模拟信号,也可以是数字信号,应用较为方便。数字信号处理系统具有很多优点,它可以完成复杂的处理任务,在很多场合正逐步取代传统的模拟信号处理。

图 1.1 所示为一个 DSP 系统处理模拟信号的基本过程。

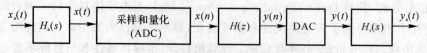

图 1.1 用 DSP 方法处理模拟信号的过程示意图

在图 1.1 所示处理过程中,$H_a(s)$ 称作前置模拟低通滤波器,它的作用是对模拟信号 $x_a(t)$ 进行预处理,改善信号的带限性能,有利于后续的采样,具有抗混叠作用,也称抗混叠滤波器;采样和量化的作用是对滤波后的模拟信号 $x(t)$ 进行离散化和量化编码,T 为均匀采样间隔,它就是工程中的 ADC(Analog to Digital Converter),使模拟信号转换成离散的二进制数据 $x(n)$;$H(z)$ 表示一个数字信号处理系统,它包含具体的数字信号处理算法,完成对 $x(n)$ 的处理;DAC(Digital to Analog Converter) 是数模转换器,它的作用是把处理后的数字信号 $y(n)$ 转换成到模拟信号 $y(t)$,若系统不要求输出是模拟信号,这一环节可以省去;$H_r(s)$ 表示一个模拟低通滤波器,它的作用是平滑 DAC 的输出,滤除 DAC 引起的高频噪声。在这个典型的处理系统中,$H(z)$ 是核心环节,数字信号处理研究的主要任务是在理论上建立一套描述 $x(n)$,$y(n)$ 和 $H(z)$ 特性的方法和算法,并研究在工程上如何实现这一系统,这是数字信号处理一个最基本的问题。

数字信号处理技术是从 20 世纪 60 年代中期开始迅速发展起来,但就其学科本身而言,历史却很久远,经典的数值分析方法(如内插、数值积分、微分等)可以看成早期的数字处理技术。简单地看,数字信号处理就是将一些信号分析和信号处理的理论方法变成一种能够实际应用的算法,并采用与之相关的硬件和软件技术加以实现,因此数字信号处理有很强的应用背景,并且与其他学科紧密相关。DSP 是一门交叉性很强的学科,依赖许多学科的技术发展,图 1.2 所示为 DSP 和其他学科的关系,它们的边界不是截然分开的,而是相关相互重叠的。如果想成为一个 DSP 专家,则需要学习这些相关学科的知识。

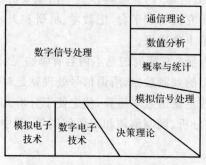

图 1.2 DSP 与其他学科的关系

对信号的分析和处理,人们实际上很早就进行了研究,例如傅里叶变换,被广泛用于信号的频域分析,但由于过去的技术水平的限制,傅里叶变换的实现非常困难,因而信号处理的水平停留在一些只能进行简单信号处理的模拟方法上,而且性能也不强。数字计算机出现以后,数字处理方法得到了快速发展。但因为其实时性和经济性还不能满足大多数应用领域,所以数字信号处理方法并没有真正得到应用,因而 20 世纪 60 年代之前,数字信号处理技术发展极其缓慢。随着大规模集成电路(芯片)技术的发展和快速算法的出现,数字信号处理才进入了广泛应用的阶段。主要表现在数字信号处理的实时性和经济性方面有了较大的提高,特别是著名的快速傅里叶变换 FFT(Fast Fourier Transform)的出现,从此,数字信号处理进入了一个崭新的高速发展阶段。

从数字信号处理的发展过程看,它是紧紧围绕着"理论、实现和应用"三个方面展开的,以众多学科为理论基础,其成果也渗透到众多学科,成为理论和实践并重,在高新技术领域占有重要地位的新兴学科。与模拟信号处理相比,数字信号处理的突出优点主要体现在:精度高、灵活性好、抗干扰能力强、体积小、功能强、适用范围广。

(1)精度高。DSP 系统的精度主要取决于数字器件的精度,具体就是字长,字长越长,精度越高。众所周知,计算机的高精度是依靠超字长的结构来保证的。在很多精密的处理和测量系统中,必须采用数字信号处理技术,否则就无法达到所需的精度和性能要求。另外,对于有些性能,DSP 系统很容易实现,而模拟系统实现却相当困难,例如,FIR 数字滤波器可以实现准确的线性相位特性,这种特性用模拟系统实现就比较困难。

(2)灵活性好。用 DSP 系统完成一个信号处理功能时,可以通过软件方便地调整和改变系统的参数,充分体现了系统的可编程性。另外,可以在实验室对系统的参数进行硬件和软件仿真模拟,以估计整个系统的性能。

(3)可靠性高。DSP 系统大多是由 CPU、存储器和 I/O 接口器件等数字集成电路器件构成,与模拟器件相比,它受环境因素的影响要小得多,可编程系统还可以采用许多数字抗干扰方法,可以大大提高系统的可靠性。

(4)便于大规模集成。DSP 系统主要由数字集成电路等器件构成,便于大规模集成和生产,可大大降低生产成本,体积重量不受影响,优于模拟系统。

(5)复用性强。利用一套 DSP 系统可以同时处理多路数字信号,因为数字信号的各采样点之间有一定的采样间隔,在这个间隔内可以同时处理几路信号。另外,在级联 DSP 系统中,为节省成本,可以使用一个低阶环节分时执行,可完成总系统的任务。这些都属于一种时分复用的结构,图 1.3 所示为一个 DSP 系统内的复用示意图。

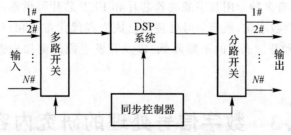

图 1.3 DSP 系统的复用示意图

同步控制器通过多路开关控制各路信号,在时间上前后错开(利用采样间隔),依次进入DSP系统,DSP在处理完第一路的数据后,再处理第二路,处理完第二路后,再处理第三路……依此类推;同步控制器通过分路开关将处理结果分别送到各路输出,然后进行下一时刻的处理,在各路输入信号输入下一个信号样值之前,DSP系统已将当前时刻的各路信号处理完一次,并将结果送到各路输出,这样对于每路信号来讲,都好像单独使用DSP系统一样。实现这种功能要依靠DSP系统中处理器的运算速度来保证,即在一个采样间隔里,DSP系统必须完成每一路信号在当前时刻的处理任务。另外,有一种频分复用系统,利用信号在频谱上的差别来区分系统,它与前面的复用概念不同。

(6)多维处理。DSP系统可以配备大容量的外部存储器,可以将多帧图像或多路传感器信号存储起来,实现二维或多维处理信号的处理,例如:激光影碟机、医用CT等图像处理设备就是依靠DSP系统完成了复杂图像编码、压缩和解码以及扫描成像等处理任务。

1.2 数字信号处理的应用

数字信号处理技术巨大的应用潜力吸引了众多学科的研究者,其在众多领域的成功应用也极大地促进了这门学科的发展,它已经成为应用最快、成效最为显著的学科之一。数字信号处理广泛用于通信、雷达、声呐、语言和图像处理、生物医学工程、仪器仪表、机械振动和控制等众多领域。近年来,随着DSP芯片技术的发展,DSP在通信,特别是个人通信PC(Personal Communication)、网络、家电和外设控制等方面显示了强劲的应用势头。

一些文献将数字信号处理的应用归纳为11个大类的100多个方面,下面仅列出一些典型的应用:①通用DSP:数字滤波、卷积、相关、希尔伯特变换、FFT、信号发生器等;②语音:语音通信、语音编码、识别、合成、增强、文字-语音自动翻译等;③图像图形:机器人视觉,图像传输/压缩,图像识别、增强和恢复,断层扫描成像等;④控制:磁盘控制器、机器人控制,激光打印机、电机控制、卡尔曼滤波等;⑤军事:雷达、保密通信、声呐、导航、导弹制导、传感器融合等;⑥电信/通信:回声对消、调制解调器、蜂窝电话、个人通信、视频会议、自适应均衡、编码/译码、GPS等;⑦汽车:自动驾驶控制、故障分析、导航、汽车音箱等;⑧消费:数字音响/电视、MP3播放器、数码相机、音乐综合器等。

数字信号处理技术的应用,目前正以惊人的速度向前发展。随着数字器件的成本降低、体积缩小及运算速度的提高,特别是高速A/D器件和高速DSP芯片的广泛使用,它的应用前景更加广阔。目前,已经有多种专用数字滤波器芯片和FFT芯片可供选用,几乎所有的语音宽带压缩系统都采用了全数字化,数字信号处理器已成为现代化雷达和声呐系统不可缺少的组成部分。DSP的应用和开发成本的不断降低、以及开发手段的更加先进和方便,使得其应用领域越来越广阔。

1.3 数字信号处理的研究内容

数字信号处理的研究内容在理论和应用上涉及的范围非常广泛,数学中的微积分、随机过程、数值分析、矩阵和复变函数等都是它的基本工具;线性系统理论、信号与系统等都是它的理论基础;同时它和最优控制、通信理论以及人工智能、模式识别、神经网络等新兴学科有关联,在算法实现和 DSP 系统开发和应用中,要涉及模拟电路、计算机及许多新兴集成电路芯片技术。

自 20 世纪 60 年代中期,快速傅里叶变换(FFT)的诞生,使数字信号处理在理论和应用方面得到了极大发展和丰富。数字信号处理的主要研究内容一般分为三大类:①一维 DSP:主要研究一维离散时间信号和系统,是数字信号处理最重要、最基本的研究内容,也是本书所讨论的主要内容;②多维 DSP:主要研究二维图像、阵列传感器离散信号和系统,属较深的研究内容;③DSP 系统实现:主要研究上面两类理论中的算法和系统(数字滤波器)的软件和硬件实现,包括系统结构、方案制订、芯片选择、软硬件开发等,面向 DSP 的应用领域。前两类研究内容属理论、方法和算法,第三类研究内容属 DSP 系统设计和软硬件开发,一般需要专门的课程学习并需要实验训练。

DSP 的理论内容主要包括:

(1)模拟信号的采样(A/D 变换、采样理论、量化噪声分析等);

(2)离散信号分析(时域和频域分析、傅里叶变换、z 变换、希尔伯特变换等);

(3)离散系统分析与综合(离散系统描述、因果和稳定性、线性非时变系统、卷积、系统频率响应、系统函数、数字滤波器设计等);

(4)信号处理的快速算法(FFT、快速卷积与相关);

(5)信号处理的特殊算法(抽取、插值、奇异值分解、反卷积、投影与重建等)。

数字信号处理研究的信号包括确定性信号、平稳和非平稳随机信号、时变和非时变信号、一维和多维信号、单通道和多通道信号。研究的系统包括线性和非线性系统、时变和非时变系统、二维和多通道系统。对于每一类信号和系统,上述理论又有所不同。

DSP 系统实现方法一般分为以下几种。

1. 在通用计算机上用软件实现

软件采用高级语言编写,也可用各种商用软件(Matlab,SYSTEMVIEW 等)。这种实现方法简单、灵活,但实时性较差,很少用于实时系统,主要用于教学或科研的前期研制阶段。

2. 用单片微控制器(MCU)实现

单片机技术发展很快,功能越来越强,可以用来做一些简单的信号处理,并用于比较简单的控制场合,如小型嵌入系统等。

3. 用高速通用 DSP 芯片实现

DSP 芯片有 MCU 无法比拟的突出优点:内部硬件乘法器、流水线和多总线结构、专用 DSP 处理指令,具有很高的处理速度和复杂灵活的处理功能。

4. 用专用 DSP 芯片实现

市场上推出的一些有特殊用途的 DSP 芯片可专门用于 FFT、FIR 滤波、卷积和相关等处理,其软件算法已固化在芯片内部,使用非常方便。这种实现方式比通用 DSP 速度更高,但功能比较单一,灵活性不如通用 DSP 好。

目前国际上生产 DSP 芯片的主要厂家有 TI 公司（TMS320 系列）、ADI 公司（TigerSHARC 系列）等。从目前的市场前景看,DSP 技术已经成为今后电子产业的一个主要市场。除了原有的军事应用领域外,它的一个新的主要推动力来自移动通信、互联网、硬盘和家电控制器（数码相机和机顶盒）等。

1.4　数字信号处理的学习方法

DSP 既是一门古老的学科,又是一项蓬勃发展的技术,在许多专业领域得到广泛而深入的应用,对于学生或技术人员来讲,要在短时间内全面掌握 DSP 几乎是不可能的。DSP 知识的学习应该是循序渐进的,从理论、方法、算法,再到实验和应用。DSP 知识的学习既是有趣的,又是枯燥无味的。例如,当遇到了一个 DSP 问题时,在 DSP 教科书和资料中寻找答案,一定会遇到一页一页的数学公式、晦涩的数学符号和生僻的术语。事实上,大部分 DSP 文献对这个领域的专家来说也会觉得枯燥无味和难以理解。但实际上,DSP 和工程应用密切相关,每一个抽象枯燥的数学公式都有着具体和清晰的物理背景和意义。例如,卷积公式的背后是一个具体的线性时不变系统,线性差分方程则代表了一个具体系统的实现结构和实现方案,傅里叶变换就是频谱分析的数学原理,数字滤波器设计就是按照物理指标确定系统参数的过程,设计结果就是表示系统的一组线性差分方程。

数字信号处理的学习要注意以系统的概念为中心,正确建立 DSP 的系统概念。一个算法、一个数学表达式、一个流图,从表面上看,是一个抽象的公式、图形、符号等概念,但实际上就是一个具体的 DSP 系统,可以是一个滤波器,也可以是一个编码器或其他功能的系统。这些算法或数学表达式包含了 DSP 系统最基本的三种处理单元:加法、数乘和延时（存储）,因而,这些抽象的数学式子表示的是一个具体系统中的处理过程。在 DSP 系统里,简单的"数学运算"所代表的就是真实系统的"信号处理"。例如,离散卷积的运算实际上普遍表示了线性非时变离散系统对输入离散信号的真实处理过程,所以在数字信号处理中,很多抽象的数学式子与一个系统有最直接的关联,或者说,算法或数学表达式包含着明确的物理概念。因此,学习数字信号处理的一个最大难点就是如何把抽象的数学公式和清晰的物理概念联系起来。需要特别强调的是,数字信号处理的研究内容和理论体系有其自身的特点和规律,因此应按照它本身的规律来学习和研究,而不应当把它看成是模拟信号处理的一种近似。

本书在内容的安排上,尽量有意避免将模拟信号处理的结论生硬地搬到数字信号处理中。虽然在数字信号处理中有很多概念和结论确实同模拟信号分析与处理中的概念和结论相对应,例如单位取样信号、单位阶跃信号、卷积、傅里叶变换、频率响应等有着非常相似的表示形式,但数字信号处理的概念和结论是按照自身的基本定义和数学方法推导出来的,两者之间并没有直接的关联,而且存在着一些明显而重要的区别。因此,以前学到的有关模拟信号分析和处理的理论知识,虽然常常在数字信号处理中会用到,但还是要提醒读者,不要让原有的模拟信号分析与处理的概念,妨碍了对数字信号处理中许多概念的正确理解。

第 2 章　离散时间信号和系统

2.1　信号的基本概念

信号在数学上定义为一个函数,这个函数表示一种信息,通常是有关一个物理系统的状态或特性。信号的函数表示是关于一个或几个独立变量的,关于一个独立变量的信号称为一维信号,关于多个独立变量的信号称为多维信号。

多数情况下,独立变量都是有明确物理意义的。例如,语音信号是关于时间的一维信号,静止图像是关于平面位置的二维信号,还可以举出许多具体的信号实例,如温度、压力、流量、电压、电流等物理信号。本书主要讨论一维信号 $x(t)$,t 一般表示时间变量,也可以是其他意义的变量。一般情况下,都将 $x(t)$ 称为随时间变化的信号,或简称为"时间信号"或"时域信号"。

若 t 是定义在时间上的连续变量,称 $x(t)$ 为连续时间信号,也就是模拟信号;若 t 仅在时间的离散点上取值,称 $x(t)$ 为离散时间信号或时域离散信号。实际物理世界中大多数信号都是连续时间信号,如无线电信号、语音信号、心电信号、随时间变化的电压和电流信号等。离散时间信号在实际中很少见到,更多的是一种数学模型,可以通过对连续时间信号的采样获得。

将 $t=nT$ 代入 $x(t)$,可得 $x(nT)$,T 表示的是采样点之间的时间间隔,通常称为采样间隔,n 是一个整数。但也有一些离散时间信号本身就是离散的,例如,某地区的年降雨量或年平均增长率等信号,这类信号的时间变量为年,而且只能取整数的时间值,不在整数时间点的信号是没有定义(意义)的,如某年某月的年降雨量是没有意义的,因此,这类信号的自变量本身只能定义为整数值,但其本身具有物理含义。因此,离散时间信号可以表示成下列形式:

$$\{x(nT)\}, \quad n=0, \pm 1, \pm 2, \pm 3, \cdots \tag{2.1}$$

在很多场合下,$x(nT)$ 的值完全可以由 n 来确定,T 可以省去,或将 T 取为 1,在大多数 DSP 系统中,$x(nT)$ 的存放是按 n 来放置的,不同的 $x(nT)$ 只要靠 n 就可区别。因此,将 $x(nT)$ 表示为 $x(n)$,这是一种数学的抽象表达形式,在表示方式和数学推导上更加简洁,而且有利于应用成熟的数学工具来建立离散时间信号和系统的理论。但这种表示也有缺陷,它忽略了信号变量本身的物理意义,容易让读者的思路限于对数学符号的理解,后面对信号频域的表示,也是采用了这种抽象的方式,而忽略了对频率物理意义的理解。

2.2 离散时间信号(序列)

2.2.1 序列的定义

一个离散时间信号(序列) 定义为

$$\{x(n)\}, \quad n=0,\pm1,\pm2,\pm3,\cdots \tag{2.2}$$

式(2.2)中符号$\{x\}$表示一种信号的集合,集合中的一个元素$x(n)$表示第n时刻的离散时间信号$\{x(n)\}$的值,$\{x(n)\}$定义在n等于整数点上,在n不等于整数点上,$\{x(n)\}$没有定义,但并不表示信号值为零。

为书写方便,上面的定义式(2.2)常常简化为用$x(n)$表示$\{x(n)\}$,虽然严格地说,$x(n)$表示$\{x(n)\}$中第n个信号值,但一般的理解,n是变量,所以在不引起混淆的情况下,仍采用$x(n)$表示整个离散时间信号。

从数学级数的角度看,式(2.2)的集合表示一个级数或序列,因此,也把离散时间信号称作离散时间序列,简称序列,后面说的序列就是指离散时间信号。

序列除了用数学表达式外,还常常采用图形方式来表示,如图2.1所示。虽然横坐标画成一条连续的直线,但$x(n)$仅仅对于整数的n值才有意义。

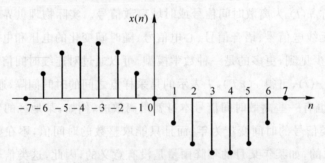

图 2.1 离散时间信号的图形表示

离散时间信号在幅度上定义成连续的,它和我们所说的数字信号并不是完全相等的。数字信号是指将离散时间信号的幅度进行均匀量化后的信号,也就是在时间和幅度上都取离散值的信号,在工程中,数字信号就是模数转换器的输出信号。因此,离散时间信号并不等于数字信号,但由于数字信号是幅度量化的,在数学表示和推导中不如离散时间信号的形式方便和容易,而且两者之间的差别仅仅是幅度的量化误差,一般也不大。所以在课程学习时一般都采用离散时间信号来讨论数字信号处理的理论和算法,得到的结论可以简单地推广到数字信号,仅仅需要考虑幅度量化带来的有限字长效应,这是研究数字信号处理采用的普遍方法,因此,在本书中,除非特别说明,我们讨论的都是离散时间信号,也就是序列。

2.2.2　常用的基本序列

1. 单位取样序列

$$\delta(n) = \begin{cases} 1, & n = 0 \\ 0, & n \neq 0 \end{cases} \tag{2.3}$$

式中,$\delta(n)$ 称为单位取样序列,它的图形如图 2.2(a) 所示。$\delta(n)$ 看起来和连续时间信号中的单位冲击信号 $\delta(t)$ 相似,它所起的作用和 $\delta(t)$ 也很相似,有时称 $\delta(n)$ 为离散冲击信号,但两者有着明显的区别。$\delta(n)$ 的定义简单而精确,是一个真实的物理信号,而 $\delta(t)$ 采用的是极限定义,是一种纯粹的数学抽象,不表示一种实际的信号。

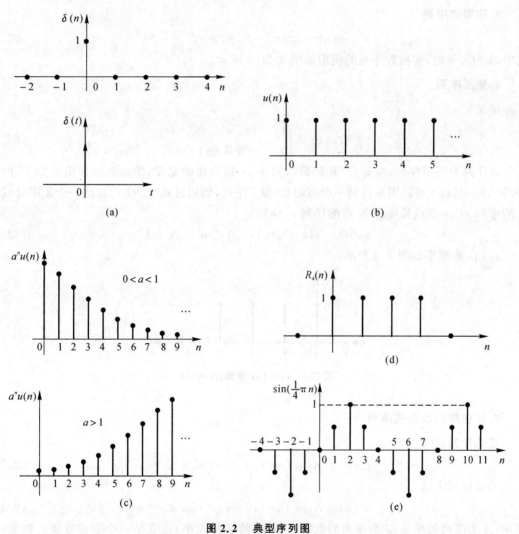

图 2.2　典型序列图

(a) 单位采样序列和单位冲激信号;　(b) 单位阶跃序列;　(c) 实指数序列;　(d) 矩形序列;　(e) 正弦序列

2. 单位阶跃序列

定义

$$u(n) = \begin{cases} 1, & n \geqslant 0 \\ 0, & n < 0 \end{cases} \tag{2.4}$$

式中,$u(n)$ 称为单位阶跃序列,它的图形如图 2.2(b) 所示。$u(n)$ 可以表示成很多移位的 $\delta(n)$ 序列之和,即

$$u(n) = \sum_{k=0}^{\infty} \delta(n-k) \tag{2.5}$$

类似地,$u(n)$ 也可以用来表示单位取样序列 $\delta(n)$:

$$\delta(n) = u(n) - u(n-1) \tag{2.6}$$

3. 实指数序列

$$x(n) = a^n, \quad -\infty < n < \infty \tag{2.7}$$

式中,a 为实常数,实指数序列的图形如图 2.2(c) 所示。

4. 矩形序列

定义

$$R_N(n) = \begin{cases} 1, & 0 \leqslant n \leqslant N-1 \\ 0, & n \text{ 为其他} \end{cases} \tag{2.8}$$

该序列为矩形序列,也称作"矩形窗",其中 N 称为窗的宽度,图形表示如图 2.2(d) 所示($N = 4$)。$R_N(n)$ 可以用来得到一个有限长(宽)序列,如通过式(2.9) 运算把一个无限长或很长的序列 $x(n)$ 变成长度为 N 点的序列 $x_1(n)$:

$$x_1(n) = x(n) R_N(n), \quad 0 \leqslant n \leqslant N-1 \tag{2.9}$$

$x_1(n)$ 的图形如图 2.3 所示。

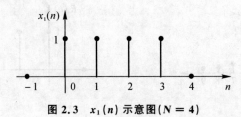

图 2.3 $x_1(n)$ 示意图($N = 4$)

5. 正弦序列和余弦序列

正弦序列定义为

$$x(n) = A\sin(\omega n), \quad -\infty \leqslant n \leqslant \infty \tag{2.10}$$

余弦序列定义为

$$x(n) = A\cos(\omega n), \quad -\infty < n < \infty \tag{2.11}$$

式中,A 为序列的振幅;ω 为序列的数字频率(或数字角频率)。它是一个非常重要的概念,在序列的频域分析、离散时间系统的频率响应以及数字滤波器设计中都起着重要的作用。图 2.2(e) 所示是一个正弦序列的图形。

下面介绍周期序列的概念。

若序列 $x(n)$ 满足条件：

$$x(n) = x(n + lN) \tag{2.12}$$

式中，l 是整数；N 为正整数，则称 $x(n)$ 是一个周期为 N 点的周期序列。这个周期对应的数字频率为 $\omega = 2\pi/N$。下面以余弦序列为例来说明数字频率和周期的关系。

假设余弦序列可以写成

$$\cos(\omega n) = \cos[\omega(n + p)] = \cos(\omega n + \omega p) \tag{2.13}$$

显然，只有当 $\omega p = 2\pi q$ 时，其中 p,q 均是正整数，式(2.13)才成立，即该余弦序列是一个周期序列，周期等于 p；否则，该余弦序列不是一个周期序列。

分析 $\omega p = 2\pi q$ 这一条件，可以写成

$$\frac{2\pi}{\omega} = \frac{p}{q} \tag{2.14}$$

式(2.14)的意义是：当 $2\pi/\omega$ 等于整数值($q=1$)或有理数时，式(2.13)成立，余弦序列才是周期序列，周期等于常数 p。若 $2\pi/\omega$ 等于无理数，式(2.13)不成立，序列就不是周期序列。因此，即使序列有频率的定义，也不表示它一定是一个周期序列，需要进一步判断，这是离散时间信号与连续时间信号特性的一个区别。因此，判断一个正弦或余弦序列是否是周期序列的方法是：用 2π 除以它的数字频率 ω，若得出的是整数或有理数，则序列为周期序列；若得出的是无理数，序列就不是周期序列。例如，对序列 $\cos(0.25\pi n)$，它的数字频率 $\omega = 0.25\pi$，$2\pi/0.25\pi = 8$，即序列的周期等于 8 点；对序列 $\cos(0.22\pi n)$，数字频率 $\omega = 0.22\pi$，$2\pi/0.22\pi = 100/11$，即 $p = 100$，$q = 11$，序列的周期为 100 点；对序列 $\cos(\sqrt{3}\pi n)$，它的数字频率为 $\sqrt{3}\pi$，$2\pi/(\sqrt{3}\pi) = 2/\sqrt{3}$，为一个无理数，该序列不是周期序列。但无论序列是否为周期序列，仍把 ω 称作序列的数字频率。

下面通过对一个连续时间余弦信号的采样得到一个离散余弦序列的过程来说明模拟频率和数字频率之间的关系，以进一步理解数字频率的概念。

设模拟余弦信号为

$$x(t) = \cos(\Omega t) = \cos(2\pi f t) \tag{2.15}$$

对该 $x(t)$ 以 T 为采样间隔进行采样离散，得

$$x(t) = \cos(\Omega nT) = \cos(\Omega Tn) = \cos(2\pi f Tn) \tag{2.16}$$

将离散后的信号表示成离散余弦序列，即

$$x(n) = \cos(\omega n) = \cos(\Omega Tn) = \cos(2\pi f Tn) \tag{2.17}$$

从上面的关系式，可以发现

$$\omega = \Omega T = 2\pi f T \tag{2.18}$$

或

$$\omega = \Omega/f_s = 2\pi f/f_s \tag{2.19}$$

其中，$f_s = 1/T$，称为采样频率。该式即为数字频率 ω 和模拟频率 Ω，f 之间的关系式，它们是依靠采样间隔 T 或采样频率 f_s 进行关联的。

可以得到

$$2\pi/(\Omega T) = p/q \tag{2.20}$$

整理后可得

$$pT = q(1/f) \tag{2.21}$$

式(2.21)的意义是 p 倍采样周期等于 q 倍信号周期,当 p,q 均为整数时,序列的周期是 p。

综上所述,可以发现数字频率具有以下特点:

(1)ω 是一个连续取值的量。

(2)ω 的量纲为一种角度的量纲单位:弧度(rad)。它是一种相对频率的概念,因而没有通常意义上频率的单位,它表示序列在采样间隔 T 内正弦或余弦信号变化的角度,表示了信号相对变化的快慢程度,有一定的频率概念。

(3)序列对于 ω 是以 2π 为周期的,或者说,ω 的独立取值范围为 $[0,2\pi)$ 或 $[-\pi,\pi)$。

因为

$$\cos(\omega n)=\cos[(\omega+2k\pi)n] \tag{2.22}$$

式(2.22)说明序列采用数字频率 ω 表示的频带范围是有限的。这一点与模拟频率 Ω 有很大区别,这也是理解数字频率的一个难点。关于 ω 的这一特点在介绍采样理论时还要详细加以阐述。

6. 复指数序列

复指数序列也称作复正弦序列,由余弦序列作实部,正弦序列作虚部构成:

$$x(n)=\mathrm{e}^{\mathrm{j}\omega n}=\cos(\omega n)+\mathrm{j}\sin(\omega n) \tag{2.23}$$

式中,ω 称为复指数序列的数字频率。复指数序列在实际中不存在,它是为了数学上的表示和分析方便而引入的,它的特性和正弦或余弦序列的特性基本一致。

2.2.3 序列的基本运算

序列的运算是数字信号处理的主要操作,其中序列加法、序列数乘和存储(移位)是最核心的三种基本运算,此外,还有翻转、抽取、插值等运算形式。

1. 序列的三种基本运算

(1)序列相加:

$$z(n)=x(n)+y(n) \tag{2.24}$$

序列相加主要靠加法器完成,需要耗费一定的时钟周期完成加法操作。

(2)序列数乘:

$$y(n)=ax(n) \tag{2.25}$$

其中,a 是实常数。

序列数乘主要依靠乘法器完成,乘法操作是 DSP 系统中耗费运算时间较多的操作,乘法器的运算速度和数量是 DSP 系统重要的硬件资源。

(3)序列移位:

$$y(n)=x(n-k) \tag{2.26}$$

其中,k 为整数。

在 DSP 系统中,序列移位被看成是一种运算操作,它需要耗费一定时钟周期完成,从物理意义上看,移位操作表示了一种数据存储的概念,所以移位操作除了消耗时间,还要消耗存储器单元。

以上三种核心运算是最普遍、最基本的运算形式,它们可以构成 DSP 系统中很多复杂的

处理。在 DSP 系统中经常是以组合的形式出现,例如,下式是一个典型 DSP 算法的运算方程实例:

$$y(n) = x(n) + 1.6x(n-1) - 0.9y(n-1) \tag{2.27}$$

DSP 的操作由下列操作组成:

1) 存储和读取:$x(n-1), y(n-1)$。

2) 数乘:$1.6x(n-1), -0.9y(n-1)$。

3) 加法:$y(n) = x(n) + 1.6x(n-1) - 0.9y(n-1)$。

式(2.27)实际上表示了 DSP 系统中的典型组合运算:"数乘-累加"运算,它是构成复杂信号处理算法的普遍形式,也反映了数字信号处理的"数值运算"特征。

2. 序列的其他运算

(1) 序列相乘:

$$z(n) = x(n)y(n) \tag{2.28}$$

(2) 序列反转:

$$y(n) = x(-n) \tag{2.29}$$

(3) 序列加窗:

$$y(n) = x(n)R_N(n), \quad n = 0, 1, \cdots, N-1 \tag{2.30}$$

3. 卷积运算

$$y(n) = \sum_{k=-\infty}^{\infty} x(k)h(n-k) \tag{2.31}$$

4. 序列的任意表示形式

$\delta(n)$ 序列是一种最基本的序列,通过上面 3 种基本运算,任何一个序列可以由 $\delta(n)$ 序列来构造。具体而言,任何一个序列 $x(n)$ 可以表示成单位采样序列 $\delta(n)$ 的移位加权和,即

$$x(n) = \cdots x(-2)\delta(n+2) + x(-1)\delta(n+1) + x(0)\delta(n) + x(1)\delta(n-1) +$$

$$x(2)\delta(n-2) + \cdots = \sum_{k=-\infty}^{\infty} x(k)\delta(n-k) \tag{2.32}$$

这个表达式具有普遍意义,是序列在时域的一种简单而有效的展开表达式,在分析线性时不变系统中起着重要作用。这种表示的意义也可以从图 2.4 中得到,图中

$$x(n) = -2\delta(n+2) + 0.5\delta(n+1) + 2\delta(n) + \delta(n-1) +$$

$$1.5\delta(n-2) - \delta(n-4) + 2\delta(n-5) + \delta(n-6) \tag{2.33}$$

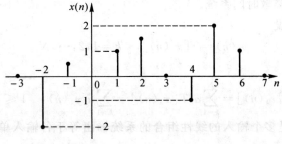

图 2.4　用单位采样序列移位加权和表示序列

2.3 离散时间系统

数字信号处理是依靠系统来完成的,所以系统是数字信号处理的核心。系统一般包括系统硬件和系统所完成的处理算法。

2.3.1 系统定义

系统在数学上定义为将输入序列 $x(n)$ 映射成输出序列 $y(n)$ 的唯一线性变换或运算。这种映射是广义的,实际上表示的是一种具体的处理,或是变换,或是滤波,记为

$$y(n) = T[x(n)] \tag{2.34}$$

其中,符号 $T[\ ]$ 表示系统的映射或处理,可以把 $T[\ ]$ 简称为系统。

系统通常可以用图形表示,如图 2.5 所示,输入 $x(n)$ 称为系统的激励,输出 $y(n)$ 称为系统的响应。由于它们均为离散时间信号,因而将系统 $T[\ ]$ 称为离散时间系统或时域离散系统。

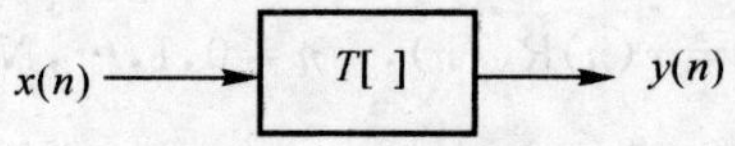

$$x(n) \longrightarrow \boxed{T[\ ]} \longrightarrow y(n)$$

图 2.5 系统的图形

给系统 $T[\ ]$ 加上各种具体的约束条件后,就可以定义各种具体的离散时间系统,例如线性、时不变、因果和稳定系统。由于线性时不变系统在数学上比较容易表征,分析、设计和实现,而且符合实际中的大多数系统模型,因此本书将重点讨论线性非时变系统。

2.3.2 线性离散时间系统

线性系统是指满足叠加原理的系统,或满足齐次性和可加性的系统。
设

$$y_1(n) = T[x_1(n)], \quad y_2(n) = T[x_2(n)]$$

对任意常数 a,b,若有

$$T[ax_1(n) + bx_2(n)] = aT[x_1(n)] + bT[x_2(n)] = ay_1(n) + by_2(n) \tag{2.35}$$

则称系统 $T[\ ]$ 为线性离散时间系统。

推广到一般情况,设

$$y_k(n) = T[x_k(n)], \quad k = 1, 2, \cdots, N$$

线性系统满足:

$$T\left[\sum_{k=1}^{N} a_k x_k(n)\right] = \sum_{k=1}^{N} a_k T[x_k(n)] = \sum_{k=1}^{N} a_k y_k(n), \quad 1 \leqslant k \leqslant N \tag{2.36}$$

线性系统的特点是多个输入的线性组合的系统输出等于各输入单独作用的输出的线性组合。

2.3.3　非时变离散时间系统

若满足下列条件,则系统称为时不变(移不变)系统,或非时变(非移变)系统。

设

$$y(n) = T[x(n)]$$

对任意整数 k,有

$$y(n-k) = T[x(n-k)] \tag{2.37}$$

即系统的映射 $T[\ ]$ 不随时间变化,只要输入 $x(n)$ 是相同的,无论何时进行激励,输出 $y(n)$ 总是相同的,这正是系统时不变性的特征。图 2.6 形象说明了系统时不变性的概念。

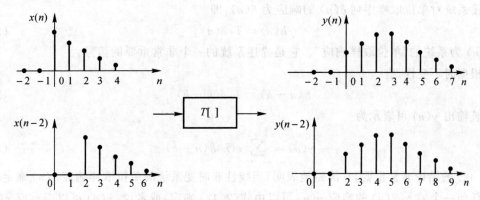

图 2.6　系统时不变性的示意图

【**例 2-1**】　设系统的映射 $y(n) = T[x(n)] = nx(n)$,判断系统的线性和时不变性。

解　设
$$y_1(n) = nx_1(n), \quad y_2(n) = nx_2(n)$$
$$a_1 x_1(n) + a_2 x_2(n) = x(n)$$

则
$$T[x(n)] = nx(n) = na_1 x_1(n) + na_2 x_2(n) = ny_1(n) + ny_2(n)$$

所以,系统为线性系统。

设
$$y(n) = nx(n), \quad x_1(n) = x(n-k)$$
$$y_1(n) = nx_1(n) = nx(n-k)$$

而
$$y(n-k) = (n-k)x(n-k) \neq y_1(n)$$

所以,系统为时变系统。

2.3.4　线性时不变离散系统

同时具备线性和时不变性的离散系统称作线性非时变系统或线性时不变系统,简称 LSI (Linear Shift Invariant)系统。这种系统是应用最广泛的系统,它的重要意义在于,系统的处理过程可以统一地采用系统的单位取样响应来描述,系统以一种相同的运算规则(卷积)进行统一表示。这种系统还有许多优良的性能,在本书中,除非特别说明,系统一般指的是线性非时变系统。

下面通过求 LSI 系统对任意输入的响应来推导出描述 LSI 系统输入和输出关系的一个非常重要的数学关系式,读者要特别注意在推导体会中线性和时不变性的作用。

如前所述,任何一个信号可以表示成单位取样序列的线性组合,即

$$x(n) = \sum_{k=-\infty}^{\infty} x(k)\delta(n-k) \tag{2.38}$$

依据系统的线性,系统对 $x(n)$ 的响应为

$$y(n) = T[x(n)] = T\Big[\sum_{k=-\infty}^{\infty} x(k)\delta(n-k)\Big] = \sum_{k=-\infty}^{\infty} x(k)T[\delta(n-k)] \tag{2.39}$$

设系统对单位取样序列 $\delta(n)$ 的响应为 $h(n)$,即

$$h(n) = T[\delta(n)] \tag{2.40}$$

称 $h(n)$ 为系统的"单位取样响应"。它是描述系统的一个非常重要的信号。

根据时不变性,有

$$h(n-k) = T[\delta(n-k)] \tag{2.41}$$

则系统输出 $y(n)$ 可表示为

$$y(n) = \sum_{k=-\infty}^{\infty} x(k)h(n-k) \tag{2.42}$$

式(2.42)的结论非常重要,它清楚地表明:当线性非时变系统的单位取样响应 $h(n)$ 确定时,系统对任何一个输入 $x(n)$ 的响应 $y(n)$ 可以由式(2.42)确定,或者说,$y(n)$ 可以表示成 $x(n)$ 和 $h(n)$ 之间的一种简单的运算形式。在上面的推导中,没有对系统的映射 $T[x(n)]$ 作任何具体的规定,仅仅限定了是线性非时变系统,因此,式(2.42)对线性非时变系统具有普遍性意义,换句话说,该式可以正确描述线性非时变系统的输入和输出的一般关系式。

将式(2.42)的运算方式称作"离散卷积"或"卷积和",简称"卷积",采用符号"$*$"表示,即

$$y(n) = x(n) * h(n)$$

容易证明,式(2.42)还可以写成

$$y(n) = \sum_{k=-\infty}^{\infty} h(k)x(n-k) = x(n) * h(n) \tag{2.43}$$

卷积运算有明确的物理意义,它在一般意义上表示了线性非时变系统对输入序列的处理方式或处理规则。

对任何一个有意义的输入,线性非时变系统都可以用卷积的运算方式来求解输出。这里得出的结论与模拟线性非时变系统的结论非常相似,但这里的推导完全是按照离散时间信号和系统的运算规则严格导出的,没有任何意义上的近似。离散卷积概念除了具有理论上的意义之外,更重要的是,离散卷积是简单的乘加运算,因此,可以实现系统,具有明显的实用性。因此,理解卷积的意义并熟练掌握卷积的计算是很重要的。

2.3.5　离散卷积的计算

卷积求和是数字信号处理技术常用的一种运算,如在离散系统中,卷积是求线性时不变系

统零状态响应的主要方法,它实际上是几种基本运算的综合。

给定序列 $x_1(n)$ 和 $x_2(n)$,两个序列的卷积定义为

$$x(n) = x_1(n) * x_2(n) = \sum_{m=-\infty}^{\infty} x_1(m)x_2(n-m) \tag{2.44}$$

考虑一个长度为 L 点长的序列 $x_1(n)$ 和另一个长度为 P 点长的序列 $x_2(n)$,假定想要通过线性卷积将这两个序列结合在一起,从而得出第三个序列:

$$x_3(n) = \sum_{m=-\infty}^{\infty} x_1(m)x_2(n-m) \tag{2.45}$$

图 2.7(a) 所示为一个典型序列 $x_1(m)$,图 2.7(b) 所示为对于几个 n 值的典型序列 $x_2(n-m)$。显然,当 $n<0$ 和 $n>L+P-2$ 时,乘积 $x_1(m)x_2(n-m)$ 对所有的 m 均为零;当 $0 \leqslant n \leqslant L+P-2$ 时,$x_3(n)$ 不全为 0。因此,$(L+P-1)$ 是序列 $x_3(n)$ 的最大长度,这一点可由一个长度为 L 的序列和一个长度为 P 的序列的线性卷积而得出。

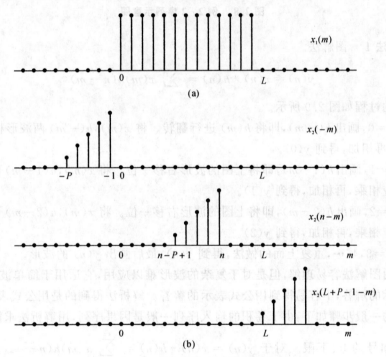

图 2.7　两个有限长序列之线性卷积的示例
(a) 有限长序列 $x_1(m)$;　(b) 对于几个 n 值的 $x_2(n-m)$

实际中卷积的计算一般采用解析法和图解法,或是两种方法的结合。图解法有以下几个步骤:

(1) 按照式 $y(n) = x(n) * h(n) = \sum_{m=-\infty}^{\infty} x(m)h(n-m)$,卷积运算主要是对 m 的运算,公式中的 n 作参变量。首先将 $x(n)$,$h(n)$ 的 n 变成 m,然后将 $h(m)$ 进行翻转,形成 $h(-m)$。此时相当于 $n=0$。

(2) 令 $n=1$,将 $h(-m)$ 移位 1,得到 $h(1-m)$。

(3) 将 $x(m)$ 和 $h(1-m)$ 对应项相乘,再相加,得到 $y(1)$。

（4）再令 $n=2$，重复（2）（3）步得到 $y(2)$；然后 $n=3,4,\cdots$，直到对所有的 n 都计算完为止。

下面通过举例分别说明。

【例 2-2】 设线性时不变系统的单位采样响应 $h(n)$ 和输入序列 $x(n)$ 如图 2.8 所示，要求画出输出 $y(n)$ 的波形。

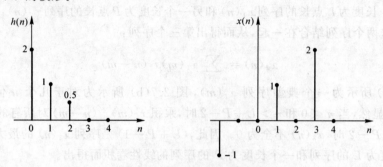

图 2.8 例 2-2 序列示意图

解 **方法 1** 图解法。

$$y(n)=x(n)*h(n)=\sum_{m=-\infty}^{\infty}x(m)h(n-m)$$

图解法的过程如图 2.9 所示。

（1）令 $n=0$，画出 $h(-m)$，即将 $h(m)$ 进行翻转。将 $x(m),h(-m)$ 两波形相同 m 的序列值对应相乘，再相加，得到 $y(0)$。

（2）令 $n=1$，画出 $h(1-m)$，即将上图的波形右移一位。将 $x(m),h(1-m)$ 两波形相同 m 的序列值对应相乘，再相加，得到 $y(1)$。

（3）令 $n=2$，画出 $h(2-m)$，即将上图的波形右移一位。将 $x(m),h(2-m)$ 两波形相同 m 的序列值对应相乘，再相加，得到 $y(2)$。

（4）令 $n=3,4,\cdots$，重复上面的做法，得到 $y(n)$，最后画出 $y(n)$ 的波形。

该例说明图解法容易理解，但是对于复杂的波形难以应用，它适用于简单波形，且得到的是用波形表示的解答，不容易得到用公式表示的解答。解析法得到的是用公式表示的解答。

解析法的一般步骤如下：由于卷积的输入序列一般是因果序列，用解析法求解卷积运算主要是确定求和号的上、下限。对于 $y(n)=x(n)*h(n)=\sum\limits_{m=-\infty}^{\infty}x(m)h(n-m)$ 的卷积公式，$x(m)$ 的非零区间为 $0\leqslant m\leqslant L_1$，$h(n-m)$ 的非零区间为 $0\leqslant n-m\leqslant L_2$，或者写成 $n-L_2\leqslant m\leqslant n$。这样 $y(n)$ 的非零区间要求 m 同时满足下面两个不等式：

$$\left.\begin{array}{c}0\leqslant m\leqslant L_1\\ n-L_2\leqslant m\leqslant n\end{array}\right\} \tag{2.46}$$

式（2.46）表明 m 的取值还与 n 的取值有关，需要将 n 作分段的假设。按照式（2.46），当 n 变化时，m 应该按下式取值：

$$\max\{0,n-L_2\}\leqslant m\leqslant\min\{L_2,n\}$$

当 $0\leqslant n\leqslant L_2$ 时，m 的下限应该是 0，上限应该是 n；当 $L_2\leqslant n\leqslant L_1+L_2$ 时，m 的下限是 $n-L_2$，上限是 L_1；当 $n\leqslant 0$ 或者 $n\geqslant L_1+L_2$ 时，上面的不等式不成立，因此 $y(n)=0$。这样就将 n 分成以下 3 种情况进行计算：

（1）当 $0 \leqslant n \leqslant L_2$ 时，$y(n) = \sum\limits_{m=0}^{n} x(m)$；

（2）当 $L_2 \leqslant n \leqslant L_1 + L_2$ 时，$y(n) = \sum\limits_{m=n-L_2}^{L_1} x(m)$；

（3）当 $n < 0$ 或者 $n > L_1 + L_2$ 时，$y(n) = 0$。

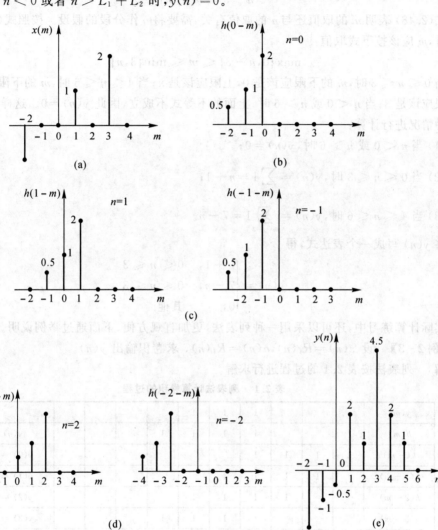

图 2.9　图解法计算线性卷积

(a) 序列 $x(m)$ 的原图；　(b) 当 $n = 0$ 时的 $h(-m)$；

(c) $n = 1$ 时的 $h(1-m)$ 和 $n = -1$ 时的 $h(-1-m)$；

(d) $n = 2$ 时的 $h(2-m)$ 和 $n = -2$ 时的 $h(-2-m)$；　(e) 结果 $y(n)$

下面通过举例说明。

方法 2　设 $x(n) = R_4(n)$，$h(n) = R_4(n)$，用解析法求 $y(n) = x(n) * h(n)$。

$$y(n) = \sum_{m=-\infty}^{\infty} x(m)h(n-m) = \sum_{m=-\infty}^{\infty} R_4(m)R_4(n-m) \qquad (2.47)$$

式中,矩形序列的幅度值为1,长度为4。求解式(2.47)主要根据矩形序列的非零值区间确定求和号的上、下限,$R_4(m)$ 的非零区间为 $0 \leqslant m \leqslant 3$,$R_4(n-m)$ 的非零区间为 $0 \leqslant n-m \leqslant 3$,或者写成 $n-3 \leqslant m \leqslant n$。这样 $y(n)$ 的非零区间要求 m 同时满足下面两个不等式:

$$\left. \begin{array}{l} 0 \leqslant m \leqslant 3 \\ n-3 \leqslant m \leqslant n \end{array} \right\} \tag{2.48}$$

式(2.48)表明 m 的取值还与 n 的取值有关,需要将 n 作分段的假设。按照式(2.48),当 n 变化时,m 应该按下式取值:

$$\max\{0, n-3\} \leqslant m \leqslant \min\{3, n\}$$

当 $0 \leqslant n \leqslant 3$ 时,m 的下限应该是0,上限应该是 n;当 $4 \leqslant n \leqslant 6$ 时,m 的下限应该是 $n-3$,上限应该是3;当 $n < 0$ 或 $n > 6$ 时,上面的不等式不成立,因此 $y(n) = 0$。这样将 n 分成以下3种情况进行计算:

(1) 当 $n < 0$ 或 $n > 6$ 时,$y(n) = 0$;

(2) 当 $0 \leqslant n \leqslant 3$ 时,$y(n) = \sum\limits_{m=0}^{n} 1 = n+1$;

(3) 当 $4 \leqslant n \leqslant 6$ 时,$y(n) = \sum\limits_{m=n-3}^{3} 1 = 7-n$。

将 $y(n)$ 写成一个表达式,得

$$y(n) = \begin{cases} n+1, & 0 \leqslant n \leqslant 3 \\ 7-n, & 0 \leqslant n \leqslant 3 \\ 0, & 其他 \end{cases}$$

实际计算练习中,还可以采用一种列表法,更加直观方便,下面通过举例说明。

【例 2-3】 设 $x(n) = R_4(n)$,$h(n) = R_4(n)$,求卷积输出 $y(n)$。

解 列表法按表2.1的过程进行求解。

表 2.1 列表法计算卷积的过程

$y(m)$				1	1	1	1		
$h(m)$				1	1	1	1		$y(n)$
$h(-m)$	1	1	1	1					$y(0)=1$
$h(1-m)$		1	1	1	1				$y(1)=2$
$h(2-m)$			1	1	1	1			$y(2)=3$
$h(3-m)$				1	1	1	1		$y(3)=4$
$h(4-m)$					1	1	1	1	$y(4)=3$
$h(5-m)$						1	1	1	1	$y(4)=2$
$h(6-m)$							1	1	1	1	$y(5)=1$

【例 2-4】 证明下面两公式成立:

(1) $x(n) = x(n) * \delta(n)$;

(2) $x(n) * \delta(n-n_0) = x(n-n_0)$。

证明 (1) $$x(n) * \delta(n) = \sum_{m=-\infty}^{\infty} x(m)\delta(n-m)$$

式中,只有当 $n=m$ 时,$x(n)$ 才取非零值。将 $n=m$ 代入上式,得到 $x(n)*\delta(n)=x(n)$。证明完毕。

$$(2) \qquad\qquad x(n)*\delta(n-n_0)=\sum_{m=-\infty}^{\infty}x(m)\delta(n-n_0-m)$$

式中,只有当 $m=n-n_0$ 时,$x(n)$ 才取非零值。将 $m=n-n_0$ 代入上式,得到 $x(n)*\delta(n-n_0)=x(n-n_0)$。证明完毕。

上面两个公式是非常有用的公式,第一个公式说明序列卷积单位取样序列等于序列本身,第二个公式说明序列卷积一个移位 n_0 的单位取样序列,相当于将该序列移位 n_0。

采用解析法,结合上面两公式,按照图 2.8,写出 $x(n)$ 和 $h(n)$ 的表达式:

$$x(n)=-2\delta(n+2)+\delta(n-1)+2\delta(n-3)$$

$$h(n)=2\delta(n)+\delta(n-1)+\frac{1}{2}\delta(n-2)$$

因为

$$x(n)*\delta(n)=x(n)$$

$$x(n)*A\delta(n-k)=Ax(n-k)$$

所以

$$y(n)=x(n)*\left[2\delta(n)+\delta(n-1)+\frac{1}{2}\delta(n-2)\right]=2x(n)+x(n-1)+\frac{1}{2}x(n-2)$$

将 $x(n)$ 的表达式代入上式,得到

$$y(n)=-2\delta(n+2)-\delta(n+1)-0.5\delta(n)+2\delta(n-1)+\delta(n-2)+4.5\delta(n-3)+$$
$$2\delta(n-4)+\delta(n-5)$$

两种方法结果一致。

时域离散线性时不变系统有级联(或串联)系统和并联系统,卷积运算在其中有着重要应用。

假设有两个系统,其单位采样响应分别用 $h_1(n)$ 和 $h_2(n)$ 表示。将这两个系统进行级联(或串联),第一个系统 $h_1(n)$ 的输出用 $y_1(n)$ 表示,那么根据线性时不变系统输出和输入之间的计算关系,得到

$$y_1(n)=x(n)*h_1(n) \tag{2.49}$$

$$y(n)=y_1(n)*h_2(n) \tag{2.50}$$

$$y(n)=x(n)*h_1(n)*h_2(n) \tag{2.51}$$

根据卷积计算服从交换律,$h_1(n)$ 和 $h_2(n)$ 可以交换,得到

$$y(n)=x(n)*h_2(n)*h_1(n) \tag{2.52}$$

按照式(2.52),级联系统中,可以将两个级联的系统交换位置,此时输出不改变。如果令

$$h(n)=h_1(n)*h_2(n) \tag{2.53}$$

那么有

$$y(n)=x(n)*h(n) \tag{2.54}$$

式(2.53)中,$h(n)$ 称为 $h_1(n)$ 和 $h_2(n)$ 级联后的等效系统。该等效系统的单位采样响应等于两个级联系统的单位采样响应的卷积。以此类推,如果有 n 个系统级联,那么它的总系统的单位采样响应等于 n 个分系统单位采样响应的卷积。

假设有两个系统,其单位采样响应分别用 $h_1(n)$ 和 $h_2(n)$ 表示,将这两个系统进行并联,推导如下:

$$y_1(n) = x(n) * h_1(n)$$
$$y_2(n) = x(n) * h_2(n)$$
$$y(n) = y_1(n) + y_2(n) = x(n) * h_1(n) + x(n) * h_2(n) \tag{2.55}$$

按照线性卷积服从分配率,式(2.55)可写成

$$y(n) = x(n) * [h_1(n) + h_2(n)] \tag{2.56}$$

$$h(n) = h_1(n) + h_2(n) \tag{2.57}$$

那么有

$$y(n) = x(n) * h(n)$$

式(2.57)中 $h(n)$ 就是要求的两个系统并联的等效系统的单位采样响应,它等于两个并联系统的单位采样响应的相加。以此类推,如果有 n 个系统并联,那么它的总系统的单位采样响应等于 n 个分系统单位采样响应相加。

2.3.6 离散卷积的运算规律

离散卷积存在一些固有的数学规律,因为卷积表示系统处理的概念,所以这些规律实际上反映了系统的不同结构的特性。在卷积运算中最基本的运算是翻转、移位、相乘和相加。其中移位指的是左右平移,这就是称它为线性卷积的原因。下面介绍卷积运算的几个性质。

1. 交换率

$$h(n) * x(n) = x(n) * h(n) \tag{2.58}$$

它的意义可以解释为,在对两个信号进行卷积时,可选其中任意一个信号进行翻转、平移,其选择不影响这两个信号的卷积结果。同样地,如果互换系统的单位采样响应 $h(n)$ 和输入 $x(n)$,系统的输出保持不变。也就是说,如果互换系统的单位取样响应 $h(n)$ 和输入 $x(n)$,系统的输出保持不变。

2. 结合率

$$x(n) * h_1(n) * h_2(n) = x(n) * h_2(n) * h_1(n) = x(n) * [h_2(n) * h_1(n)] \tag{2.59}$$

它的意义可以解释为一种级联系统结构,级联顺序可以交换,或系统级联可以等效为一个系统,输出保持不变。图 2.10(b) 所示是它的图形说明。

3. 分配率

$$x(n) * h_1(n) + x(n) * h_2(n) = x(n) * [h_1(n) + h_2(n)] \tag{2.60}$$

它的意义可以解释为一个并联系统结构,或并联系统可以等效为一个系统,输出保持不变。图 2.10(c) 是它的图形说明。

4. 与 $\delta(n)$ 卷积的不变性

$$x(n) * \delta(n) = x(n) \tag{2.61}$$

它的意义可以解释为输入通过一个零相位的全通系统。

5. 与 $\delta(n-k)$ 卷积的移位性

$$x(n) * \delta(n-k) = x(n-k) \tag{2.62}$$

它的意义可以解释为输入通过一个线性相位的全通系统。

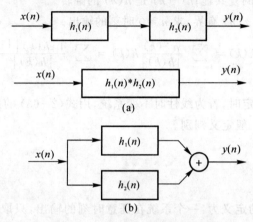

图 2.10　卷积的结合律和分配率

(a) 式(2.59)图形说明；　(b) 式(2.60)图形说明

2.4　系统的稳定性和因果性

2.4.1　稳定性

对一般系统,稳定性的定义为:若对于每一个有界输入产生一个有界输出,则称系统为稳定系统。

对于任意 n,总存在数 N,M,使得当 $|x(n)| < M$,有 $|y(n)| < N$ 存在,则系统是稳定系统。

对线性时不变系统,稳定性的充要条件可以由系统的单位采样响应确定,即

$$S = \sum_{n=-\infty}^{\infty} |h(n)| < \infty \tag{2.63}$$

式(2.63)的意义是系统的单位采样响应 $h(n)$ 是绝对可和的。

先证明充分性。

设式(2.63)的条件成立,且 $|x(n)|$ 有界, 即 $S < \infty$, $|x(n)| < M$,则

$$|y(n)| = \left| \sum_{k=-\infty}^{\infty} h(k) x(n-k) \right| \leqslant \sum_{k=-\infty}^{\infty} |h(k)| |x(n-k)| \leqslant M \sum_{k=-\infty}^{\infty} |h(k)| = MS < \infty$$

即 $y(n)$ 是有界的,充分性得证。

必要性用反证法。

设式(2.63)条件不成立,即 $S = \infty$ 可以找到一个有界输入,能使系统产生一个无界输出。

设有这样一个输入：

$$x(n) = \begin{cases} \dfrac{h^*(-n)}{|h(-n)|}, & h(-n) \neq 0 \\ 0, & h(-n) = 0 \end{cases}$$

式中，$h^*(-n)$ 是 $h(-n)$ 的复共轭；$h(-n)$ 是 $h(n)$ 的翻转。

显然，$|x(n)| \leqslant 1$，即 $x(n)$ 有界，求 $n=0$ 时刻的输出。

$$y(0) = \sum_{k=-\infty}^{\infty} x(0-k)h(k) = \sum_{k=-\infty}^{\infty} \frac{h^*(k)}{|h(k)|}h(k) = \sum_{k=-\infty}^{\infty} \frac{|h(k)|^2}{|h(k)|} = \sum_{k=-\infty}^{\infty} |h(k)| = S \to \infty$$

必要性得证。

判断一个系统是否稳定时，若为线性时不变系统，用式（2-63）的条件判断；若不是线性时不变系统，要用稳定性的一般定义判别。

2.4.2　因果性

对一般系统，因果性的定义为：一个系统在任意时刻的输出，只取决于该时刻或该时刻之前的输入，而与该时刻之后的输入没有关系，称系统为因果系统，或者说，因果系统的输出不会发生在输入之前。反之，则是非因果系统。

通常因果系统称为"物理可实现系统"，非因果系统称为"物理不可实现系统"。与模拟系统不同的是，离散系统可以实现一部分非因果系统。

对线性时不变系统，因果性的充要条件由系统的单位采样响应确定：

当 $n < 0$ 时，$h(n) = 0$ 或当 $n < n_0$ 时，$h(n-n_0) = 0$。

根据线性时不变系统的卷积关系，$n = n_0$ 时刻的输出为

$$y(n_0) = \sum_{k=-\infty}^{\infty} x(k)h(n_0-k) = \sum_{k=-\infty}^{n_0} x(k)h(n_0-k) + \sum_{k=n_0+1}^{\infty} x(k)h(n_0-k)$$

分析式中第 2 项，$x(k)$ 为 n_0 时刻之后的输入，当 $h(n_0-k) = 0$，第 2 项为零，充分性得证；否则，要使输出与第 2 项的输入无关，$h(n_0-k)$ 必须为零，必要性得证。

将 $n < 0$，$x(n) = 0$ 的序列称为因果序列。显然，因果的线性时不变系统的 $h(n)$ 是一个因果序列。对离散时间系统，若无实时性要求，可以将系统设计成某种程度上的非因果系统，但系统输出有延时，非因果性越强，延时越大。

2.5　连续时间信号的采样

本节主要讨论对连续时间信号进行均匀采样过程中引起信号的频谱特征变化，采样频率的选择、采样定理以及信号恢复等问题。

2.5.1　采样的基本概念

从原理上说，采样器就是一个开关，通过控制开关的接通和断开来实现信号的采样，它的概念如图 2.11 所示。

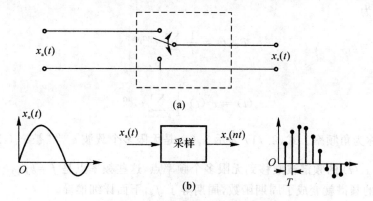

图 2.11　信号采样的概念示意图

采样在数学上等效为下列运算：

$$x_s(t) = x_a(t)s(t) \tag{2.64}$$

式中，$s(t)$ 是一个开关函数；$x_a(t)$ 是原信号；$x_s(t)$ 是采样后的信号。理想采样情况下，$s(t)$ 是无限多项单位冲激信号 $\delta(t)$ 等间隔构成的一个单位冲激串，即

$$s(t) = \delta_T(t) = \sum_{n=-\infty}^{\infty} \delta(t-nT) \tag{2.65}$$

式中 T 是采样间隔，则

$$x_s(t) = x_a(t)\delta_T(t) = x_a(t)\sum_{n=-\infty}^{\infty} \delta(t-nT) = \sum_{n=-\infty}^{\infty} x_a(nT)\delta(t-nT) \tag{2.66}$$

式中，$\delta_T(t-nT)$ 只在 $t=nT$ 时不为零，因而 $x_s(t)$ 只在这些点上才有定义的值，为 $x_a(nT)$，可见采样的结果是使原来的模拟信号变成在 $t=0,\pm T,\pm 2T,\cdots$ 这些点上的离散信号。这就是采样的简单原理，在本书中对采样的讨论都是基于这种理想的均匀采样。

2.5.2　采样过程中频谱的变化

连续时间信号被采样后，它的频谱要发生显著变化，通过对这种变化的分析以及得到的结论，可以建立离散时间信号采样不失真的条件，并且对深入理解采样后信号的本质变化及其傅里叶变换和序列的数字频率有较大帮助。

周期信号 $\delta_T(t)$ 可以进行傅里叶级数展开，即

$$\delta_T(t) = \sum_{k=-\infty}^{\infty} A_k e^{jk\frac{2\pi}{T}t} \tag{2.67}$$

式中，T 是采样间隔，也是 $\delta_T(t)$ 中基频分量对应的周期；A_k 是展开系数，表示第 k 次谐波分量的复振幅，可以求解出 A_k 为

$$A_k = \frac{1}{T}\int_{-\frac{T}{2}}^{\frac{T}{2}} \delta_T(t) e^{-jk2\pi f_s t}\,\mathrm{d}t \tag{2.68}$$

式中，$f_s = 1/T$，是 $\delta_T(t)$ 的基波频率，同时也是采样频率。可求得 A_k 为

$$A_k = \frac{1}{T}\int_{-\frac{T}{2}}^{\frac{T}{2}} \delta(t) e^{-jk\Omega_s t}\,\mathrm{d}t = \frac{1}{T}\int_{-\frac{T}{2}}^{\frac{T}{2}} \delta(t)\,\mathrm{d}t = \frac{1}{T} \tag{2.69}$$

$\delta_T(t)$ 等效为

$$\delta_T(t) = \frac{1}{T} \sum_{k=-\infty}^{\infty} e^{jk\Omega_s t} \tag{2.70}$$

故得

$$x_s(t) = x_a(t) \frac{1}{T} \sum_{k=-\infty}^{\infty} e^{-jk\Omega_s t} \tag{2.71}$$

式中，$\Omega_s = \dfrac{2\pi}{T}$ 称为角频率。式(2.71)表示 $x_s(t)$ 是无限多个载波 $e^{-jk\Omega_s t}$ 被 $x_a(t)$ 调制之和，从频域变化来看，$x_a(t)$ 的频谱被搬移到无限多个频率点，这些频率点是 $f = kf_s, k = 0, \pm 1, \pm 2,$ …，所以 $x_s(t)$ 的频谱就变成了周期函数，周期等于 f_s，下面详细推导。

$$X_s(j\Omega) = \int_{-\infty}^{\infty} x_s(t) e^{-j\Omega t} dt = \frac{1}{T} \sum_{k=-\infty}^{\infty} \int_{-\infty}^{\infty} x_a(t) e^{-j(\Omega - k\Omega_s t)} dt =$$

$$\frac{1}{T} \sum_{k=-\infty}^{\infty} X_a(j\Omega - jk\Omega_s) = \frac{1}{T} \sum_{k=-\infty}^{\infty} X_a\left(j\Omega - jk\frac{2\pi}{T}\right)$$

上式表明了信号采样前后傅里叶变换的关系，也清楚地揭示了频谱在采样过程中发生了怎样的变化，是一个非常重要的结论。

分析上式中 $x_s(t)$ 与 $x_a(t)$ 的频谱比较，主要的变化是：它的频谱变成了周期的，即 $X_s(j\Omega)$ 是周期函数，周期为 Ω_s。也就是说，离散时间信号的频谱是连续时间信号频谱以采样频率为周期进行无限项周期延拓的结果，这是信号采样带来的最重要的变化。另一点变化是频谱幅度为变为原来幅度的 $1/T$。图 2.12 所示为这种频谱的变化。

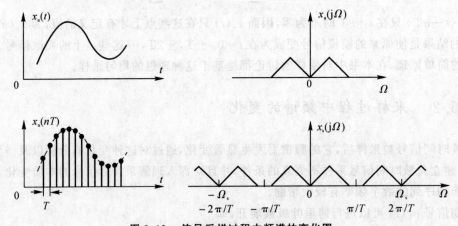

图 2.12　信号采样过程中频谱的变化图

这里采用 $x_s(t)$ 表示采样以后的离散时间信号，实际上与前面定义的信号 $x(nT)$ 和序列 $x(n)$ 在本质上是一样的，它们只是表示的方式上有所不同。前面介绍数字频率和序列傅里叶变换时，已经指出它们的周期等于 2π，实际上，只要将 $X_s(j\Omega)$ 中的 Ω，按照它和 ω 的关系 $\omega = \Omega/f_s$，换成 ω，$X_s(j\Omega)$ 就是对应的序列傅里叶变换 $X(e^{j\omega})$，周期等于 $\Omega_s/f_s = 2\pi$，因此，可以从采样过程的频谱变化理解数字频率和数字频谱的周期性。另外，从频谱之间的关系可以分析采样失真和如何选择采样频率等重要问题。

2.5.3　低通信号采样定理

设 $x_a(t)$ 表示一个带限的低通模拟信号,最高频率分量为 f_{max},角频率为 Ω_{max},它的频谱为 $X_a(j\Omega)$,如图 2.13 所示。

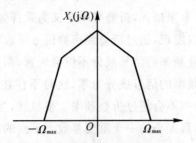

图 2.13　带限的低通模拟信号

对该信号以采样频率 f_s 进行采样,根据上节的讨论,采样后的离散时间信号的频谱 $X_s(j\Omega)$ 变成了以 Ω_s 为周期的周期频谱,如图 2.14 所示。

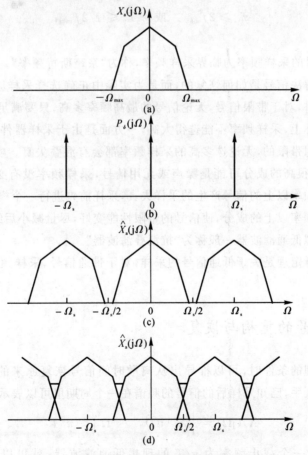

图 2.14　采样信号的频谱变化

图 2.14(c) 是采样满足 $f_s \geqslant 2f_{max}$ 条件时序列的周期频谱示意图。显然,在这种情况下,$X_s(j\Omega)$ 和 $X_a(j\Omega)$ 包含的信息是相同的,或者说,采样后的离散信号能完全表示原来的模拟信号,采样过程没有任何信息损失。

若 $f_s < 2f_{max}$,周期频谱示意图如图 2.14(d) 所示,这时周期频谱的各周期出现了混叠,造成实际的周期频谱的一个周期不等于原信号的频谱,也就是说,采样以后,信号出现了失真。

采样失真可以通过折叠频率来描述,折叠频率定义为采样频率的一半,即 $f_s/2$。

从图 2.14 的失真部分可以发现,超过折叠频率的信号可以看成混叠到低于折叠频率的部分中。因此,原信号中超过折叠频率的信号成分不仅会失真,而且还会对低于折叠频率的信号成分带来混叠,除非超过折叠频率的信号成分为零,这时不存在混叠失真。因此,离散信号所能正确表示模拟信号的最高频率不会超过折叠频率。很显然,当信号是理想带限信号时,采样频率是决定是否发生失真及失真大小的一个重要参数。下面的采样定理给出了采样时关于采样频率选择的重要条件。

【采样定理】 对一个低通带限信号进行均匀理想采样,如果采样频率 f_s 大于等于信号最高频率 f_{max} 的两倍,那么采样后的离散信号不失真,并且可以精确地恢复原信号。

这个条件可以表示为

$$f_s \geqslant 2f_{max} \quad \text{或} \quad T_s \leqslant 1/2f_{max} \tag{2.72}$$

式中,$f_s = 1/T$。

当 $f_s = 2f_{max}$ 时的采样频率为临界采样频率,称为"奈奎斯特频率"。

采样定理不是解决信号是如何恢复的,而是为实际中正确选择采样频率在理论上提供选择的依据。理论上讲,对于带限信号,无论信号的最高频率多高,只要满足采样定理,采样就不会带来失真。但实际上,采样频率不能选得太高,一方面是由于采样器件的限制;另一方面实际中信号都不是理想带限的,无论选多高的采样频率都会有混叠失真。实际信号中有用成分的频率并不高,频率很高的成分可能是噪声或无用信号,采样频率没有必要按这些频率来选取。为了避免折叠频率以上的信号产生的采样失真,采样前先进行一个模拟低通滤波处理,它的作用是滤除折叠频率以上的成分,使信号的带限性能变好,尽量减小后续采样所带来的混叠失真,所以,这个模拟低通滤波器一般称为"抗混叠滤波器"。

这里介绍的采样定理是关于低通信号的采样,对于带通信号,采样频率的选择有所不同,后面将给予介绍。

2.5.4 信号的重构与恢复

当满足采样定理的条件时,可以推导出从离散时间信号恢复原来的模拟信号的内插公式。先从频域分析入手,已知采样后的信号的频谱在一个周期里可以表示为

$$X_s(j\Omega) = \frac{1}{T}X_a(j\Omega), \quad |\Omega| < \pi/T$$

因此,只要设计一个截止频率为 π/T 的理想低通滤波器,就可以恢复原信号的频谱 $X_s(j\Omega)$。设该理想低通滤波器的频率响应为

$$H(j\Omega) = \begin{cases} T, & |\Omega| \leqslant \pi/T \\ 0, & |\Omega| > \pi/T \end{cases} \tag{2.73}$$

根据模拟系统的频域描述理论,有

$$Y(j\Omega) = X_s(j\Omega)H(j\Omega) \tag{2.74}$$

所以,$Y(j\Omega)$ 将等于原信号的频谱 $X_a(j\Omega)$,因此,从频域滤波的概念容易理解信号的恢复问题。

设滤波器的单位冲击响应为

$$h(t) = \frac{1}{2\pi}\int_{-\infty}^{\infty} H(j\Omega)e^{j\Omega t}\,d\Omega = \frac{T}{2\pi}\int_{-\frac{\Omega_S}{2}}^{\frac{\Omega_S}{2}} e^{j\Omega t}\,d\Omega = \frac{\sin\left(\frac{\Omega_s t}{2}\right)}{\Omega_s t/2} = \frac{\sin\left(\frac{\pi}{T}t\right)}{\frac{\pi}{T}t}$$

滤波器的输出为

$$y(t) = x_a(t) = \sum_{k=-\infty}^{\infty} x_s(kT)h(t-kT) = \sum_{k=-\infty}^{\infty} x_s(kT)\frac{\sin\left[\frac{\pi}{T}(t-kT)\right]}{\frac{\pi}{T}(t-kT)} = \sum_{k=-\infty}^{\infty} x_s(kT)\varphi_k(t)$$

$$\tag{2.75}$$

式中的 $\varphi_k(t)$ 称为内插函数,它是一个关于 t 的连续函数,关于 k 的离散函数。式(2.75)称为信号恢复的内插公式,其中,$\varphi_k(t)$ 为

$$\varphi_k(t) = \frac{\sin\left[\frac{\pi}{T}(t-kT)\right]}{\frac{\pi}{T}(t-kT)} \tag{2.76}$$

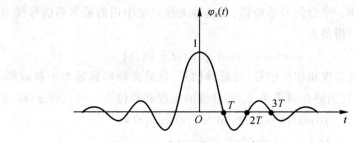

图 2.15　内插函数 $\varphi_k(t)$ 波形($k=0$)

$\varphi_0(t)$ 的示意图如图 2.15 所示。$\varphi_k(t)$ 有一个重要的特点:在取样点 $n=k$ 时,$\varphi_k(t)=1$,在其他取样点 $n \neq k$,$\varphi_k(t)=0$,即在当前的取样点上,$x_s(nT)$ 和 $x_a(t)$ 完全相等,在取样点之间,$x_a(t)$ 是由无限多个 $\varphi_k(t)$ 被相应的采样值 $x_s(kT)$ 作加权系数的线性组合构成,图 2.16 是这种过程的示意图。当 $x_a(t)$ 是低通带限信号且采样频率满足采样定理的条件时,这种用内插函数 $\varphi_k(t)$ 恢复的信号是精确的。

由于要求的理想低通滤波器是无法实现的,实际中也就无法完全精确的恢复原信号。实际中的数模转换器(D/A)是一个非理想的低通滤波器,它恢复的模拟信号是近似的。

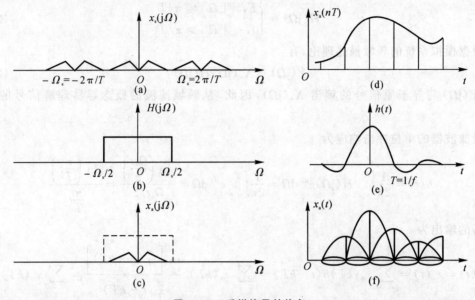

图 2.16　采样信号的恢复

（a）离散时间信号的频谱；　（b）理想低通滤波器的频率响应；　（c）恢复后的连续时间信号的频谱；

（d）离散时间信号的波形；　（e）理想低通滤波器的冲击响应；　（f）恢复后的连续时间信号的内插值

2.5.5　带通信号的采样

这里所说的带通信号是指窄带信号,它是一种调制信号的模型,被调制的基带信号带宽远远小于载波信号的频率。窄带信号是通信、雷达等无线系统中用的最多的信号模型。

设窄带信号的数学模型为

$$x(t) = a(t)\cos\ [2\pi f_0 t + \varphi(t)] \tag{2.77}$$

式中,$a(t),\varphi(t)$ 分别是幅度和相位信号,是低频信号,其最高频率远远小于载波频率 f_0,它们通常携带有信息,分别被调制在频率为 f_0 的载波的幅度和相位上。可以将 $x(t)$ 进一步写成

$$x(t) = a(t)\cos(2\pi f_0 t)\cos\varphi(t) - a(t)\sin(2\pi f_0 t)\sin\varphi(t) =$$
$$a_c(t)\cos(2\pi f_0 t) - a_s(t)\sin(2\pi f_0 t) \tag{2.78}$$

其中
$$a_c(t) = a(t)\cos\ \varphi(t)$$
$$a_s(t) = a(t)\sin\ \varphi(t)$$

窄带信号的典型频谱如图 2.17 所示。

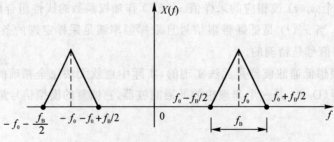

图 2.17　窄带信号频谱上的各个频率

图中的 f_0 为窄带信号的中心频率，f_B 为窄带信号的带宽，一般有 $f_0 \gg f_B$。

若对窄带信号进行采样，按照低通信号采样定理，采样频率应大于等于信号最高频率的 2 倍以上。上述窄带信号的最高频率等于 $f_0 + f_B/2$，因此，采样频率 f_s 必须满足 $f_s \geqslant 2(f_0 + f_B/2)$，才能保证采样后信号不失真，但由于 f_0 较大，因此 f_s 也较大，工程上难以实现。实际上，仔细分析窄带信号的频谱，它的有用信号集中在 $f_0 - f_B/2 \sim f_0 + f_B/2$ 的频段内，而在相当大的一段频率域 $f = 0 \sim f_0 - f_B/2$ 范围内没有任何信号信息。如果以一个较低的采样频率采样(不满足低通采样定理)，采样后信号频谱的各个周期必然发生混叠，但由于大部分频谱为零，有用信号频谱发生混叠的可能性较小，只要采样频率选的合适，可以避免有用信号频谱的混叠失真，因而能够大大降低采样频率。下面来讨论窄带信号的采样定理。

设信号 $x_a(t)$ 的最高频率是带宽的整数倍，即

$$f_0 + f_B/2 = kf_B, \quad k \text{ 为正整数} \tag{2.79}$$

令 $f_s = 2f_B$，即选采样频率等于二倍的带宽。用此采样频率对窄带信号进行抽样，可得

$$x(nT_s) = a_c(nT_s)\cos(2\pi f_0 nT_s) - a_s(nT)\sin\frac{n\pi(2k-1)}{2} \tag{2.80}$$

式中，$f_s = 1/T_s$。当 n 为偶数时，即 $n = 2m$，式(2.80)变为

$$x(2mT_s) = a_c(2mT_s)\cos(2k-1)m\pi = (-1)^m a_c(2mT_s) \tag{2.81}$$

当 n 为奇数时，即 $n = 2m - 1$，可得

$$x(2mT_s - T_s) = a_s(2mT_s - T_s)(-1)^{m+k+1} \tag{2.82}$$

这样，对 $x(t)$ 抽样后的偶序号部分对应 $a_c(t)$ 的抽样，奇序号部分对应 $a_s(t)$ 的抽样，它们都属于低通信号。

令 $T_1 = 2T_s = \dfrac{1}{f_B}$，$T_1$ 为对应低通信号 $a_c(t)$ 和 $a_s(t)$ 的采样间隔，式(2.81)和式(2.82)可写成

$$x(mT_1) = (-1)^m a_c(mT_1) \tag{2.83}$$

$$x(mT_1 - T_1/2) = (-1)^{m+k+1} a_s(mT_1 - T_1/2) \tag{2.84}$$

依据低通信号采样理论的信号恢复公式，采样值 $a_c(mT_1)$ 和 $a_s(mT_1 - T_1/2)$ 可以分别被用来首先重建低通信号 $a_c(t)$ 和 $a_s(t)$，即有

$$a_c(t) = \sum_{m=-\infty}^{\infty} a_c(mT_1)\frac{\sin[\pi(t - mT_1)/T_1]}{\pi(t - mT_1)/T_1}$$

$$a_s(t) = \sum_{m=-\infty}^{\infty} a_s(mT_1 - T_1/2)\frac{\sin[\pi(t - mT_1 + T_1/2)/T_1]}{\pi(t - mT_1 + T_1/2)/T_1}$$

$a_c(t)$ 和 $a_s(t)$ 可以表示 $x(t)$，即

$$x(t) = a_c(t)\cos(2\pi f_0 t) - a_s(t)\sin(2\pi f_0 t) =$$

$$\sum_{m=-\infty}^{\infty} a_c(mT_1)\frac{\sin[\pi(t - mT_1)/T_1]}{\pi(t - mT_1)/T_1}\cos(2\pi f_0 t) -$$

$$\sum_{m=-\infty}^{\infty} a_s(mT_1 - T_1/2)\frac{\sin[\pi(t - mT_1 + T_1/2)/T_1]}{\pi(t - mT_1 + T_1/2)/T_1}\sin(2\pi f_0 t)$$

将 $a_c(mT_1)$，$a_s(mT_1 - T_1/2)$ 换成 $x(mT_1)$ 及 $x(mT_1 - T_1/2)$，再将 T_1 换成 $2T_s$，得

$$x(t) = \sum_{m=-\infty}^{\infty} \{(-1)^m x(2mT_s) \frac{\sin\ [\pi(t-2mT_s)/2T_s]}{\pi(t-2mT_s)/2T_s} \cos\ (2\pi f_0 t) +$$

$$(-1)^{m+k} x(2mT_s - T_s) \frac{\sin\ [\pi(t-2mT_s+T_s)/2T_s]}{\pi(t-mT_s+T_s)/2T_s} \sin\ (2\pi f_0 t)\}$$

因为

$$(-1)^m \cos\ (2\pi f_0 t) = \cos\ 2\pi f_0 (t - 2mT_s)$$

$$(-1)^{m+k} \sin\ (2\pi f_0 t) = \cos\ 2\pi f_0 (t - 2mT_s + T_s)$$

将偶序号和奇序号的 m 合在一起,可得

$$x(t) = \sum_{m=-\infty}^{\infty} x(mT_s) \frac{\sin\ [\pi(t-mT_s)/2T_s]}{\pi(t-mT_s)/2T_s} \cos\ [2\pi f_0 (t - mT_s)] \tag{2.85}$$

式中,$T_s = 1/f_s = 1/2f_B$,该式正是我们所希望的结果。它指出,对窄带信号 $x(t)$,当上限频率正好是带宽的正数倍时,采样频率 f_s 只要等于 2 倍的带宽频率 f_B,可以由 $x(n)$ 重建 $x(t)$。

对一般情况,即 $f_0 + f_B/2$ 不是带宽 f_B 的整数倍时,令

$$r_1 = (f_0 + f_B/2)/f_B \tag{2.86}$$

此时,r_1 不是整数,在这种情况下,可以考虑在保持 $f_0 + f_B/2$ 不变的情况下,适当增加带宽 f_B,记为 f_{B_1},使得

$$r = (f_0 + f_B/2)/f_{B_1} \tag{2.87}$$

式中,r 为整数,显然,$r < r_1$,r 是小于 r_1 的一个最大整数。这时,相对于新带宽 f_{B_1} 的中心频率变为

$$f_{01} = f_0 + f_B/2 - f_{B_1}/2 \tag{2.88}$$

显然,$f_{01} < f_0$,$f_{B_1} > f_B$。用 f_{01} 代替 f_0,用 $T_{s_1} = 1/2f_{B_1}$ 代替 T_s,则有

$$x(t) = \sum_{m=-\infty}^{\infty} x(mT_{s_1}) \frac{\sin\ [\pi(t-mT_{s_1})/2T_{s_1}]}{\pi(t-mT_{s_1})/2T_{s_1}} \cos\ [2\pi f_{01}(t - mT_{s_1})] \tag{2.89}$$

因为

$$\frac{f_{s_1}}{f_s} = \frac{2f_{B_1}}{2f_B} = \frac{(f_0 + f_B/2)/r}{(f_0 + f_B/2)/r_1}$$

所以

$$f_{s1} = f_s \frac{r_1}{r} = mf_s$$

式中

$$m = \frac{r_1}{r}$$

由上述分析可知,若 $f_0 + f_B/2$ 不是 f_B 的整数倍,若想由 $x(nT_s)$ 重建 $x(t)$,应增加采样频率为 f_{s_1},f_{s_1} 是原 f_s 的 m 倍。下面分析一下 m 的取值范围。

设 f_0 最小应等于 $f_B/2$,此时,$r_1 = r = 1$,即

$$f_{B_1} = f_B, \quad f_{s_1} = f_s = 2f_B \tag{2.90}$$

即采样频率选带宽的两倍,就可保证采样不失真。

当 $f_0 = 3f_B/2$ 时,$r_1 = r = 2$,$f_{B_1} = f_B$,仍有

$$f_{s_1} = f_s = 2f_B$$

当 f_0 在 $f_B/2 \sim 3f_B/2$ 之间变化时,$1 < r_1 < 2$,此时,r 仍等于 1,而 $m = \frac{r_1}{r} = 1 \sim 2$,则有

$$\max\ (f_{s_1}) = \max\ (mf_s) = 2f_s = 4f_B$$

即当 $f_B/2 < f_0 < 3f_B/2$ 时,有

$$f_s < f_{s_1} < 2f_s$$

当 $f_0 = \dfrac{f_B}{2}$ 或 $f_0 = 3\dfrac{f_B}{2}$ 时,有

$$f_{s_1} = f_s = 2f_B$$

同理,可以考察 f_0 在其他范围的情况,我们可以得出窄带信号的采样定理:

设信号 $x(t)$ 为窄带信号,中心频率为 f_0,带宽为 f_B,且 $f_0 > \dfrac{f_B}{2}$,若保证采样频率 f_s 为

$$2f_B \leqslant f_s \leqslant 4f_B \tag{2.91}$$

或

$$f_s = 2f_B\left(\frac{r_1}{r}\right)$$

则可由采样信号 $x(nT_s)$ 重建出 $x(t)$。其中

$$r = (f_0 + f_B/2)/f_{B_1}, \quad r_1 = (f_0 + f_B/2)/f_B$$

f_s 的下限对应 $f_0 + f_B/2$ 等于 f_B 的整数倍情况;f_s 的上限对应 $f_0 + f_B/2$ 不等于 f_B 的整数倍且是最坏的情况,即 $\dfrac{r_1}{r}$ 接近于 2 的情况。图 2.18 所示为 f_{s_1},f_s 和 f_0 三者之间的变化关系。

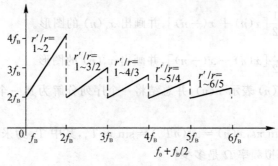

图 2.18　带通信号采样频率的选择

本章知识要点

(1) 离散时间信号(序列)的基本概念,基本序列的组成,序列的典型运算。

(2) 离散时间系统概念。

(3) 线性非时变系统描述和卷积的物理意义。

(4) 卷积的计算。

(5) 因果和稳定系统概念。

(6) 连续时间信号的采样,采样定理,信号的重构与恢复。

(7) 带通信号的采样。

习　题

2.1　给定信号

$$x(n)=\begin{cases}2n+10, & -4\leqslant n\leqslant -1\\ 6, & 0\leqslant n\leqslant 4\\ 0, & 其他\end{cases}$$

(1) 画出 $x(n)$ 的图形,标上各点的值。

(2) 试用 $\delta(n)$ 及其相应的延迟表示 $x(n)$。

(3) 令 $y_1(n)=2x(n-1)$,试画出 $y_1(n)$ 的图形。

(4) 令 $y_2(n)=3x(n+2)$,试画出 $y_2(n)$ 的图形。

(5) 将 $x(n)$ 延迟四个抽样点,再以 y 轴翻转,得 $y_3(n)$,画出 $y_3(n)$ 的图形。

(6) 先将 $x(n)$ 翻转,再延迟四个抽样点得 $y_4(n)$,试画出 $y_4(n)$ 的图形。

2.2　对 2.1 给出的 $x(n)$,解答以下问题:

(1) 画出 $x(-n)$ 的图形。

(2) 计算 $x_e(n)=\dfrac{1}{2}[x(n)+x(-n)]$,并画出 $x_e(n)$ 的图形。

(3) 计算 $x_o(n)=\dfrac{1}{2}[x(n)-x(-n)]$,并画出 $x_o(n)$ 的图形。

(4) 试用 $x_e(n),x_o(n)$ 表示 $x(n)$,并总结将一个序列分解为其一个偶对称序列与奇对称的方法。

2.3　设 $x_a(t)=\sin \pi t,x(n)=x_a(nT_s)=\sin \pi nT_s$,其中 T_s 为采样周期。

(1) $x_a(t)$ 信号的模拟频率 Ω 是多少?

(2) 当 $T_s=1$ s 时,$x(n)$ 的数字频率 ω 是多少?

(3) Ω 和 ω 有什么关系?

2.4　讨论一个单位取样响应为 $h(n)$ 的线性时不变系统,如果输入 $x(n)$ 是周期为 N 的周期序列,即 $x(n)=x(n+N)$,证明:输出 $y(n)$ 也是周期为 N 的周期序列。

2.5　设有如下差分方程确定的系统:

当 $n\geqslant 0$ 时,$y(n)+2y(n-1)+y(n-2)=x(n)$;

当 $n<0$ 时,$y(n)=0$。

(1) 计算 $x(n)=\delta(n)$ 时的 $y(n)$ 在 $n=1,2,3,4,5$ 点的值。

(2) 计算 $x(n)=u(n)$ 时的 $y(n)$。

(3) 说明系统是否稳定,并说明理由。

2.6　讨论一个输入为 $x(n)$ 的系统,系统的输入输出关系由下面两个性质确定:

$$y(n)-a(y(n-1))=x(n);\quad y(0)=1$$

(1) 判断系统是否为线性。

(2) 判断系统是否为时不变。

(3) $y(0)=0$,(1) 或 (2) 的答案是否改变?

2.7　一个系统具有如下的单位采样响应：

$$h(n) = -\frac{1}{4}\delta(n+1) + \frac{1}{2}\delta(n) - \frac{1}{4}\delta(n-1)$$

（1）试判断系统的稳定性。

（2）试判断系统的因果性。

2.8　设有如下差分方程确定的系统：

$$y(n) + 2y(n-1) + y(n-2) = x(n), \quad n \geqslant 0$$

当 $n < 0$ 时，$y(n) = 0$。

（1）计算 $x(n) = \delta(n)$ 时的 $y(n)$ 在 $n = 1, 2, 3, 4, 5$ 点的值。

（2）计算 $x(n) = u(n)$ 时的 $y(n)$。

（3）画出这一系统的结构图，并且说明系统是否稳定，并说明理由。

第3章 离散时间信号傅里叶变换和z变换

前面从时域分析了离散时间信号和离散时间系统的最基本和非常重要的内容,与研究连续时间信号和系统的基本方法类似,需要研究离散时间信号和系统的频域特性,从频域来理解信号和系统的一些重要特性,这样物理意义更加清晰。首先研究线性非时变系统对复指数序列或正/余弦序列的稳态响应,从中引出系统频率响应的重要概念,进一步推广得到对序列具有普遍意义的频域分析工具——序列傅里叶变换。在此基础上,建立关于离散时间系统频域的数学描述关系式。

3.1 线性非时变系统对正弦信号激励的响应

设输入 $x(n) = Ae^{j\omega n}$, $h(n)$ 为系统的单位取样响应,求系统输出 $y(n)$。

$$y(n) = x(n) * h(n) = \sum_{k=-\infty}^{\infty} h(k)x(n-k) = \sum_{k=-\infty}^{\infty} h(k)Ae^{j\omega(n-k)} = A\sum_{k=-\infty}^{\infty} h(k)e^{j\omega(n-k)} =$$

$$[Ae^{j\omega n}]\sum_{k=-\infty}^{\infty} h(k)e^{-j\omega k} = x(n)\sum_{k=-\infty}^{\infty} h(k)e^{-j\omega k} = x(n)H(e^{j\omega})$$

式中
$$H(e^{j\omega}) = \sum_{k=-\infty}^{\infty} h(k)e^{-j\omega k} \tag{3.1}$$

这是一个关于 ω 的复函数,它可以完全决定系统对复指数序列的响应。上式表明,线性非时变系统对复指数序列的响应是一个与输入序列具有相同频率的复指数序列,但输出复指数序列的幅度和相位与输入序列不同,输出幅度等于输入幅度乘以 $H(e^{j\omega})$ 的幅度,输出的相位等于输入相位加上 $H(e^{j\omega})$ 的相位,可以表达为

$$y(n) = H(e^{j\omega})Ae^{j\omega n} = |H(e^{j\omega})|Ae^{j(\omega n + \arg[H(e^{j\omega})])} \tag{3.2}$$

式中,符号 arg [ ] 表示求相位。因此,当一个复指数序列作用到线性非时变系统时,输出的特征完全由 $H(e^{j\omega})$ 的值决定,$H(e^{j\omega})$ 由系统的 $h(n)$ 所决定,因此,$H(e^{j\omega})$ 反映了系统对复指数序列响应的一个描述,这正是系统频域描述的概念。

式(3.1)实际上是求解复指数序列这类输入的稳态响应的一种实用而简单的方法。对于正弦和余弦序列的响应,也有相似的结论和表达式,读者可以作为练习进行推导。

3.2 离散时间信号傅里叶变换(DTFT)

3.2.1 DTFT 的定义

系统频率响应概念实质上反映了系统频域的描述思想,因为频率响应是频率变量的连续

周期函数,可以看成是一种傅里叶变换技术的展开表达式,展开系数为 $h(n)$。根据级数理论,可以求得 $h(n)$ 为

$$h(n) = \frac{1}{2\pi} \int_{-\pi}^{\pi} H(e^{j\omega}) e^{j\omega n} \, d\omega \tag{3.3}$$

式(3.3) 和式(3.1) 构成了一对描述 $h(n)$ 和 $H(e^{j\omega})$ 关系的傅里叶工具,把这这组公式和概念推广到一般的序列,就可以建立对序列进行傅里叶分析的一组公式,即

$$\left. \begin{aligned} X(e^{j\omega}) &= \sum_{n=-\infty}^{\infty} x(n) e^{-j\omega n} \\ x(n) &= \frac{1}{2\pi} \int_{-\pi}^{\pi} X(e^{j\omega}) e^{j\omega n} \, d\omega \end{aligned} \right\} \tag{3.4}$$

式(3.4) 称作"离散时间傅里叶变换"(Discrete Time Fourier Transform,DTFT),或称作"序列傅里叶变换",它具有傅里叶变换的一般物理意义。

式(3.4) 的第一式称作分析式,$X(e^{j\omega})$ 表示了序列 $x(n)$ 中不同频率的正弦信号所占比例的相对大小,具有分析作用,也称作傅里叶正变换;第二式表示序列 $x(n)$ 是由不同频率的正弦信号线性叠加构成,具有综合作用,也称作傅里叶反变换。

根据级数理论,序列傅里叶变换存在,也就是级数求和收敛的充要条件为

$$\sum_{n=-\infty}^{\infty} |x(n)| < \infty \tag{3.5}$$

即序列是绝对可和的。对系统而言,当它是稳定系统时,系统频率响应是存在的,条件为

$$\sum_{n=-\infty}^{\infty} |h(n)| < \infty \tag{3.6}$$

上式也是 LSI 系统稳定性的充要条件。

表 3.1 列出了最常见序列的离散时间傅里叶变换。

表 3.1　几种典型序列的离散时间傅里叶变换

序列	离散时间傅里叶变换
$\delta(n)$	1
1	$\sum_{k=-\infty}^{\infty} 2\pi\delta(\omega+2\pi k)$
$u(n)$	$\frac{1}{1-e^{-j\omega}} + \sum_{k=-\infty}^{\infty} \pi\delta(\omega+2\pi k)$
$e^{j\omega_0 n}$	$\sum_{k=-\infty}^{\infty} 2\pi\delta(\omega-\omega_0+2\pi k)$
$a^n u(n), |\alpha|<1$	$\frac{1}{1-\alpha e^{-j\omega}}$

3.2.2　序列傅里叶变换的性质

序列傅里叶变换有很多重要的性质,很多性质与连续时间信号的傅里叶变换很相似,其中,对称性质在实际中有时很有用。

1. 线性性质

设 $x_1(n)$ 和 $x_2(n)$ 的序列傅里叶变换分别为 $X_1(e^{j\omega})$ 和 $X_2(e^{j\omega})$，令

$$y(n) = ax_1(n) + bx_2(n) \tag{3.7}$$

则有
$$X(e^{j\omega}) = aX_1(e^{j\omega}) + bX_2(e^{j\omega})$$

线性性质有两层含义：

(1) 齐次性。它表明，若序列 $g(n)$ 乘以常数 α（即序列增大 α 倍），则其频谱函数也乘以相同的常数 α（即其频谱函数也增大 α 倍）。

(2) 可加性。它表明，几个序列之和的频谱等于各个序列的频谱函数之和。

2. 时移性

时移特性也称为延时特性，表示为

$$x(n - n_0) \leftrightarrow X(e^{j\omega})e^{-j\omega n_0} \tag{3.8}$$

式中，n_0 为常数。式(3.8)表示，在时域中序列沿时间轴右移，即延时 n_0，在频域中所有频域分量相应落后一相位 ωn_0，而其幅度保持不变。

3. 频移性

频移特性也称为调制特性，表示为

$$e^{\pm j\omega_0 n} g(n) \leftrightarrow G(e^{j(\omega \mp \omega_0)}) \tag{3.9}$$

式中，ω_0 为常数。式(3.9)表示，将序列 $g(n)$ 乘以因子 $e^{j\omega_0 n}$，对应于将频谱函数沿 ω 轴右移 ω_0；将序列 $g(n)$ 乘以因子 $e^{-j\omega_0 n}$，对应于将频谱函数 ω 沿轴左移 ω_0。

4. 对称性

共轭对称序列 $x_e(n)$ 定义为

$$x_e(n) = x_e^*(-n) \tag{3.10}$$

若 $x_e(n)$ 为实序列，则 $x_e(n)$ 是偶对称序列。

共轭反对称序列 $x_o(n)$ 定义为

$$x_o(n) = -x_o^*(-n) \tag{3.11}$$

若 $x_o(n)$ 为实序列，则 $x_o(n)$ 是奇对称序列。

任何一个序列 $x(n)$ 可以分解成 $x_e(n)$ 和 $x_o(n)$ 之和，即

$$x(n) = x_e(n) + x_o(n) \tag{3.12}$$

其中

$$x_e(n) = [x(n) + x^*(-n)]/2 \tag{3.13}$$

$$x_o(n) = [x(n) - x^*(-n)]/2 \tag{3.14}$$

同理有

$$X(e^{j\omega}) = X_e(e^{j\omega}) + X_o(e^{j\omega}) \tag{3.15}$$

其中

$$X(e^{j\omega}) = [X_e(e^{j\omega}) + X_e(e^{-j\omega})]/2$$

$$X(e^{j\omega}) = [X_o(e^{j\omega}) - X_o(e^{-j\omega})]/2$$

序列 $x(n)$ 和 $X(e^{j\omega})$ 有以下重要性质：

若

$$x(n) \leftrightarrow X(e^{j\omega})$$

则

$$\left.\begin{array}{l} x^*(n) \leftrightarrow X^*(e^{-j\omega}) \\ \mathrm{Re}\,[x(n)] \leftrightarrow X_e(e^{j\omega}) \\ j\mathrm{Im}\,[x(n)] \leftrightarrow X_o(e^{j\omega}) \\ x_e(n) \leftrightarrow \mathrm{Re}\,[X(e^{j\omega})] \\ x_o(n) \leftrightarrow j\mathrm{Im}\,[X(e^{j\omega})] \end{array}\right\} \tag{3.16}$$

若 $x(n)=x^*(n)$，即 $x(n)$ 为实序列，则有

$$X(e^{j\omega})=X^*(e^{-j\omega})$$

即 $X(e^{j\omega})$ 是共轭偶对称的，它等效为 $X(e^{j\omega})$ 的幅度是偶函数，相位是奇函数；$X(e^{j\omega})$ 的实部是偶函数，虚部是奇函数，关系如下式：

$$|X(e^{j\omega})|=|X(e^{-j\omega})|$$
$$\arg\,[X(e^{j\omega})]=-\arg\,[X^*(e^{-j\omega})]$$

或

$$\mathrm{Re}\,[X(e^{j\omega})]=\mathrm{Re}\,[X^*(e^{-j\omega})]$$
$$\mathrm{Im}\,[X(e^{j\omega})]=-\mathrm{Im}\,[X^*(e^{-j\omega})]$$

5. 频域微分

频域微分特性可表示为

$$ng(n) \leftrightarrow j\frac{dG(e^{j\omega})}{d\omega} \tag{3.17}$$

频域微分结果可用频域卷积定理来证明。

6. 卷积定理

(1) 时域卷积定理。时域卷积定理可表示为

$$g(n)*h(n) \leftrightarrow G(e^{j\omega})H(e^{j\omega}) \tag{3.18}$$

表明序列的卷积在频域对应于序列频谱的乘积。

(2) 频域卷积定理。频域卷积定理可表示为

$$g(n)\cdot h(n) \leftrightarrow \frac{1}{2\pi}G(e^{j\omega})*H(e^{j\omega}) \tag{3.19}$$

式中，$G(e^{j\omega})*H(e^{j\omega})=\int_{-\pi}^{\pi}G(e^{j\theta})H(e^{j(\omega-\theta)})d\theta$。

此式表明，在时域中两序列的乘积对应于在频域是其频谱的卷积积分的 $\dfrac{1}{2\pi}$ 倍。

7. 帕斯瓦尔(Parseval) 定理

帕斯瓦尔定理可表示为

$$\sum_{n=-\infty}^{\infty}g(n)h^*(n)=\frac{1}{2\pi}\int_{-\pi}^{\pi}G(e^{j\omega})H^*(e^{j\omega})d\omega \tag{3.20}$$

该式的一个重要应用就是可以用来计算有限能量序列的能量。有限能量序列 $g(n)$ 的总能量为

$$\varepsilon_g = \sum_{n=-\infty}^{\infty} |g(n)|^2$$

如果 $h(n) = g(n)$，由帕斯瓦尔定理可得

$$\varepsilon_g = \sum_{n=-\infty}^{\infty} |g(n)|^2 = \frac{1}{2\pi}\int_{-\pi}^{\pi} |G(e^{j\omega})|^2 d\omega \tag{3.21}$$

因此序列 $g(n)$ 的能量可以通过求右边的积分值来求得。设

$$S_{gg} = |G(e^{j\omega})|^2$$

称为序列 $g(n)$ 的能量密度谱。积分曲线下的区域面积就是这个序列的能量，该曲线积分范围是以 2π 为间隔划分的，$-\pi \leqslant \omega \leqslant \pi$。

以上序列傅里叶变换的性质归纳在表 3.2 中。

表 3.2　序列傅里叶变换的性质和定理

序列	傅里叶变换
$x(n)$	$X(e^{j\omega})$
$y(n)$	$Y(e^{j\omega})$
$ax(n) + by(n)$	$aX(e^{j\omega}) + bY(e^{j\omega})$
$x(n \pm n_0)$	$e^{\pm j\omega n_0} X(e^{j\omega})$
$x^*(n)$	$X^*(e^{-j\omega})$
$x(-n)$	$X(e^{-j\omega})$
$x(n) * y(n)$	$X(e^{j\omega}) Y(e^{j\omega})$
$x(n)y(n)$	$\frac{1}{2\pi}\int_{-\pi}^{\pi} X(e^{j\omega}) Y(e^{j(\omega-\theta)}) d\theta$
$nx(n)$	$j \dfrac{dX(e^{j\omega})}{d\omega}$
$\mathrm{Re}[x(n)]$	$X_e(e^{j\omega})$
$j\mathrm{Im}[x(n)]$	$X_o(e^{j\omega})$
$x_e(n)$	$\mathrm{Re}[X(e^{j\omega})]$
$x_o(n)$	$j\mathrm{Im}[X(e^{j\omega})]$
$\displaystyle\sum_{n=-\infty}^{\infty} |x(n)|^2 = \frac{1}{2\pi}\int_{-\pi}^{\pi} |X(e^{j\omega})|^2 d\omega$	

3.2.3　DTFT 的物理概念和分析举例

离散时间信号（序列）的 DTFT 定义了序列在频域的分析结果，它的地位和角色如同连续时间信号的傅里叶变换，DTFT 的计算结果可以称为序列的"频谱"，因此，在本质上 DTFT 仍然具有傅里叶变换的特征和属性。DTFT 的物理意义是 DTFT 表示了序列所包含的不同频率正弦分量的幅度和相位分布，具有傅里叶分析的特性。

通过下面序列的 DTFT 计算和分析，读者可以领会 DTFT 的频谱含义和特性。

【例 3-1】　设 $x(n) = R_N(n)$，求它的 DTFT $X(e^{j\omega})$。

解　按定义式求解：

$$X(\mathrm{e}^{\mathrm{j}\omega}) = \sum_{n=-\infty}^{\infty} R_N(n)\mathrm{e}^{-\mathrm{j}\omega n} = \sum_{n=0}^{N-1} R_N(n)\mathrm{e}^{-\mathrm{j}\omega n} = \sum_{n=0}^{N-1} \mathrm{e}^{-\mathrm{j}\omega n} = \frac{1-\mathrm{e}^{-\mathrm{j}\omega N}}{1-\mathrm{e}^{-\mathrm{j}\omega}} = \frac{\mathrm{e}^{-\mathrm{j}\omega N/2}(\mathrm{e}^{\mathrm{j}\omega N/2} - \mathrm{e}^{-\mathrm{j}\omega N/2})}{\mathrm{e}^{-\mathrm{j}\omega/2}(\mathrm{e}^{\mathrm{j}\omega/2} - \mathrm{e}^{-\mathrm{j}\omega/2})} =$$

$$\mathrm{e}^{-\mathrm{j}\omega(N-1)/2} \frac{\sin(\omega N/2)}{\sin(\omega/2)}$$

上式就是序列 $R_N(n)$ 的 DTFT 结果，为直观起见，令 $N=4$，分别画出 DTFT 的幅度和相位随频率变化的曲线如图 3.1 所示。

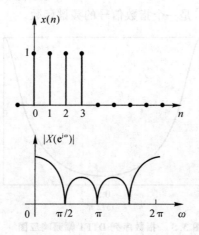

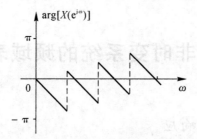

图 3.1　$R_4(n)$ 的频谱幅度和相位曲线

为比较起见，求解一个连续时间信号 $x(t)=1,\ -\tau/2 < t < \tau/2$ 的傅里叶变换：

$$X(\mathrm{j}\Omega) = \int_{-\infty}^{\infty} x(t)\mathrm{e}^{-\mathrm{j}\Omega t}\mathrm{d}t = \int_{-\tau/2}^{\tau/2} \mathrm{e}^{-\mathrm{j}\Omega t}\mathrm{d}t = \frac{1}{\mathrm{j}\Omega}(\mathrm{e}^{\mathrm{j}\Omega \tau/2} - \mathrm{e}^{-\mathrm{j}\Omega \tau/2}) = \frac{2\sin(\Omega\tau/2)}{\Omega}$$

频谱的示意图如图 3.2 所示。与图 3.2 比较，可以发现采用 DTFT 计算序列的频谱与连续时间信号的傅里叶变换得到的频谱在本质上是一致的。

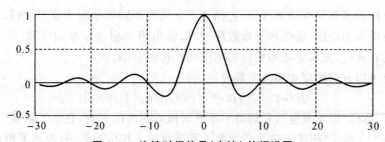

图 3.2　连续时间信号（方波）的频谱图

【**例 3 - 2**】 求解 $x(n) = a^n u(n)$，$|a| < 1$ 的傅里叶变换 DTFT。

解 按 DTFT 定义求解：

$$X(e^{j\omega}) = \sum_{n=0}^{\infty} a^n e^{-j\omega n} = \sum_{n=0}^{\infty} (a e^{-j\omega})^n$$

因为 $|a| < 1$，所以 $|ae^{-j\omega}| < 1$，上式的等比级数求和结果为

$$X(e^{j\omega}) = \frac{1}{1 - a e^{-j\omega}}$$

其幅频响应如图 3.3 所示，显然，是一个指数信号的频谱函数。

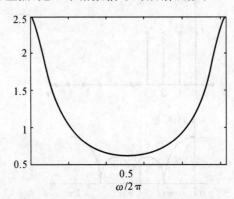

图 3.3　指数序列 DTFT 幅频响应图

3.3　线性非时变系统的频域表示方法

3.3.1　系统的频率响应

频率响应是描述系统特性的最重要的概念之一，无论是对模拟系统还是对离散系统，它的意义都是相似的。频率响应表示了输入为正弦、余弦或复指数序列，当它们的频率变化时，系统响应的变化。频率响应是一个关于频率 ω 的复函数，同时它只与系统的参数有关。上节得到的 $H(e^{j\omega})$ 与频率响应的概念完全吻合，所以对离散系统，频率响应定义为

$$H(e^{j\omega}) = \sum_{n=-\infty}^{\infty} h(n) e^{-j\omega n} \tag{3.22}$$

频率响应的物理意义可以解释为：它描述了系统对不同频率的正弦、余弦和复指数序列的响应能力。当输入为正弦、余弦和复指数序列时，输出仍为相同频率的序列，唯一改变的是输出序列的幅度和相位，分别受频率响应的幅度和相位的影响。

频率响应可以分成幅度和相位两部分：

$$H(e^{j\omega}) = |H(e^{j\omega})| \exp\{j\arg[H(e^{j\omega})]\} \tag{3.23}$$

$|H(e^{j\omega})|$ 称作"幅频响应"，它刻画了系统对输入幅度的影响，表示了幅度变化的倍数；

$\arg[H(e^{j\omega})]$ 称作"相频响应"，它刻画了系统对输入相位的影响，表示了相位增加或减小的相位值。

虽然离散系统和模拟系统的频率响应意义很类似,但读者要注意 $H(\mathrm{e}^{\mathrm{j}\omega})$ 的如下特点:

(1) 虽然讨论的是离散系统,但 $H(\mathrm{e}^{\mathrm{j}\omega})$ 是 ω 的连续函数;

(2) $H(\mathrm{e}^{\mathrm{j}\omega})$ 是 ω 的周期函数,周期为 2π,即

$$H(\mathrm{e}^{\mathrm{j}(\omega+2\pi k)}) = \sum_{n=-\infty}^{\infty} h(n)\mathrm{e}^{-\mathrm{j}(\omega+2\pi k)n} = \sum_{n=-\infty}^{\infty} h(n)\mathrm{e}^{-\mathrm{j}\omega n - \mathrm{j}2\pi kn} = \sum_{n=-\infty}^{\infty} h(n)\mathrm{e}^{-\mathrm{j}\omega n} = H(\mathrm{e}^{\mathrm{j}\omega})$$

因此,对频率响应只须考察它的一个周期,即 $[0, 2\pi)$ 或 $[-\pi, \pi)$,这一概念和数字频率的周期概念是一致的。

【例 3 - 3】 求单位取样响应 $h(n) = R_N(n)$ 的频率响应。

解　该题与例 3 - 1 相同,只是将序列换成了系统的单位取样响应,直接写出结果:

$$H(\mathrm{e}^{\mathrm{j}\omega}) = \frac{\sin\left(\dfrac{\omega N}{2}\right)}{\sin\left(\dfrac{\omega}{2}\right)}\mathrm{e}^{-\mathrm{j}\frac{N-1}{2}\omega}$$

其中,幅频响应为

$$|H(\mathrm{e}^{\mathrm{j}\omega})| = \left|\frac{\sin(\omega N/2)}{\sin(\omega/2)}\right|$$

相频响应为

$$\arg[H(\mathrm{e}^{\mathrm{j}\omega})] = -\frac{N-1}{2}\omega + \arg[\sin(\omega N/2)/\sin(\omega/2)]$$

图 3.4 所示为 $N=5$ 时矩形窗幅频响应和相频响应的图形。从幅频响应看,系统是一个低通滤波器,幅频响应等于零的频率为 $2\pi/N$ 的整数倍点,相频响应在这些点的突变是由于幅度出现了符号的变化,引入了相位 π 的变化。

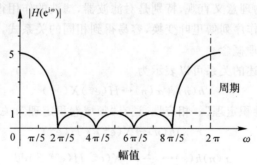

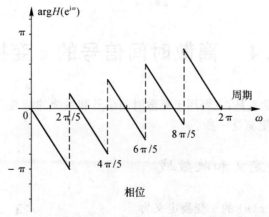

图 3.4　$N = 5$ 时单位取样响应为矩形窗序列的频率响应

3.3.2 线性非时变系统输入输出关系的的频域表示

卷积关系式是从时域描述线性非时变系统输入和输出关系的一个基本关系式,这一关系式中的核心是系统的单位取样响应 $h(n)$。相应地,应该从频域建立系统的输入和输出的关系式,即建立 $X(e^{j\omega})$,$Y(e^{j\omega})$ 和 $H(e^{j\omega})$ 三者的关系式。在下面的推导中,利用了序列可以表示为复指数序列的叠加这一极为重要的特点,并且考虑了系统的叠加原理和对复指数序列响应是系统频率响应的特点,推导出了线性非时变系统的频域关系式。

设系统输入 $x(n)$ 的傅里叶变换存在,即

$$x(n) = \frac{1}{2\pi}\int_{-\pi}^{\pi} X(e^{j\omega}) e^{j\omega n} d\omega$$

这一步很重要,它将序列表示为复指数序列的叠加,而 $H(e^{j\omega})$ 就表示了系统对复指数序列的响应,$x(n)$ 中的各复指数分量为 $X(e^{j\omega})e^{j\omega n}$,它的响应为 $H(e^{j\omega})X(e^{j\omega})e^{j\omega n}$,根据叠加原理,各分量的响应的叠加(积分)就是总的响应,即

$$y(n) = \frac{1}{2\pi}\int_{-\pi}^{\pi} X(e^{j\omega}) e^{j\omega n} H(e^{j\omega}) d\omega = \frac{1}{2\pi}\int_{-\pi}^{\pi} X(e^{j\omega}) H(e^{j\omega}) e^{j\omega n} d\omega$$

根据 $y(n)$ 和 $Y(e^{j\omega})$ 的关系:

$$y(n) = \frac{1}{2\pi}\int_{-\pi}^{\pi} Y(e^{j\omega}) e^{j\omega n} d\omega$$

可得

$$Y(e^{j\omega}) = X(e^{j\omega}) H(e^{j\omega}) \tag{3.24}$$

式(3.24)就是描述线性非时变系统输入和输出关系的频域表达式,它是卷积关系式在频域的反映,但频域描述物理意义直观,特别是对滤波器,滤波的作用很容易理解。

对卷积表达式两边作序列傅里叶变换,容易得到相同的关系式,但上面的推导方法更加突出了系统频率响应的物理概念。

系统时域和频域描述的关系可以表示为

$$h(n) * x(n) \leftrightarrow H(e^{j\omega}) X(e^{j\omega}) \tag{3.25}$$

该式也称作"时域卷积定理"。相应地,还有"频域卷积定理",关系式为

$$x(n)h(n) \leftrightarrow X(e^{j\omega}) * H(e^{j\omega})$$

或

$$x(n)h(n) \leftrightarrow \frac{1}{2\pi}\int_{-\pi}^{\pi} X(e^{j\theta}) H(e^{j(\omega-\theta)}) d\theta$$

3.4　离散时间信号的 z 变换

z 变换作为一种数学工具,主要用于离散时间信号和系统的特性分析,它的应用范围和应用条件比傅里叶变换要更宽泛一些。

3.4.1　z 变换定义和收敛域

一个离散时间序列 $x(n)$ 的 z 变换定义为

$$X(z) = Z[x(n)] = \sum_{n=-\infty}^{\infty} x(n)z^{-n} \tag{3.26}$$

定义式中，z 是一个复变量，设 $z = re^{j\omega}$，它的所有取值范围通常称为 z 平面。

当 $r=1$ 时，z 变换等效成序列傅里叶变换，或者说，在 z 平面中单位圆上定义的 z 变换，即为序列傅里叶变换。式(3.26)定义的是双边 z 变换，还有一种单边 z 变换，本书只讨论双边 z 变换。

z 变换的定义式是一个级数求和式，因此，$X(z)$ 是否收敛是存在一定条件的。当满足这一条件时，$X(z)$ 的求和公式能够收敛。这种条件通常是关于 $|z|$ 存在的区域描述。对于任意给定的序列，使 z 变换收敛的 z 值的集合称为收敛区域，简称收敛域，用符号 ROC(Range of Convergence) 表示。描述一个序列的 z 变换时，既要给出 $X(z)$ 的表达式，同时要说明它的 ROC。

根据级数求和理论，级数收敛的充分必要条件是

$$\sum_{n=-\infty}^{\infty} |x(n)z^{-n}| \leqslant \sum_{n=-\infty}^{\infty} |x(n)||z|^{-n} < \infty \tag{3.27}$$

即收敛域可以用 $|z|$ 表示的范围来说明，一般来讲，ROC 是下式表示的一个环形区域：

$$R_{x-} < |z| < R_{x+}$$

R_{x-}，R_{x+} 称作收敛域的收敛半径。R_{x-}，R_{x+} 的大小取决于具体的序列，R_{x-} 可以小到 0，R_{x+} 可以大到 ∞。

有一类重要的 z 变换，$X(z)$ 可以表示成有理分式，即

$$X(z) = \frac{P(z)}{Q(z)}$$

$P(z)$ 和 $Q(z)$ 的根分别称作 $X(z)$ 的零点和极点。因为在极点处 $X(z)$ 的 ROC 趋于无穷大，所以，收敛域内不能有极点，但可以有零点，因此，收敛域一般以极点为边界。通常将 $X(z)$ 的 ROC 的零点和极点一同画在 z 平面上，ROC 以阴影表示，极点以符号"$*$"表示，零点以符号"O"表示。图 3.5 是这种表示的一个例子。

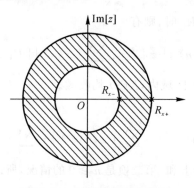

图 3.5　z 变换收敛域示意图

收敛域与序列性质有密切关系，可以按照序列的特点分四种情况讨论。

1. 有限长序列

$$x(n) = \begin{cases} x(n), & N_1 \leqslant n \leqslant N_2 \\ 0, & 其他 \end{cases}$$

求它的 z 变换为

$$X(z) = \sum_{n=N_1}^{N_2} x(n) z^{-n} \qquad (3.28)$$

上式是一个有限项级数求和,除了在 $|z|=0$ 和 $|z|=\infty$ 可能不收敛外,其他区域必定收敛。因此,有限长序列的 z 变换的收敛域几乎是整个 z 平面。

当 $N_1 < 0$ 时,ROC 不能包含 $|z|=\infty$,当 $N_2 > 0$ 时,ROC 不能包含 $|z|=0$。

即　　当 $N_2 > N_1 \geqslant 0$ 时,　　ROC:$0 < |z| \leqslant \infty$;

　　　　当 $N_1 < N_2 \leqslant 0$ 时,　　ROC:$0 \leqslant |z| < \infty$;

　　　　当 $N_1 < 0, N_2 > 0$ 时,　　ROC:$0 < |z| < \infty$。

【例 3 - 4】　求 $R_N(n)$ 的 z 变换。

解　　　　$$X(z) = \sum_{n=0}^{N-1} R_N(n) z^{-n} = \frac{1-z^{-N}}{1-z^{-1}}$$

它的收敛域 ROC 为

$$0 < |z| \leqslant \infty$$

2. 右边序列

$$x(n) = \begin{cases} x(n), & n \geqslant N_1 \\ 0, & n < N_1 \end{cases}$$

它的 z 变换为

$$X(z) = \sum_{n=N_1}^{\infty} x(n) z^{-n} \qquad (3.29)$$

下面证明这种序列的收敛域是一个圆的外部。

假定 $X(z)$ 在 $|z|=R_1$ 处收敛,R_1 是一个正的实数,根据给定的收敛条件,有

$$\sum_{n=N_1}^{\infty} |x(n) z^{-n}| = \sum_{n=N_1}^{\infty} |x(n)| |R_1|^{-n} < \infty$$

设 $N_1 \geqslant 0$ 时,当 $|z| > R_1$ 时,则有

$$\sum_{n=N_1}^{\infty} |x(n)| |z|^{-n} < \sum_{n=N_1}^{\infty} |x(n)| |R_1|^{-n} < \infty$$

即对所有在 $|z| > R_1$ 的 $|z|$ 区域内,$X(z)$ 均收敛。

当 $N_1 < 0$ 时,有

$$\sum_{n=N_1}^{\infty} |x(n) z^{-n}| = \sum_{n=N_1}^{-1} |x(n) z^{-n}| + \sum_{n=0}^{\infty} |x(n) z^{-n}|$$

上式第一项是有限项级数求和,第二项是 $n \geqslant 0$ 的情况,所以,对所有在 $|z| > R_1$ 的 $|z|$ 区域内,上式收敛。

综合以上两种情况,当 $|z| > R_1$ 时,$X(z)$ 均收敛。合理选择一个 R_1,使其小于收敛域中最小的一个 $|z|$,记为 R_{x-},因此,对于右边序列,它的收敛域可以表示为

$$|z| > R_{x-}$$

收敛域能否包括 $|Z|=\infty$,取决于 N_1 是否小于零,若 $N_1 \geqslant 0$,ROC 包括 $|z|=\infty$,否则,ROC 不能包括 $|Z|=\infty$。因此,对于因果序列,它的 z 变换 $X(z)$ 的 ROC 一定包括 $|z|=\infty$。

3. 左边序列

$$x(n) = \begin{cases} x(n), & n \leqslant N_2 \\ 0, & n > N_2 \end{cases}$$

它的 z 变换为

$$X(z) = \sum_{n=-\infty}^{N_2} x(n) z^{-n} \tag{3.30}$$

左边序列的 ROC 是 z 平面上某个圆的内部,即 $|z| < R_{x+}$。

假定 $X(z)$ 在 $|z| = R_2$ 处收敛,即

$$\sum_{n=-\infty}^{N_2} |x(n)| R_2^{-n} < \infty$$

设 $N_2 < 0$,当 $|z| < R_2$ 时

$$\sum_{n=-\infty}^{N_2} |x(n) z^{-n}| < \sum_{n=-\infty}^{N_2} |x(n)| R_2^{-n} < \infty$$

设 $N_2 \geqslant 0$,当 $|z| < R_2$ 时

$$\sum_{n=-\infty}^{N_2} |x(n) z^{-n}| = \sum_{n=-\infty}^{-1} |x(n) z^{-n}| + \sum_{n=0}^{N_2} |x(n) z^{-n}| < \infty$$

上式中的第一项是 $N_2 < 0$ 的情况,第二项是有限项级数和,所以,当 $|z| < R_2$ 时,$X(z)$ 均收敛,选 R_2 为使所有 $|z| < R_2$ 时都收敛的区域,令 $R_2 = R_{x+}$,所以,左边序列的 ROC 为 $|z| < R_x +$。

4. 双边序列

双边序列就是一般的任意序列,它的区域可以是 $n = -\infty \sim \infty$,$X(z)$ 为

$$X(z) = \sum_{n=-\infty}^{\infty} x(n) z^{-n} = \underbrace{\sum_{n=-\infty}^{-1} x(n) z^{-n}}_{\text{左边序列部分}} + \underbrace{\sum_{n=0}^{\infty} x(n) z^{-n}}_{\text{右边序列部分}} \tag{3.31}$$

式中,第一项是左边序列的 z 变换,它的 ROC 为 $|z| < R_{x+}$;第二项是右边序列的 z 变换,它的 ROC 为 $|z| > R_{x-}$。

若 $R_{x-} < R_{x+}$,则存在一个共同的 ROC:

$$R_{x-} < |z| < R_{x+}$$

在 z 平面上用图形表示 ROC(阴影部分)比较直观,如图 3.5 所示。收敛域内一定没有极点,但可以有零点。一般来讲,收敛域是以某个极点的幅值构成 R_{x-} 或 R_{x+}。

3.4.2　z 变换的性质和定理

本节介绍 z 变换的性质和定理。性质一般是表示某种数学规律或特征。本书的一个主要思想是强调物理概念,对数学特征比较明显的内容,尤其是性质一类的内容,只作简要地说明和归纳,并不强调也不要求学生去死记硬背这些性质;基于这样的一种考虑,对于 z 变换性质及相关定理只做了简要介绍。

在解决数字信号处理数学问题时,了解和掌握变换的定理与性质是很重要的。

(1) z 变换为线性变换,即对于任意常数 a, b 有

$$\mathscr{L}[ax(n)+by(n)]=aX(z)+bY(z) \qquad (3.32)$$

式中,$X(z)=\mathscr{L}[x(n)]$,$Y(z)=\mathscr{L}[y(n)]$,而 $\mathscr{L}[ax(n)+by(n)]$ 的收敛域为 $X(z)$ 和 $Y(z)$ 收敛域的公共区域。如果在 $aX(z)+bY(z)$ 中抵消了 $X(z)$ 和 $Y(z)$ 中的某些极点,收敛域有可能扩大。

（2）移位序列的变换：若有

$$\mathscr{L}[x(n)]=X(z), \qquad R_{x^-}<|z|<R_{x^+}$$

则偏移 n_0 位的新序列 $x(n+n_0)$ 的 z 变换为

$$\mathscr{L}[x(n+n_0)]=z^{n_0}X(z), \qquad R_{x^-}<|z|<R_{x^+}$$

n_0 是整数,可以为正,也可以为负。$\mathscr{L}[x(n+n_0)]$ 和 $\mathscr{L}[x(n)]$ 的收敛域相同,但 $z=0$ 或 $z=\infty$ 可能除外。须注意,对于单边变换,序列的移位特性要考虑初始条件。

（3）乘以指数序列后的变换：序列 $x(n)$ 乘以指数序列 a^n 后的变换为

$$\mathscr{L}[a^n x(n)]=X(a^{-1}z), \qquad |a|R_{x^-}<|z|<|a|R_{x^+} \qquad (3.33)$$

若 $X(z)$ 在 $z=z_1$ 处有一极点,则 $X(a^{-1}z)$ 在处 $z=az_1$ 有一极点。一般而言,所有零点和极点的坐标都乘以因子 a。

（4）$X(z)$ 的微分：易于证明

$$\frac{\mathrm{d}X(z)}{\mathrm{d}z}=\frac{1}{z}\mathscr{L}[x(n)], \qquad R_{x^-}<|z|<R_{x^+} \qquad (3.34)$$

微分后的收敛域不变,$z=0$ 除外。

（5）复数序列的共轭：若序列的变换

$$\mathscr{L}[x(n)]=X(z), \qquad R_{x^-}<|z|<R_{x^+}$$

则

$$\mathscr{L}[x^*(n)]=X^*(z^*), \qquad R_{x^-}<|z|<R_{x^+} \qquad (3.35)$$

（6）初值定理：对于 $n<0$,$x(n)=0$ 的因果序列有

$$x(0)=\lim_{z\to\infty}X(z) \qquad (3.36)$$

（7）终值定理：若序列是因果性的,且 $X(z)$ 除在 $z=1$ 处可有一阶极点外,其他极点都在单位圆内,则

$$\lim_{n\to\infty}x(n)=\lim_{z\to1}[(z-1)X(z)] \qquad (3.37)$$

终值定理也可用 $X(z)$ 在 $z=1$ 点上的留数表示,即

$$x(\infty)=\mathrm{res}[X(z),1] \qquad (3.38)$$

终值定理说明,由 $X(z)$ 可求得序列终止时的值,这在研究系统稳定时很有用。

（8）序列的卷积：若

$$w(n)=x(n)*y(n)$$

则

$$W(z)=X(z)Y(z), \qquad R_-<|z|<R_+ \qquad (3.39)$$

收敛域为 $X(z)$ 和 $Y(z)$ 收敛域的公共部分,即

$$R_-=\max[R_{x^-},R_{y^-}], \qquad R_+=\min[R_{x^+},R_{y^+}]$$

若有极点消去,则收敛域可以扩大。利用此特性,由 $x(n)$ 和 $y(n)$ 求出 $X(z)$,$Y(z)$,再由 $X(z)Y(z)$ 的逆变换求得 $x(n)*y(n)$。

（9）复卷积定理：若

$$w(n) = x(n)y(n)$$

则

$$W(z) = \frac{1}{2\pi j} \oint_{c_1} X(v) * Y\left(\frac{z}{v}\right) v^{-1} \mathrm{d}v, \quad R_{x^-} R_{y^-} < |z| < R_{x^+} R_{y^+} \tag{3.40}$$

由定义

$$W(z) = \sum_{n=-\infty}^{\infty} x(n)y(n)z^{-n}$$

而

$$x(n) = \frac{1}{2\pi j} \oint_{c_1} X(v) v^{n-1} \mathrm{d}v, \quad R_{x^-} < |v| < R_{x^+} \tag{3.41}$$

由此有

$$W(z) = \frac{1}{2\pi j} \sum_{n=-\infty}^{\infty} \oint_{c_1} X(v)y(n)v^{n-1}z^{-n} \mathrm{d}v = \frac{1}{2\pi j} \oint_{c_1} X(v)v^{-1} \sum_{n=-\infty}^{\infty} y(n) \left(\frac{z}{v}\right)^{-n} \mathrm{d}v \tag{3.42}$$

在收敛域 $R_{y^-} < \left|\dfrac{z}{v}\right| < R_{y^+}$ 内,有

$$W(z) = \frac{1}{2\pi j} \oint_{c_1} X(v)Y\left(\frac{z}{v}\right) v^{-1} \mathrm{d}v$$

c_1 为 $X(v)$,$Y\left(\dfrac{z}{v}\right)$ 收敛域公共部分中的闭合曲线。

由 $R_{x^-} < |v| < R_{x^+}$ 及 $R_{y^-} < \left|\dfrac{z}{v}\right| < R_{y^+}$,可得

$$R_{x^-} R_{y^-} < |z| < R_{x^+} R_{y^+}$$

对于 v 平面的收敛域为

$$\max\left[R_{x^-}, \frac{|z|}{R_{y^+}}\right] < |v| < \min\left[R_{x^+}, \frac{|z|}{R_{y^-}}\right] \tag{3.43}$$

式(3.40)称复卷积公式,可利用留数定理求解。

不难证明,复数卷积公式中 X,Y 的位置可以互换,即

$$W(z) = \frac{1}{2\pi j} \oint_{c_2} Y(v)X\left(\frac{z}{v}\right) v^{-1} \mathrm{d}v \tag{3.44}$$

c_2 为 $Y(v)$,$X\left(\dfrac{z}{v}\right)$ 收敛域公共部分的闭合曲线。为了说明式(3.40)为一个卷积积分,设 c_2 是一个圆,即 $v = \rho \mathrm{e}^{\mathrm{j}\theta}$,当 ρ 不变,θ 由 $-\pi$ 变到 $+\pi$ 时,就构成了围线 c_2。

令 $z = r\mathrm{e}^{\mathrm{j}\theta}$,则式(3.44)可写为

$$W(z) = \frac{1}{2\pi j} \oint_{c_2} Y(\rho \mathrm{e}^{\mathrm{j}\theta}) X\left(\frac{r}{\rho} \mathrm{e}^{\mathrm{j}(\varphi-\theta)}\right) \mathrm{d}\theta \tag{3.45}$$

式(3.44)可看作一个卷积积分,积分在一个周期内进行,通常称周期卷积。

【例 3-5】　令 $x(n) = \mathrm{e}^{-\alpha n}u(n)$,$y(n) = \sin(\omega n)u(n)$,求 $x(n)y(n)$ 的 z 变换。

解　先求出 $x(n)$ 的 z 变换,得

$$X(z) = \frac{z}{z - \mathrm{e}^{-\alpha}}, \quad |z| > |\mathrm{e}^{-\alpha}|$$

$y(n)$ 的 z 变换为

$$Y(z) = \frac{z\sin\omega}{(z - \mathrm{e}^{\mathrm{j}\omega})(z - \mathrm{e}^{-\mathrm{j}\omega})}, \quad |z| > 1$$

然后,将它们代入式(3.40)得到

$$W(z) = \frac{1}{2\pi j} \oint_{c_2} \frac{-\dfrac{z}{e^{-a}}\sin\omega}{\left(v - \dfrac{z}{e^{-a}}\right)(v - e^{j\omega})(v - e^{-j\omega})} dv$$

可利用留数定理对上述式子进行积分求解。被积函数具有 3 个极点:$v_1 = \dfrac{z}{e^{-a}}$,$v_2 = e^{j\omega}$,$v_3 = e^{-j\omega}$。积分围线 c 必须完全位于 $Y(z)$ 及 $X\left(\dfrac{z}{v}\right)$ 的收敛域内。$Y(v)$ 的收敛域为 $|v| > 1$,$X\left(\dfrac{z}{v}\right)$ 的收敛域为 $|z| > \left|\dfrac{e^{-a}}{v}\right|$,积分围线的位置如图 3.6 所示。

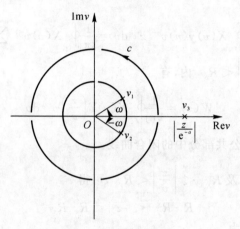

图 3.6   极点与积分围线

可见只有 v_1 和 v_2 两个极点在积分围线之内。应计算 v_1 和 v_2 两点的留数,得

$$W(z) = \frac{ze^{-a}\sin\omega}{z^2 - 2ze^{-a}\cos\omega + e^{-2a}}, \quad |z| > |e^{-a}|$$

本例说明在应用复卷积定理时,应注意被积函数的哪些极点是位于积分围线的内部,应仅对这些极点计算留数才能得到正确的结果。

(10) 帕斯瓦尔定理:设 $x(n)$ 和 $y(n)$ 为两个复数序列,$X(z)$ 和 $Y(z)$ 分别为它们的 z 变换,若它们的收敛域满足条件

$$R_{x^-}, R_{y^-} < 1, \quad R_{x^+}, R_{y^+} > 1$$

则

$$\sum_{n=-\infty}^{\infty} x(n)y^*(n) = \frac{1}{2\pi j} \oint_c X(v) * Y^*\left(\frac{1}{v^*}\right) v^{-1} dv \tag{3.46}$$

此即帕斯瓦尔公式。

证明   令

$$w(n) = x(n)y^*(n)$$
$$Z[y^*(n)] = Y^*(z^*)$$

由复卷积定理得

$$W(z) = \frac{1}{2\pi j} \oint_c X(v) * Y^*\left(\frac{z^*}{v^*}\right) v^{-1} dv$$

$$R_x{}^- R_y{}^- < | z | < R_x{}^+ R_y{}^+ ,$$

由已知条件，$W(z)$ 在单位圆上收敛，故由 z 变换的定义有

$$W(1) = \sum_{n=-\infty}^{\infty} x(n) y^*(n) z^{-n} \big|_{z=1} = \sum_{n=-\infty}^{\infty} x(n) y^*(n)$$

同时

$$W(1) = \frac{1}{2\pi j} \oint_c X(v) * Y^* \left(\frac{1}{v^*}\right) v^{-1} dv$$

得证。c 取 $X(v)$ 和 $Y^* \left(\dfrac{1}{v^*}\right)$ 收敛域的公共部分，即

$$\max \left(R_{x-}, \frac{1}{R_{y+}}\right) < | v | < \min \left(R_{x+}, \frac{1}{R_{y-}}\right)$$

若 $x(n)$ 和 $y(n)$ 均绝对可和，即 $X(z)$ 和 $Y(z)$ 都在单位圆上收敛，则以上围线积分可选择单位圆。这时 $v = e^{j\omega}$，ω 由 $-\pi$ 到 $+\pi$ 相当于沿单位圆转一周，因而得

$$\sum_{n=-\infty}^{\infty} x(n) y^*(n) = \frac{1}{2\pi} \int_{-\pi}^{\pi} X(e^{j\omega}) Y^*(e^{j\omega}) d\omega \tag{3.47}$$

此式亦即帕斯瓦尔公式。帕斯瓦尔定理的一个重要应用是计算序列的能量。如果取 $y(n) = x(n)$，则有

$$\sum_{n=-\infty}^{\infty} | x(n) |^2 = \sum_{n=-\infty}^{\infty} x(n) x^*(n) = \frac{1}{2\pi} \int_{-\pi}^{\pi} X^*(e^{j\omega}) X(e^{j\omega}) d\omega = \frac{1}{2\pi} \int_{-\pi}^{\pi} | X(e^{j\omega}) |^2 d\omega \tag{3.48}$$

此式也称帕斯瓦尔公式。它表明在时域中用序列 $x(n)$ 计算信号能量与频域中用频谱 $X(e^{j\omega})$ 计算信号能量是一致的。

关于 z 变换的性质和定理归纳在表 3.3 中，常见序列的 z 变换可参考表 3.4。

表 3.3　z 变换的性质和定理

序号	序列	z 变换性质	收敛域
1	$ax(n) + by(n)$	$aX(z) + bY(z)$	$\max [R_x{}^-, R_y{}^-] < | z | < \min [R_x{}^-, R_y{}^-]$
2	$x(n + n_0)$	$z^{n_0} X(z)$	$R_x{}^- < | z | < R_x{}^+$
3	$a^n x(n)$	$X(a^{-1} z)$	$| a | R_x{}^- < | z | < | a | R_x{}^+$
4	$x^*(n)$	$X^*(z^*)$	$R_x{}^- < | z | < R_x{}^+$
5	$x(-n)$	$X(z^{-1})$	$\dfrac{1}{R_x{}^+} < | z | < \dfrac{1}{R_x{}^-}$
6	$x(n) * y(n)$	$X(z) Y(z)$	$\max [R_x{}^-, R_y{}^-] < | z | < \min [R_x{}^-, R_y{}^-]$
7	$x(n) y(n)$	$\dfrac{1}{2\pi j} \oint_c X(v) * Y\left(\dfrac{z}{v}\right) v^{-1} dv$	$R_x{}^- R_y{}^- < | z | < R_x{}^+ R_y{}^+$

续 表

序号	序列	z 变换性质	收敛域
8	$\mathrm{Re}\,[x(n)]$	$\dfrac{1}{2}\,[X(z)+X^*(z^*)]$	$R_{x^-}<|z|<R_{x^+}$
9	$\mathrm{Im}\,[x(n)]$	$\dfrac{1}{2\mathrm{j}}\,[X(z)-X^*(z^*)]$	$R_{x^-}<|z|<R_{x^+}$
10		$x(0)=\lim\limits_{z\to\infty}X(z)$	$x(n)$ 为因果序列,$|z|>R_{x^-}$
11		$x(\infty)=\lim\limits_{z\to 1}(z-1)X(z)$	$x(n)$ 为因果序列,$X(z)$ 的极点落于单位圆内部,最多在 $z=1$ 处有一阶极点
12		$\displaystyle\sum_{n=-\infty}^{\infty}x(n)y^*(n)=\frac{1}{2\pi\mathrm{j}}\oint_c X(v)Y^*\left(\frac{1}{v^*}\right)v^{-1}\mathrm{d}v$	$R_{x^-}R_{y^-}<|z|<R_{x^+}R_{y^+}$

表 3.4　常见序列的 z 变换

序号	序列	z 变换	收敛域
1	$\delta(n)$	1	$0\leqslant|z|\leqslant\infty$
2	$\delta(n-k)$	z^{-k}	$0<|z|\leqslant\infty$
3	$u(n)$	$\dfrac{1}{1-z^{-1}}=\dfrac{z}{z-1}$	$|z|>1$
4	$R_N(n)$	$\dfrac{1-z^{-N}}{1-z^{-1}}=\dfrac{z(1-z^{-N})}{z-1}$	$|z|>0$
5	$nu(n)$	$\dfrac{z^{-1}}{(1-z^{-1})^2}=\dfrac{z}{(z-1)^2}$	$|z|>1$
6	$a^n u(n)$	$\dfrac{1}{1-az^{-1}}=\dfrac{z}{z-a}$	$|z|>|a|$
7	$-a^n u(-n-1)$	$\dfrac{1}{1-az^{-1}}=\dfrac{z}{z-a}$	$|z|<|a|$
8	$na^n u(n)$	$\dfrac{az^{-1}}{(1-az^{-1})^2}=\dfrac{az}{(z-a)^2}$	$|z|>|a|$
9	$-na^n u(-n-1)$	$\dfrac{az^{-1}}{(1-az^{-1})^2}=\dfrac{az}{(z-a)^2}$	$|z|<|a|$
10	$\mathrm{e}^{-na}u(n)$	$\dfrac{1}{1-\mathrm{e}^{-a}z^{-1}}=\dfrac{z}{z-\mathrm{e}^{-a}}$	$|z|>\mathrm{e}^{-a}$
11	$\mathrm{e}^{\mathrm{j}\omega_0 n}u(n)$	$\dfrac{1}{1-\mathrm{e}^{\mathrm{j}\omega_0}z^{-1}}=\dfrac{z}{z-\mathrm{e}^{\mathrm{j}\omega_0}}$	$|z|>\mathrm{e}^{\mathrm{j}\omega_0}$
12	$[\sin(\omega_0 n)]u(n)$	$\dfrac{z^{-1}\sin\omega_0}{1-2z^{-1}\cos\omega_0+z^{-2}}$	$|z|>1$
13	$[\cos(\omega_0 n)]u(n)$	$\dfrac{1-z^{-1}\cos\omega_0}{1-2z^{-1}\cos\omega_0+z^{-2}}$	$|z|>1$
14	$r^n[\sin(\omega_0 n)]u(n)$	$\dfrac{rz^{-1}\sin\omega_0}{1-2rz^{-1}\cos\omega_0+r^2z^{-2}}$	$|z|>|r|$
15	$r^n[\cos(\omega_0 n)]u(n)$	$\dfrac{1-rz^{-1}\cos\omega_0}{1-2rz^{-1}\cos\omega_0+r^2z^{-2}}$	$|z|>|r|$

3.5　系　统　函　数

系统函数是从 z 域描述线性时不变系统特性的一个重要函数,它虽然不如频率响应的物理概念清晰,但在数学表示方面更加简洁,在说明系统某些特性方面更简单直接。

3.5.1　系统函数定义

系统函数 $H(z)$ 定义为系统单位取样响应的 z 变换,即

$$H(z) = \sum_{n=-\infty}^{\infty} h(n) z^{-n} \tag{3.49}$$

通过 $H(z)$ 描述系统时,除了表达式以外,还要考虑它的收敛域,事实上,收敛域往往在很大程度上决定了系统的特征。

通过 $H(z)$ 可以建立系统输入 z 变换和输出 z 变换之间的简单关系,很容易得到

$$Y(z) = H(z)X(z)$$

从上式可以得到 $H(z)$ 的一种数学求解方法,即

$$H(z) = \frac{Y(z)}{X(z)}$$

在 z 平面单位圆上计算的系统函数就是系统的频率响应,即

$$H(z) \mid_{z=e^{j\omega}} = \sum_{n=-\infty}^{\infty} h(n) e^{-j\omega n} = H(e^{j\omega}) \tag{3.50}$$

3.5.2　通过系统函数描述系统特性

通过系统函数,特别是它的收敛域可以刻画出系统的一些重要特性。

因果系统的系统函数收敛域是一个圆的外部,而且包括无穷远,即 ROC 为

$$R_{x^-} < \mid z \mid \leqslant \infty$$

稳定系统的系统函数收敛域必须包括单位圆,即 ROC 为

$$\mid z \mid > R_{x^-}, \quad R_{x^-} < 1$$

或

$$\mid z \mid < R_{x^+}, \quad R_{x^+} > 1$$

根据收敛域的含义,有

$$\sum_{n=-\infty}^{\infty} \mid h(n) z^{-n} \mid \leqslant \sum_{n=-\infty}^{\infty} \mid h(n) \mid \mid z \mid^{-n} < \infty \tag{3.51}$$

考察式(3.51),当 $\mid z \mid = 1$ 时,有

$$\sum_{n=-\infty}^{\infty} \mid h(n) \mid \mid z^{-n} \mid \rightarrow \sum_{n=-\infty}^{\infty} \mid h(n) \mid < \infty \tag{3.52}$$

这正是系统稳定的充要条件。因此,当系统函数收敛域包括单位圆时,也说明系统是稳定的,反之,稳定系统的收敛域一定包含了单位圆。

稳定因果系统的系统函数的收敛域是一个包含了单位圆和无穷远的区域,即 ROC 为

$$R_{x^-} < |z| \leqslant \infty$$

且

$$R_{x^-} < 1$$

由于收敛域内不能有极点,因此,稳定因果系统的极点只能处在单位圆内。

系统函数的分析方法特别适用于常系数差分方程所表示的一类系统,如

$$y(n) = \sum_{k=1}^{N} a_k y(n-k) + \sum_{r=0}^{M} b_r x(n-r) \tag{3.53}$$

式中,a_k,b_r,N,M 均为常数。式(3.53)称为常系数差分方程,是一种常见的系统表示形式,它表示的系统函数是一种有理分式的形式。

假如系统的初始状态为零,对式(3.53)两端取 z 变换,得

$$Y(z) = \sum_{k=1}^{N} a_k z^{-k} Y(z) + \sum_{r=0}^{M} b_r z^{-r} X(z) \tag{3.54}$$

$$Y(z)\Big(1 - \sum_{k=1}^{N} a_k z^{-k}\Big) = X(z) \sum_{r=0}^{M} b_r z^{-r} \tag{3.55}$$

得到

$$H(z) = \frac{Y(z)}{X(z)} = \frac{\sum_{r=0}^{M} b_r z^{-r}}{1 - \sum_{k=1}^{N} a_k z^{-k}} \tag{3.56}$$

该式为两个关于 z^{-1} 的多项式之比,即 $H(z)$ 为有理分式。当差分方程给定时,a_k,b_k,N,M 均已知,可以直接从差分方程写出 $H(z)$ 的表达式,这也是系统函数用于差分方程的优点之一。

将 $H(z)$ 的分子、分母进行因式分解,可采用根的形式表示多项式,即

$$H(z) = \frac{A \prod_{r=0}^{M} (1 - c_r z^{-1})}{\prod_{k=1}^{N} (1 - d_k z^{-1})} \tag{3.57}$$

式中,c_r 为分子多项式的根,称为系统函数的零点;d_k 为分母多项式的根,称为系统函数的极点;A 为比例常数。

根据系统函数的特点可以引入一种系统的分类方法。

当所有的 $a_k = 0, k = 1, 2, \cdots, N$ 时,$H(z)$ 为一个多项式,即

$$H(z) = \sum_{r=0}^{M} b_r z^{-r} \tag{3.58}$$

此时,系统的输出只与输入有关,称作滑动平均 MA(Moving Average) 系统。由于系统函数只有零点(原点处的极点除外),也称作全零点系统。

可以求出系统的 $h(n)$:

$$h(n) = b_n, \quad n = 0, 1, 2, \cdots, M$$

即 $h(n)$ 为有限长度序列,所以这类系统称作有限冲激响应系统,简称 FIR(Finite Impulse Response) 系统。

除 $b_0 = 1$ 外,其他 $b_r = 0, r = 1, 2, \cdots, M$ 时,有

$$H(z) = \frac{1}{1 - \sum\limits_{k=1}^{N} a_k z^{-k}} \tag{3.59}$$

此时,系统的输出只与当前的输入和过去的输出有关,称作自回归 AR(Auto Regression) 系统。由于系统函数只有极点(原点处零点除外),也称作全极点系统。

这类系统的 $h(n)$ 为无限长度序列,称作无限冲激响应系统,简称 IIR(Infinite Impulse Response) 系统。

一般情况下,a_k, b_r 均不等于零,$H(z)$ 是一个有理分式,既有零点,也有极点,称作自回归滑动平均 ARMA 系统,或零极点系统,系统的 h(n) 为无限长序列,仍属于 IIR 系统。

3.5.3 通过系统函数估算频率响应

系统函数可以表示成零极点的形式,零极点在 Z 平面的位置刻画了系统很重要的特性。可以通过系统函数零极点位置估算出系统的频率响应,进而判断系统的滤波特性,这是一种非常实用的方法,称作频率响应的几何确定法。

$$H(e^{j\omega}) = H(z) \big|_{z=e^{jw}} = A \frac{\prod\limits_{r=1}^{M} (e^{j\omega} - c_r)}{\prod\limits_{k=1}^{N} (e^{j\omega} - d_k)} = A \frac{\prod\limits_{r=1}^{M} \boldsymbol{C_r}}{\prod\limits_{k=1}^{N} \boldsymbol{D_k}} \tag{3.60}$$

式中,差矢量 $\boldsymbol{C_r}, \boldsymbol{D_k}$ 分别为

$$\boldsymbol{C_r} = C_r e^{j\alpha_r} = e^{j\omega} - c_r$$
$$\boldsymbol{D_k} = D_k e^{j\beta_k} = e^{j\omega} - d_k$$

$\boldsymbol{C_r}$ 表示零点指向单位圆的矢量,C_r, α_r 分别是矢量的模值和相角;$\boldsymbol{D_k}$ 表示极点指向单位圆的矢量,D_k, β_k 分别是矢量的模值和相角。当频率变化时,分别考察这两个矢量的幅度和相位变化,可以得到系统的幅频响应和相频响应。它们之间的关系为

$$\left. \begin{aligned} \mid H(e^{j\omega}) \mid = \mid A \mid \frac{\prod\limits_{r=1}^{M} C_r}{\prod\limits_{k=1}^{N} D_k} \\ \arg[H(e^{j\omega})] = \sum\limits_{r=1}^{M} \alpha_r - \sum\limits_{k=1}^{N} \beta_k \end{aligned} \right\} \tag{3.61}$$

式中的因子 A 不影响幅频响应的实质,估计时可略去。

当 ω 在 $0 \sim 2\pi$ 内变化时,相当于单位圆矢量 $e^{j\omega}$ 逆时针旋转,此时,分别考查零点差矢量和极点差矢量的幅度及相位变化。当极点靠近单位圆时,幅频响应在极点所在频率处会出现峰值,极点靠单位圆越近,峰值越尖锐;当零点靠近单位圆时,零点处的幅频响应会出现谷底,越靠近单位圆,谷底越深,当零点处在单位圆上时,幅频响应为零,相频响应的分析相对复杂一些。下面通过几个例子说明如何使用这种方法。

【例 3 - 6】 分析延时单元 $y(n) = x(n-1)$ 系统的频率响应。

解 延时单元的系统函数为

$$H(z) = z^{-1}$$

$H(z)$ 无零点，极点为 $z=0$，所以极点到单位圆的差矢量的幅度 D_0 恒为 1，相角 β_0 等于 $-\omega$，可得

$$|H(e^{j\omega})| = z^{-1}$$
$$\arg[H(e^{j\omega})] = -\beta_0 = -\omega$$

显然，这是一个线性相位的全通系统，图 3.7 所示为频率响应示意图。

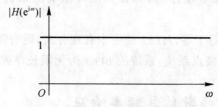

图 3.7　例 3-6 频率响应示意图

【例 3-7】　设一个因果系统的系统函数为 $H(z) = \dfrac{1}{1 - az^{-1}}$，$0 < a < 1$，估计该系统的频率响应，并判断系统的滤波特性。

解　系统函数的一个零点为 $z=0$，一个极点为 $z=a$，差矢量分别为

$$\boldsymbol{C}_0 = C_0 e^{j\alpha_0} = e^{j\omega} - 0 = e^{j\omega}$$
$$\boldsymbol{D}_0 = D_0 e^{j\beta_0} = e^{j\omega} - a$$

显然，$C_0 = 1$，$\alpha_0 = \omega$，则有

$$|H(e^{j\omega})| = 1/D_0$$
$$\arg[H(e^{j\omega})] = \omega - \beta_0$$

图 3.8 所示为零极点和各矢量的示意图，从中可以分析出幅频响应和相频响应。显然，这是一个具有低通滤波特性的系统。

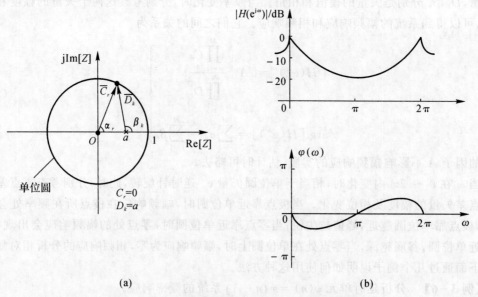

(a)　　　　　　　　　　　(b)

图 3.8　一阶滤波器的零极点图和相应的频率响应

(a) 零极点分布图；(b) 频率响应

【例 3-8】　一个二阶系统的系统函数为

$$H(z) = \frac{1}{1 - 2\rho\cos\theta z^{-1} + \rho^2 z^{-2}}, \quad 0 < \rho < 1, \quad 0 < \theta < \frac{\pi}{2}$$

估计该系统的频率响应,并判断系统的滤波特性。

解　一对复数共轭极点为

$$z_{1,2} = \rho\cos\theta \pm \text{j}\rho\sin\theta = \rho\text{e}^{\pm\text{j}\theta}$$

有一个二重零点在 $z=0$ 处,所以 $C_0 = C_1 = 1, \alpha_0 = \alpha_1 = \omega$,可得

$$|H(\text{e}^{\text{j}\omega})| = 1/(D_1 D_2)$$

$$\arg[H(\text{e}^{\text{j}\omega})] = 2\omega - \beta_1 - \beta_2$$

根据 ρ 和 θ,图 3.9(a)在 z 平面画出了零极点和各矢量,图 3.9(b)(c)分别是它的幅频响应和相频响应的示意图,可以判断该系统具有低通滤波特性。

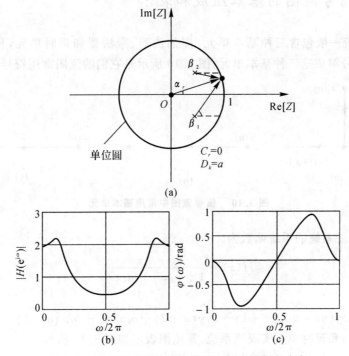

图 3.9　二阶滤波器的零极点圈和相应的频率响应

通过零极点估算系统频率响应是一种简便有效的实用方法,比较适合于较低阶的系统,高阶系统由于零极点数目较多,矢量关系较复杂,特别是相频响应。因此,这种方法一般用于快速估算低阶系统的幅频响应。

3.6　常系数线性差分方程及其信号流图表示

当实现一个离散时间系统时,需要知道有关系统的运算结构、存储资源和运算量等信息,采用信号流图可以清楚地说明这些信息。一个线性非时变(LTI)系统可以用以下常系数线性

差分方程表示:

$$y(n) = \sum_{k=1}^{N} a_k y(n-k) + \sum_{r=1}^{M} b_r x(n-r) \tag{3.62}$$

系统函数为

$$H(z) = \frac{\sum_{r=0}^{M} b_r z^{-r}}{1 - \sum_{k=1}^{N} a_k z^{-k}} \tag{3.63}$$

当系统给定时,采用信号流图可以简洁表示系统参数和信号之间的运算方式,即系统的实现结构。

3.6.1 信号流图的基本组成和表示

离散时间系统一般包含三种基本单元,即加法器、乘法器和延时单元,任何一个复杂的 DSP 系统都可以分解成这三种基本单元,图 3.10 所示是它们的流图常用符号。

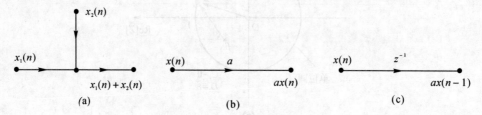

图 3.10 信号流图中常用基本单元

例如,一个二阶系统的系统函数为

$$H(z) = \frac{b_0 + b_1 z^{-1}}{1 - a_1 z^{-1} - a_2 z^{-2}}$$

差分方程为

$$y(n) = a_1 y(n-1) + a_2 y(n-2) + b_0 x(n) + b_1 x(n-1)$$

用乘法、加法、和延时单元实现该系统,其流图表示如图 3.11 所示。

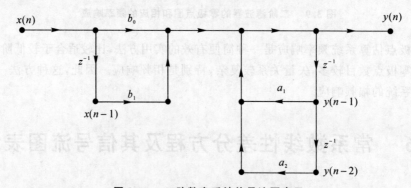

图 3.11 二阶数字系统信号流图表示

系统流图表示了系统运算结构所需的存储单元、加法和乘法次数等运算资源的开销,但不是具体电路图。

从流图也可以写出差分方程和系统函数,因此,流图是一种直观的系统表示方式。

【转置定理】　将信号流图中的所有支路反向,输入和输出互换,则系统函数不变。

【例 3 – 9】　图 3.12 所示为一个系统的信号流图。

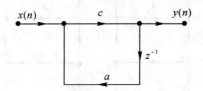

图 3.12　转置前一阶系统的信号流图

从流图写出它的差分方程和系统函数分别为

$$y(n) = cx(n) + cay(n-1)$$

$$H(z) = \frac{c}{1 - acz^{-1}}$$

按转置定理得到的系统流图如图 3.13 所示,可写出相同的差分方程和系统函数为

$$y(n) = cx(n) + ay(n-1)c$$

$$H(z) = \frac{c}{1 - acz^{-1}}$$

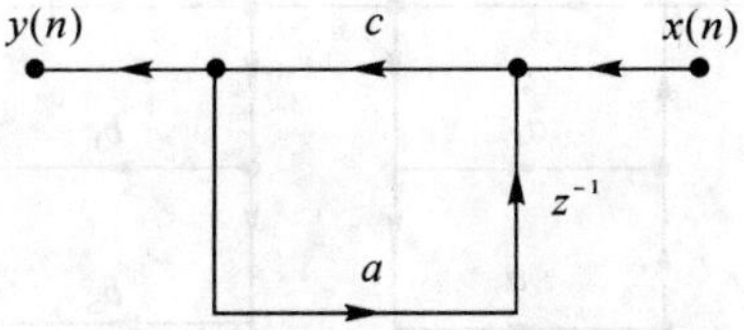

图 3.13　转置后一阶系统信号流图

3.6.2　无限冲击响应(IIR) 系统的网络结构流图

1. 直接型

IIR 系统的系统函数可以写成以下两部分:

$$H(z) = \sum_{r=0}^{M} b_r z^{-r} \frac{1}{1 - \sum_{k=1}^{N} a_k z^{-k}} = H_1(z) \cdot H_2(z) \tag{3.64}$$

式中,$H_1(z) = \sum_{r=0}^{M} b_r z^{-r}$,是一个 MA 系统,只有零点;$H_2(z) = 1/(1 - \sum_{k=1}^{N} a_k z^{-k})$,是一个 AR 系统。先实现系统 $H_1(z)$,然后实现系统 $H_2(z)$,得到一种流图如图 3.14 所示。

若先实现系统 $H_2(z)$,然后实现系统 $H_1(z)$,得到另一种流图如图 3.15 所示。在这种流图中,两条延迟支路源于同一点,相同延迟点可以合二为一,这样可以节约延迟环节,图 3.16 是合并了延迟单元的流图。这些流图都表示同一个系统,都是由系统函数的多项式直接得到的,因此,称为直接型结构,图 3.14 称为直接 Ⅰ 型,图 3.16 称为直接 Ⅱ 型。直接型结构的优点是可从差分方程或原始的系统函数直接得到，缺点是系统的系数对系统的性能影响较大。

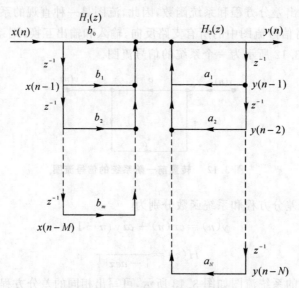

图 3.14　IIR 直接 I 型网络结构

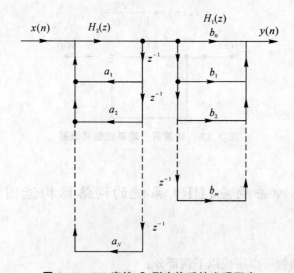

图 3.15　IIR 直接 I 型交换系统实现顺序

2. 级联型

将系统函数的分子和分母多项式进行分解，可得

$$H(z) = \frac{\prod\limits_{r=1}^{M_1}(1-g_r z^{-1}) \prod\limits_{r=1}^{M_2}(1-h_r z^{-1})(1-h_r^* z^{-1})}{\prod\limits_{k=1}^{N_1}(1-c_k z^{-1}) \prod\limits_{k=1}^{N_2}(1-d_k z^{-1})(1-d_k^* z^{-1})} \tag{3.65}$$

其中　　　　　　　　　　$M = M_1 + 2M_2, \quad N = N_1 + 2N_2$

也可写成实系数的形式，即

$$H(z) = A \prod_{k=1}^{\lfloor N/2 \rfloor} \frac{1 + b_{1k}z^{-1} + b_{2k}z^{-2}}{1 - a_{1k}z^{-1} - a_{2k}z^{-2}} \tag{3.66}$$

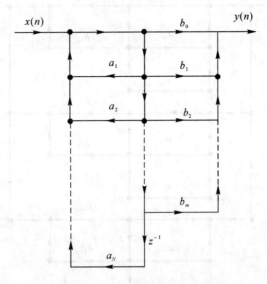

图 3.16　IIR 直接 Ⅱ 型网络结构级联型

当 N 为奇数时，多出一个一阶系统 $H(z) = \dfrac{1 - g_r z^{-1}}{1 - c_k z^{-1}}$，将 $H(z)$ 表示成多个二阶网络和一阶网络的级联（采用直接 2 型实现一、二阶基本网络），可以得到系统的级联型结构如图 3.17 所示。

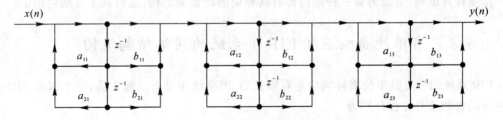

图 3.17　IIR 系统的级联型信号流图

级联型结构的优点是可用时分复用方法实现多级处理，也可采用流水线方式实现系统，运算效率较高；另外，系统性能调整较方便，各级之间影响较小。

3. 并联型

将 $H(z)$ 进行部分分式展开，可得并联型结构为

$$H(z) = \sum_{k=1}^{\lfloor \frac{N}{2} \rfloor} \frac{b_{0k} + b_{1k}z^{-1}}{1 - a_{1k}z^{-1} - a_{2k}z^{-2}} = H_1(z) + H_2(z) + \cdots + H_{N/2}(z) \tag{3.67}$$

式中，$H_k(z)$ 代表一个实系数的二阶或一阶（$a_{2k} = 0$）网络，采用直接 Ⅱ 型实现，得到系统的并联型结构如图 3.18 所示。

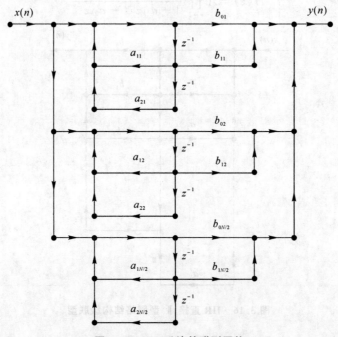

图 3.18　IIR 系统并联型网络

　　并联型结构的各级可并行计算,是运算速度最快的一种网络结构优点,需要较多的运算器。各级之间调整方便,相互影响较小。

　　按照转置定理,上面的每一种结构都有其相应的转置型结构,这里就不详细讨论了。

3.6.3　有限冲击响应（FIR）系统的网络结构流图

　　FIR 系统的特点是单位取样响应是有限长的,网络结构没有反馈支路,一个 N 阶 FIR 系统的系统函数和差分方程分别为

$$H(z) = \sum_{n=0}^{N-1} h(n) z^{-n} \tag{3.68}$$

$H(z)$ 有 N 个零点,通过 N 个零点的不同分布来实现不同性能的 FIR 系统。

$$y(n) = \sum_{k=0}^{N-1} h(k) x(n-k) \tag{3.69}$$

1. 直接型

　　按照 $H(z)$ 或差分方程直接画出网络结构就是直接型结构,如图 3.19 所示。

　　FIR 的直接型结构也称作卷积型结构或横向结构,FIR 滤波器也称为卷积型波滤器或横向滤波器。

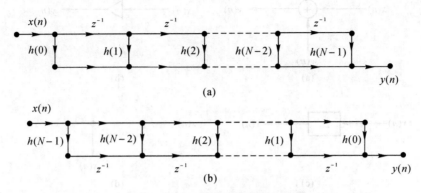

图 3.19　FIR 系统的直接型信号流图

2. 级联型

将 FIR 系统函数进行因式分解,得到实系数的二阶和一阶系统的表达式和级联结构为

$$H(z) = \prod_{r=1}^{[N/2]} (\beta_{0r} - \beta_{1r}z^{-1} - \beta_{2r}z^{-2}) \tag{3.70}$$

图 3.20 所示是相应的级联型结构,其中,系数 $\beta_{0r},\beta_{1r},\beta_{2r}$ 都是实数,当 $\beta_{2r} = 0$ 时,为一阶系统。

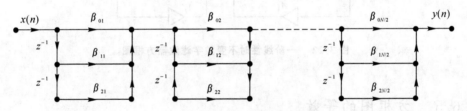

图 3.20　FIR 系统的级联型信号流图

3.6.4　方框图的表示

系统网络结构的另一种较为直观的表示方式为方框图,用方框图表示有以下几个好处:① 通过观察可以很容易写出算法;② 通过分析方框图可以容易地确定出数字滤波器的输出和输入之间的明确关系;③ 可以很容易地调整某个框图来得到不同算法的"等效"框图;④ 可以很容易地确定硬件的需求,⑤ 可以较容易地从系统函数所生成的框图表示直接得到多种"等效"表示。

首先,介绍基本的运算单元,它包括加法器、乘法器、延迟单元和输出节点,如图 3.21 所示。

图 3.22 所示为一阶线性时不变数字滤波器的方框图。

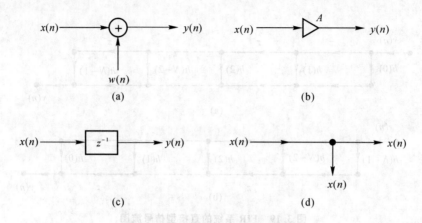

图 3.21　方框图中常用基本单元

（a）加法器；（b）乘法器；（c）延迟单元；（d）输出节点

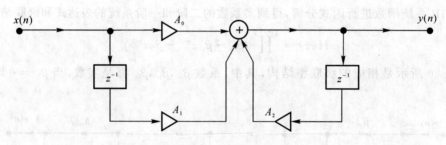

图 3.22　一阶线性时不变数字滤波器方框图

3.6.5　方框图的等效

本节的主要目的是对给定传输函数的数字滤波器进行不同的实现，如果两个滤波器有着相同的传输函数，那么就认为它们的结构是等效的。我们知道有一种相当简单的等效的方法就是对其进行转置运算：① 倒转所有路径；② 把网络节点转换成加法器，把加法器转换成网络节点；③ 交换输入和输出节点。

【例 3 - 10】　图 3.23 是一个系统的方框图。

从流图写出它的差分方程和系统函数分别为

$$y(n) = cx(n) + ay(n-1)$$

$$H(z) = \frac{c}{1 - az^{-1}}$$

按方框图的转置定理得到第二个流图，如图 3.24 所示，可写出相同的差分方程和系统函数分别为

$$y(n) = cx(n) + ay(n-1)$$

$$H(z) = \frac{c}{1 - az^{-1}}$$

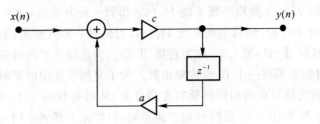

图 3.23　一阶系统网络结构的方框图

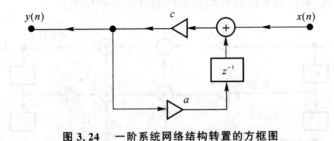

图 3.24　一阶系统网络结构转置的方框图

3.6.6　无限冲击响应(IIR)系统的方框图结构

因果的无限冲击响应数字滤波器可以用有理传输函数式或者长差分系数差分方程来表示,即

$$H(z) = \frac{p_0 + p_1 z^{-1} + p_2 z^{-2} + \cdots + p_M z^{-M}}{d_0 + d_1 z^{-1} + d_2 z^{-2} + \cdots + d_M z^{-N}} \tag{3.71}$$

$$y[n] = -\sum_{k=1}^{N} \frac{d_k}{d_0} y[n-k] + \sum_{k=1}^{M} \frac{p_k}{d_0} x[n-k] \tag{3.72}$$

从差分方程的表达式可以看出,要计算第 n 个输出样本,就需要知道输出序列的一些前面的样本,换句话说,因果的无限冲击响应数字滤波器的实现必须要有反馈。下面,列出了 IIR 滤波器的一些简单且直接的实现。

1. 直接型

如果一个 IIR 教字滤波器的系统函数表示为式(3.67),则可以将其拆分成两部分相乘的形式,即

$$H(z) = \left(\sum_{r=0}^{M} p_r z^{-r} \right) \frac{1}{1 - \sum_{k=1}^{N} d_k z^{-k}} = H_1(z) H_2(z) \tag{3.73}$$

式中,$H_1(z) = \left(\sum\limits_{r=0}^{M} p_r z^{-r} \right)$,是一个 MA 系统,只有零点,可以看作是一个 FIR 系统;$H_2(z) = \dfrac{1}{1 - \sum\limits_{k=1}^{N} d_k z^{-k}}$ 是一个 AR 系统,只有极点。那么此 IIR 数字滤波器的系统函数 $H(z)$ 可以有以下两种实现方式。

（1）先实现系统 $H_1(z)$ 然后实现系统 $H_2(z)$，得到一种方框图，如图 3.25 所示。

（2）先实现系统 $H_2(z)$，然后实现系统 $H_1(z)$，得到另一种方框图，如图 3.26 所示。

图 3.25 称为直接 Ⅰ 型，图 3.27 称为直接 Ⅱ 型。但是整个实现过程是非规范的，因为它需要 $M+N$ 个延时器来实现一个 Ⅳ 阶传输函数。为了复用系统中的延时器并得到规范实现，将图 3.26 中相同的支路节点和相同的延时支路合并，从而得到图 3.27 所示的规范的方框图实现，图 3.25、图 3.26 和图 3.27 虽然实现方式不同，但理论上都表示同一个系统，都是由系统函数的多项式直接得到的，因此称为直接型结构。直接型结构的优点是可从差分方程或原始的系统函数直接得到，缺点是系统的系数对系统的性能影响较大。

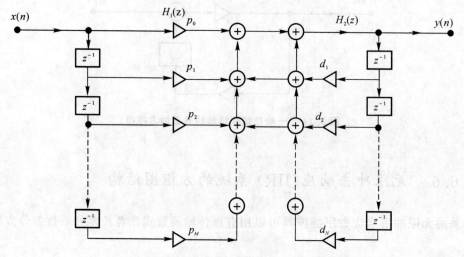

图 3.25　IIR 系统网络结构的直接 Ⅰ 型方框图

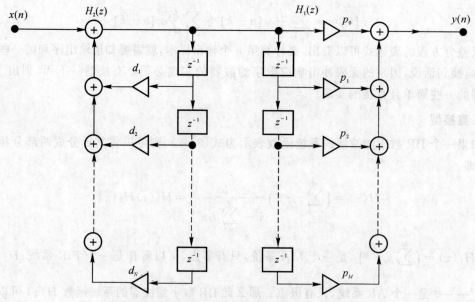

图 3.26　IIR 系统网络结构的直接 Ⅰ₁ 型方框图

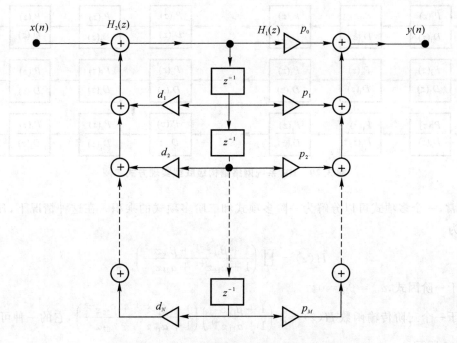

图 3.27　IIR 系统网络结构的直接 Ⅱ 型方框图

2. 级联实现

将传输函数 $H(z)$ 的分子和分母多项式表示为低阶多项式乘积,数字滤波器通常可以用低阶滤波器部分级联来实现,例如,将 $H(z) = P(z)/D(z)$ 表示为

$$H(z) = \frac{P_1(z)P_2(z)P_3(z)}{D_1(z)D_2(z)D_3(z)} \tag{3.74}$$

$H(z)$ 的不同级联实现可以由不同的零极点多项式对得到,图 3.28 和图 3.29 中给出了两种不同的实现方式,其他级联实现方式可以通过简单地交换各部分的顺序而得到,由此说明级联型的不同实现次序可以得到不同的结构。由于零极点对和次序的因素,式(3.74) 中表示的因式形式总共有 36 种级联实现。实际应用中,由于有限字长效应的原因,每种级联方式的实现结果其实有所不同。

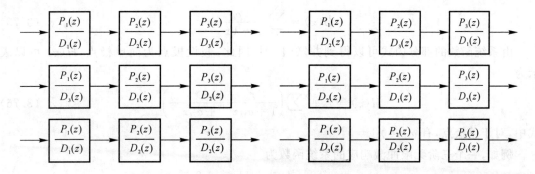

图 3.28　IIR 系统网络结构级联型实现方式一

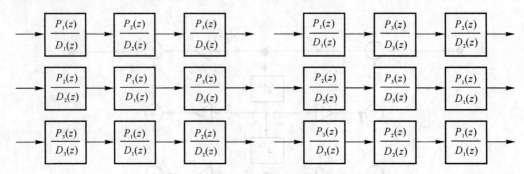

图 3.29　IIR 系统网络结构级联型实现方式二

通常，一个多项式可以分解为一阶多项式和二阶多项式的乘积。在这种情况下，$H(z)$ 可以表示为

$$H(z) = \prod_k \left(\frac{1 + \beta_{1k} z^{-1} + \beta_{2k} z^{-2}}{1 + \alpha_{1k} z^{-1} + \alpha_{2k} z^{-2}} \right)$$

对于一阶因式，$\alpha_{1k} = \beta_{2k} = 0$。

对于一个三阶传输函数 $H(z) = p_0 \left(\dfrac{1 + \beta_{11} z^{-1}}{1 + \alpha_{11} z^{-1}} \right) \left(\dfrac{1 + \beta_{12} z^{-1} + \beta_{22} z^{-2}}{1 + \alpha_{12} z^{-1} + \alpha_{22} z^{-2}} \right)$，它的一种可能实现如图 3.30 所示。

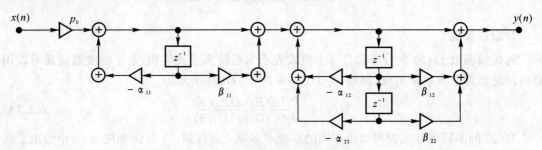

图 3.30　一阶和二阶 IIR 系统级联

3. 并联实现

IIR 系统可以通过系统函数的部分分式展开并以并联的形式来实现，即

$$G(z) = \sum_{l=1}^{N} \frac{\rho_l}{1 - \lambda_l z^{-1}} \tag{3.75}$$

由系统函数的部分因式可以得到并联 I 型，因此，假设极点为简单极点，$H(z)$ 可以表示为

$$H(z) = \gamma_0 + \sum_k \left(\frac{\gamma_{0k} + \gamma_{1k} z^{-1}}{1 + \alpha_{1k} z^{-1} + \alpha_{2k} z^{-2}} \right) \tag{3.76}$$

式中，对于单极点，有 $\alpha_{2k} = \gamma_{1k} = 0$。

例如，一个三阶无限冲激响应的系统函数为

$$H(z) = \frac{8 - 4z^{-1} + 11z^{-2} - 2z^{-3}}{1 - 1.25z^{-1} + 0.75z^{-2} - 0.125z^{-3}}$$

$H(z)$ 通过部分分式展开得

$$H(z) = 16 + \frac{8}{1 - 0.5z^{-1}} + \frac{-16 + 20z^{-1}}{1 - z^{-1} + 0.5z^{-2}}$$

图 3.31(a) 所示为该系统的直接 Ⅱ 型实现方式,图(b) 为该系统的并联型实现方式。

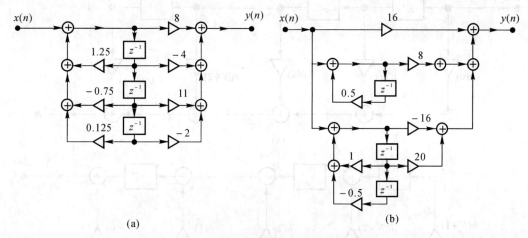

(a)   (b)

图 3.31 IIR 系统网络结构并联型方框图

(a) 三阶系统直接 Ⅱ 型; (b) 三阶系统并联型

并联型结构的各级可并行计算,是运算速度最快的一种网络结构优点,需要较多的运算器。各级之间调整方便,相互影响较小。

3.6.7 有限冲击响应(FIR) 系统的方框图结构

首先考虑有限冲击响应数字滤波器的实现。N 阶因果有限冲击响应滤波器可以用传输函数 $H(z)$ 来描述,即

$$X(z) = \sum_{k=0}^{N} h(k)z^{-k} \tag{3.77}$$

式(3.77) 是一个关于 z^{-1} 的 N 次多项式。在时域中,上述有限冲击响应滤波器的输入与输出关系为

$$y(n) = \sum_{k=0}^{N} h(k)x(n-k) \tag{3.78}$$

式中,$x(n)$ 和 $y(n)$ 分别是输入和输出序列。

由于有限冲击响应滤波器可以设计成整个频率范围内均可提供精确的线性相位的滤波器,而且总是可以独立于滤波器系数保持 BIBO 稳定,因此在很多领域,首选这样的滤波器。下面列出 FIR 滤波器的几种实现方法。

1. 直接型

N 阶有限冲击滤波器要用 $N+1$ 个系数来描述,通常需要 $N+1$ 乘法器和 N 个二输入加法器来实现。按照给定的系统函数,可以直接画出网络结构,如图 3.32 所示。

FIR 的直接型结构也称作卷积型结构或横向结构,FIR 滤波器称为横向滤波器。

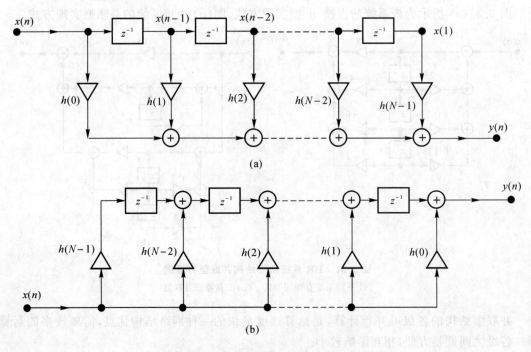

(a)

(b)

图 3.32　FIR 系统网络结构直接型方框图

2. 级联型

高阶 FIR 传输函数可以由每部分都是一阶或者二阶传输函数来级联实现。为此,将式 (3.68) 表示的有限冲击响应的传输函数 $H(z)$ 因式分解:

$$H(z) = h(0) \prod_{k=1}^{K} (1 + \beta_{1k} z^{-1} + \beta_{2k} z^{-2}) \tag{3.79}$$

式中,如果 N 是偶数,那么 $K = N/2$;如果 N 为奇数,那么 $K = (N+1)/2$ 且 $\beta_{2k} = 0$。

图 3.33 所示为 FIR 级联结构的实现。并且,级联结构是规范结构,所以需要用 N 个二输入的加法器和 $N+1$ 个乘法器来实现 N 阶有限冲击响应的传输函数,其中,系数 β_{1k},β_{2k} 都是实数。当 $\beta_{2k} = 0$ 时,为一阶系统。

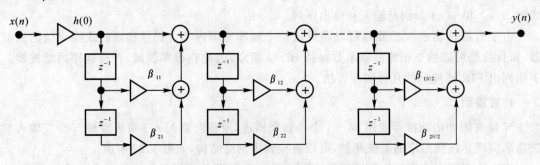

图 3.33　FIR 系统网络结构级联型方框图

本章知识要点

（1）线性时不变系统对正弦信号的响应。

（2）序列傅里叶变换的数学定义和物理概念描述，序列傅里叶变换周期特点和性质。

（3）离散系统频域描述关系式及意义，频率特性的物理概念。

（4）系统函数概念，系统性质与系统函数收敛域的关系，常系数差分方程的系统函数求解。

（5）系统函数零极点概念，从零极点分布估计系统频率响应，判断系统的滤波类型。

（6）FIR 系统和 IIR 系统的分类及信号流图。

习　　题

3.1　一个系统具有如下的单位取样响应：

$$h(n) = -\frac{1}{4}\delta(n+1) + \frac{1}{2}\delta(n) - \frac{1}{4}\delta(n-1)$$

（1）试判断系统的稳定性。

（2）试判断系统的因果性。

（3）求频率响应 $H(\mathrm{e}^{\mathrm{j}\omega})$。

（4）画出 $|H(\mathrm{e}^{\mathrm{j}\omega})|$ 和 $\arg H(\mathrm{e}^{\mathrm{j}\omega})$。

（5）该系统是属于什么类型的滤波器？

3.2　证明序列 $\sin(\pi n/2)/\pi n$ 是平方可和的而不是绝对可和的。

3.3　一个数字滤波器的频率响应如题 3.3 图所示。

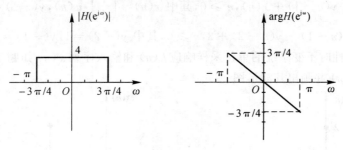

题 3.3 图

（1）求单位取样响应 $h(n)$。

（2）$h(n)$ 是否表示 FIR 或 IIR 滤波器？说明理由。

3.4　求下列序列的 z 变换，并确定其收敛域。

（1）$x(n) = \{x(-2), x(-1), x(0), x(1), x(2)\} = \left\{-\frac{1}{4}, -\frac{1}{2}, 1, \frac{1}{2}, \frac{1}{4}\right\}$。

（2）$x(n) = a^n[\cos(\omega_0 n) + \sin(\omega_0 n)]u(n)$。

$$(3)x(n) = \begin{cases} \left(\dfrac{1}{4}\right)^n, & n \geqslant 0 \\ \left(\dfrac{1}{2}\right)^{-n}, & n < 0 \end{cases}$$

3.5　求下列序列的 z 变换及其收敛域,并画出零极点示意图。

$(1)x_a(n) = a^{|n|}, 0 < |a| < 1$

$(2)x(n) = Ar^r\cos(\omega_0 n + \varphi)u(n), 0 < r < 1$

$(3)x(n) = \mathrm{e}^{-3n}\sin(\pi n/6)u(n)$

3.6　用部分分式展开法求下列 z 变换的反变换。

$$X(z) = \frac{z(z^2 - 4z + 5)}{(z-3)(z-1)(z-2)}$$

$(1)1 < |z| < 3$。

$(2)|z| > 3$。

$(3)|z| < 1$。

3.7　试利用 $x(n)$ 的 z 变换求 $n^2 x(n)$ 的 z 变换。

3.8　已知 $x(n) = (n+1)u(n)$,试利用的 z 变换的性质求 $X(z)$。

3.9　一个因果系统由下面的差分方程描述:

$$y(n) + \frac{1}{4}y(n-1) = x(n) + \frac{1}{2}x(n-1)$$

(1) 求系统函数 $H(z)$ 的收敛域。

(2) 求该系统的单位取样响应。

(3) 求系统的频率响应 $H(\mathrm{e}^{\mathrm{j}\omega})$。

3.10　用 z 变换求解下列差分方程。

$(1)y(n) = \dfrac{1}{2}y(n-1) + x(n), n \geqslant 0$,其中 $x(n) = \left(\dfrac{1}{2}\right)^n u(n), y(-1) = \dfrac{1}{4}$。

$(2)y(n) = \dfrac{1}{2}y(n-1) + x(n), n \geqslant 0$,其中 $x(n) = \left(\dfrac{1}{4}\right)^n u(n), y(-1) = 1$。

$(3)y(n) = y(n-1) + y(n-2) + 2, n \geqslant 0$,其中 $y(-2) = 1, y(-1) = 2$。

3.11　设线性时不变系统的单位采样响应 $h(n)$ 和输入序列 $x(n)$ 如题 3.11 图所示,要求计算输出序列 $y(n)$ 并画出其波形图。

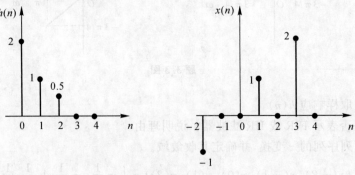

题 3.11 图

3.12　已知 5 点滑动平均(MA)滤波器的差分方程为

$$y(n) = \frac{1}{5}[x(n) + x(n-1) + x(n-2) + x(n-3) + x(n-4)]$$

(1)求该滤波器的单位采样响应。

(2)如果输入信号的波形如题 3.12 图所示,试求输出序列 $y(n)$ 并画出其波形图。

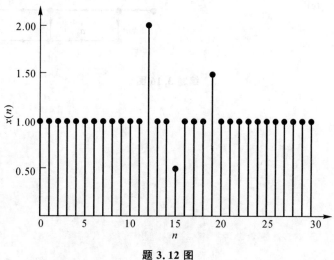

题 3.12 图

3.13　已知系统用下面的差分方程表示:

$$y(n) = \frac{3}{4}y(n-1) - \frac{1}{8}y(n-2) + x(n) + \frac{1}{3}x(n-1)$$

式中,$x(n)$ 和 $y(n)$ 分别表示系统的输入和输出信号。试说明系统所表示的滤波器类型,并分别画出系统的直接型、级联型和并联型网络结果。

3.14　设系统的系统函数为

$$H(z) = 4\,\frac{(1+z^{-1})(1-1.414z^{-1}+z^{-2})}{(1-0.5z^{-1})(1+0.9z^{-1}+0.81z^{-2})}$$

试画出各种可能的级联型网络结构,并指出哪种最好。

3.15　已知系统的单位采样响应为

$$h(n) = \delta(n) + 2\delta(n-1) + 0.3\delta(n-2) + 2.5\delta(n-3) + 0.5\delta(n-5)$$

试写出系统的系统函数,并画出其直接型网络结构。

3.16　题 3.16 图给出了 4 种系统流图,试分别写出它们的系统函数和差分方程。

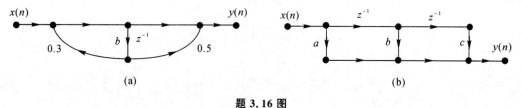

题 3.16 图

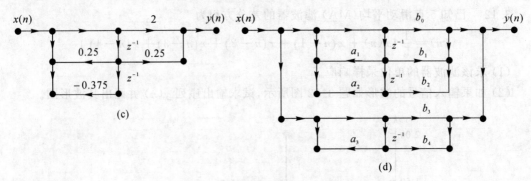

续题 3.16 图

第4章　离散傅里叶变换(DFT)

本章主要介绍有限长序列的一种特殊的频域表示——离散傅里叶变换(Discrate Fourier Transform,DFT)。离散傅里叶变换属于 DSP 基本理论的经典内容之一。离散傅里叶变换很有特点,它的变换结果为有限长和离散的。它实质上是对序列傅里叶变换在频域均匀离散的结果,因而使数字信号处理可以在频域采用数字运算的方法进行,这样就大大增加了傅里叶变换的灵活性和实用性。它不仅有重要的理论价值,而且由于有众多的快速算法,因此有着极大的应用价值。它解决了频谱离散计算和存储这一关键问题,所以在许多 DSP 系统中,DFT 算法是必不可少的。

4.1　离散傅里叶级数(DFS)

离散傅里级数和离散傅里叶变换之间有紧密的联系,在引出 DFT 之前,首先介绍对周期序列的傅里叶分析工具 —— 离散傅里叶级数 DFS。

若一个序列可以表示为

$$\tilde{x}(n) = \tilde{x}(n + lN)$$

式中,l 为整数;N 为正整数。则称 $\tilde{x}(n)$ 是周期为 N 的周期序列。

严格地讲,周期序列的傅里叶变换不存在,因为它不满足序列绝对可和的条件,但仍可以用 DFS 进行傅里叶分析。在具体介绍 DFS 之前,有必要讨论一种重要的周期序列 —— 复指数序列 $e_k(n) = e^{-j\frac{2\pi}{n}kn}$,它在 DFS 和 DFT 中起着非常重要的作用。

复指数序列 $e_k(n)$ 分别具有下列性质:

(1) 周期性:

$$W_N^{kn} = W_N^{(k+n)n} = W_N^{k(n+N)} \tag{4.1}$$

(2) 对称性:

$$W_N^{-nk} = W_N^{(N-k)n} = W_N^{k(N-n)} \tag{4.2}$$

(3) 正交性:

当 $n \neq rN$,$r = 0, \pm 1, \pm 2, \cdots$ 时,有

$$\sum_{k=0}^{N-1} W^{nk} = \frac{1 - W_N^{nN}}{1 - W_N^n} = \frac{1 - e^{-j\frac{2\pi}{N}nN}}{1 - e^{-j\frac{2\pi}{N}n}} = \frac{1 - e^{-j2\pi n}}{1 - e^{-j\frac{2\pi}{N}n}} = 0 \tag{4.3}$$

当 $n = rN$,$r = 0, \pm 1, \pm 2, \cdots$ 时,有

$$\sum_{k=0}^{N-1} W^{nk} = \frac{1 - W_N^{rNN}}{1 - W_N^{rN}} = N$$

即

$$\sum_{k=0}^{N-1} W^{nk} = \begin{cases} N, & n = rN, \quad r \text{ 为整数} \\ 0, & \text{其他} \end{cases} \tag{4.4}$$

此外,还有 $W_N^0 = 1, W_N^{\frac{N}{2}} = -1, W_N^r = W_{N/r}^1$ 等性质。

一个周期为 N 的序列 $\tilde{x}(n)$ 尽管是无限长的,但它的独立值只有 N 个,即只取其中一个周期就足以表示整个序列了。通常定义 $n = 0 \sim N-1$ 区间(一个完整周期)为 $\tilde{x}(n)$ 的主值区间,在该区间的序列称为主值序列 $x(n)$,即主值序列为

$$\left.\begin{array}{l} x(n) = \tilde{x}(n) = \tilde{x}(n)R_N(n), \quad 0 \leqslant n \leqslant N-1 \\ R_N(n) = \begin{cases} 1, & 0 \leqslant n \leqslant N-1 \\ 0, & \text{其他} \end{cases} \end{array}\right\} \tag{4.5}$$

同样也可以用 $x(n)$ 来表示 $\tilde{x}(n)$,即

$$\tilde{x}(n) = \sum_{r=-\infty}^{\infty} x(n+rN) \quad \text{或} \quad \tilde{x}(n) = x((n))_N \tag{4.6}$$

式中,$((n))_N$ 表示模 N 求余运算,即求 n 对 N 的余数。

显然,在用 $x(n)$ 来表示 $\tilde{x}(n)$ 时,N 的大小选择很重要,若 N 太小,则周期延拓后,就会发生重叠,延拓后的周期序列就不等于原来的周期序列了,会使 $\tilde{x}(n)$ 失真。要保证不失真,必须使 N 大于或等于信号的非零值长度。

周期序列不满足绝对可和的条件,因此,不能通过 z 变换和序列傅里叶变换进行分析,但可以采用另一种分析方法 —— 离散傅里叶级数(DFS)。

4.1.1　离散傅里叶级数(DFS)

迄今为止,我们已学习过三种傅里叶分析工具,它们分别应用于不同性质的信号。

(1) 应用于连续周期信号 —— 傅里叶级数展开:

$$x_a(t) = \sum_{k=-\infty}^{\infty} C_k e^{j\frac{2\pi}{T}kt} \tag{4.7}$$

$$C_k = \frac{1}{T} \int_{-\frac{T}{2}}^{\frac{T}{2}} x_a(t) e^{-j\frac{2\pi}{T}kt} \, dt \tag{4.8}$$

式中,T 是信号 $x_a(t)$ 的周期;C_k 表示了 $x_a(t)$ 的频谱,它具有时域连续周期信号对应频域离散非周期的特点。

(2) 应用于连续非周期信号 —— 连续傅里叶变换:

$$x(t) = \frac{1}{2\pi} \int_{-\infty}^{+\infty} X(j\Omega) e^{j\Omega t} \, d\Omega \tag{4.9}$$

$$X(j\Omega) = \int_{-\infty}^{+\infty} x(t) e^{-j\Omega t} \, dt \tag{4.10}$$

式中,$X(j\Omega)$ 表示了信号 $x(t)$ 的频谱,它具有时域连续非周期信号对应频域连续非周期的特点。

(3) 应用于离散非周期序列 —— 序列傅里叶变换:

$$x(n) = \frac{1}{2\pi} \int_{-\pi}^{\pi} X(e^{j\omega}) e^{j\omega n} \, d\omega \tag{4.11}$$

$$X(e^{j\omega}) = \sum_{n=-\infty}^{\infty} x(n) e^{-j\omega n} \tag{4.12}$$

式中,$X(e^{j\omega})$ 表示了序列 $x(n)$ 的频谱,它具有时域离散非周期序列对应频域连续周期的

特点。

下面将要介绍第四种傅里叶分析工具 —— 离散傅里叶级数,它用于离散周期序列。

设任意一个周期序列 $\tilde{x}(n)$ 的周期为 N,以 N 对应的频率作为基频构成傅里叶级数展开所需要的复指数序列 $e_k(n) = \mathrm{e}^{\mathrm{j}\frac{2\pi}{N}kn}$,$k$ 为任意整数,$e_k(n)$ 表示 k 次谐波频率分量。显然,$e_k(n)$ 是一个以 N 为周期的周期序列,即

$$e_{k+rN}(n) = \mathrm{e}^{\mathrm{j}\frac{2\pi}{N}(k+rN)n} = e_k(n) \tag{4.13}$$

这说明 $e_k(n)$ 中独立的分量只有 N 个,为简单起见,选择 $k = 0,1,2,\cdots,N-1$,这 N 个 $e_k(n)$ 作为 DFS 展开所需的复指数基函数,这样只用 N 个分量 $e_0(n),e_1(n),e_2(n),\cdots,e_{N-1}(n)$,就可以表示出周期序列的频谱特征。这 N 个独立的频率分量分别为直流、1次谐波、2次谐波、$N-1$ 次谐波,它们代表的频率分别为 $0,\dfrac{2\pi}{N},\dfrac{2\pi}{N}\times 2,\cdots,\dfrac{2\pi}{N}(N-1)$,等间隔均匀地覆盖了频率的一个周期。所以,得到如下基本表示式:

$$\tilde{x}(n) = \frac{1}{N}\sum_{k=0}^{N-1} X(k)\mathrm{e}^{\mathrm{j}\frac{2\pi}{N}kn} \tag{4.14}$$

式中,$1/N$ 是形式上的需要。展开系数 $X(k)$ 表示了 $\tilde{x}(n)$ 中的 k 次谐波分量的幅度和相位,因而具有频谱的意义。由于采用了 N 个独立的谐波分量,独立的 $X(k)$ 只有 N 个,或者说,$X(k)$ 也是以 N 为周期的,即有 $\tilde{X}(k+N) = \tilde{X}(k)$。

对式(4.14)两边乘上 $\mathrm{e}^{-\mathrm{j}\frac{2\pi}{N}nr}$,然后对 n 求和,可得

$$\sum_{n=0}^{N-1} \tilde{\tilde{x}}(n)\mathrm{e}^{-\mathrm{j}\frac{2\pi}{N}nr} = \frac{1}{N}\sum_{n=0}^{N-1}\sum_{k=0}^{N-1}\tilde{X}(k)\mathrm{e}^{\mathrm{j}\frac{2\pi}{N}(k-r)n} = \sum_{k=0}^{N-1}\tilde{X}(k)\frac{1}{N}\sum_{n=0}^{N-1}\mathrm{e}^{\mathrm{j}\frac{2\pi}{N}(k-r)n}$$

根据 $\mathrm{e}^{\mathrm{j}\frac{2\pi}{N}r}$ 的正交性,有

$$\frac{1}{N}\sum_{n=0}^{N-1}\mathrm{e}^{\mathrm{j}\frac{2\pi}{N}(k-r)n} = \begin{cases} 1, & \text{当 } k = r \text{ 时} \\ 0, & \text{其他} \end{cases}$$

所以

$$\tilde{X}(r) = \sum_{n=0}^{N-1}\tilde{x}(n)\mathrm{e}^{-\mathrm{j}\frac{2\pi}{N}rn}$$

将上式中的 r 统一换成 k,则有

$$\tilde{X}(k) = \sum_{n=0}^{N-1}\tilde{x}(n)\mathrm{e}^{-\mathrm{j}\frac{2\pi}{N}kn} \tag{4.15}$$

式(4.15)说明,建立在式(4.14)基础上的傅里叶级数是存在的,展开系数 $\tilde{X}(k)$ 是可解的。式(4.15)和式(4.14)构成了离散傅里叶级数(DFS)的一组公式:

$$\tilde{X}(k) = \sum_{n=0}^{N-1}\tilde{x}(n)W_N^{kn} \tag{4.16}$$

$$\tilde{x}(n) = \frac{1}{N}\sum_{k=0}^{N-1}\tilde{X}(k)W_N \tag{4.17}$$

式中,$W_N = \mathrm{e}^{-\mathrm{j}\frac{2\pi}{N}}$,称为 W 因子。式(4.16)通常称为分析式,式(4.17)称为综合式。

DFS 的特点为时域离散周期序列对应频域离散周期频谱。其中离散性对于数字运算相当实用,周期性可以简化序列存储。DFS 的物理意义仍然表现为傅里叶分析的频谱特征。

4.1.2 DFS 的性质

设 $\tilde{x}(n)$ 为周期序列,周期为 N,它的 DFS 为 $\tilde{X}(k)$,两者的关系记为

$$\tilde{x}(n) \quad \Leftrightarrow \quad \tilde{X}(k)$$

或

$$\left.\begin{array}{l} \tilde{X}(k) = \mathrm{DFS}[\tilde{x}(n)] \\ \tilde{x}(n) = \mathrm{IDFS}[\tilde{X}(k)] \end{array}\right\} \tag{4.18}$$

1. 线性性质

设 a,b 为常数,则有

$$a\tilde{x}(n) + b\tilde{y}(n) \quad \Leftrightarrow \quad a\tilde{X}(k) + b\tilde{Y}(k) \tag{4.19}$$

2. 时域移位性

设 m 为实整数,则有

$$\tilde{x}(n+m) \quad \Leftrightarrow \quad W^{-mk}\tilde{X}(k) \tag{4.20}$$

3. 频域移位性(调制性)

$$W_N^{nl}\tilde{x}(n) \quad \Leftrightarrow \quad \tilde{X}(k+l) \tag{4.21}$$

4. 周期卷积

设周期序列 $\tilde{x}(n)$,$\tilde{y}(n)$ 的周期为 N,DFS 分别为 $\tilde{X}(k)$,$\tilde{Y}(k)$,记 $\tilde{f}(n)$ 为

$$\tilde{f}(n) = \sum_{m=0}^{N-1} \tilde{x}(m)\tilde{y}(n-m) \tag{4.22}$$

则有

$$\mathrm{DFS}[\tilde{f}(n)] = \tilde{X}(k)\tilde{Y}(k) \tag{4.23}$$

【证明】 根据题意,有

$$\tilde{f}(n) = \mathrm{IDFS}[\tilde{X}(k)\tilde{Y}(k)] = \frac{1}{N}\sum_{k=0}^{N-1}\tilde{X}(k)\tilde{Y}(k)W_N^{-kn} = \frac{1}{N}\sum_{k=0}^{N-1}\left[\sum_{m=0}^{N-1}\tilde{x}(m)W_N^{km}\right]\tilde{Y}(k)W_N^{-kn} =$$

$$\sum_{m=0}^{N-1}\tilde{x}(m)\frac{1}{N}\sum_{k=0}^{N-1}\tilde{Y}(k)W_N^{-k(n-m)} = \sum_{m=0}^{N-1}\tilde{x}(m)\tilde{y}(n-m)$$

证毕。

周期卷积的特点为,卷积求和限制在一个周期内,只需求 $n = 0 \sim N-1$,即移位向右移 $0,1,\cdots,N-1$,结果也为相同周期的周期序列,也称为循环卷积或圆固卷积。

特别要注意,虽然周期卷积在运算形式上与线性卷积很相似,但周期卷积没有任何的物理意义,它不表示线性时不变系统的概念,即不代表任何系统的处理过程,仅是一种单纯的数学运算形式。通常所说的线性卷积具有明确的物理意义,表示系统的处理过程。

此外,与之相应的频域周期卷积公式为

$$\mathrm{DFS}[\tilde{x}(n)\tilde{y}(n)] = \frac{1}{N}\sum_{l=0}^{N-1}\tilde{X}(l)\tilde{Y}(k-l) \tag{4.24}$$

4.2　离散傅里叶变换(DFT)

4.2.1　离散傅里叶变换的定义

有限长序列是工程中最常见的序列模型,本节重点讨论此类序列的一种新的傅里叶分析方法。设一个有限长序列 $x(n)$, $n=0 \sim N-1$,定义 N 为其序列长度。对有限长序列 $x(n)$ 作 z 变换或序列傅里叶变换都是可行的,或者说,有限长序列 $x(n)$ 的频域和复频域分析在理论上都已经解决,但对于数字系统,无论是 z 变换还是序列傅里叶变换在实用方面都存在一些问题,主要是频域变量的连续性性质,不便于数字运算和存储。在上一节 DFS 的讨论中,我们发现 DFS 在形式上是一种离散的频域表示,而且独立的频率分量只有 N 个,因此 DFS 是一种非常适合于 DSP 系统存储和计算的傅里叶分析工具。实际中,由于 DSP 系统数据采集存储容量的限制,一般 $x(n)$ 总是有限长度的,一般不是周期的,即使原序列是周期的,一般序列长度也不会恰好是整数倍周期。那么能否实现用 DFS 对有限长序列 $x(n)$ 进行频域分析呢? 或者说,能否找到类似于 DFS 那样一种实用而有效的傅里叶变换呢? 回答是可能而且是成功的。解决这一问题的关键在于,如何建立有限长序列和一个周期序列之间的关系。

对一个周期序列 $\tilde{x}(n)$,尽管它是无限长的,但实际上,有用的信息全部包含在一个周期里,在表示和存储时,完全可以只用它的一个周期,或是只选它的"主值序列"。从这一点来看,它与这个有限长的"主值序列"是完全相同的。反之,把一个有限长序列用周期序列的观点来看应该是可以的,虽然实际的信号 $x(n)$ 为有限长序列,但将其看成某个周期序列的"主值序列"是可以的,两者的关系为

$$x(n) = \tilde{x}(n) R_N(n) \tag{4.25}$$

$$\tilde{x}(n) = \sum_{r=-\infty}^{\infty} x(n+rN) \tag{4.26}$$

从所包含信息的完整性来看,$\tilde{x}(n)$ 和 $x(n)$ 是完全相同的。但须注意,$\tilde{x}(n)$ 不是随意的,它一定是以原序列 $x(n)$ 为"主值序列"进行周期延拓后形成的。得到 $\tilde{x}(n)$ 以后,它的频谱分析完全可以用 DFS 来表示和实现,即用 $\tilde{X}(k)$ 来表示原有限长序列 $x(n)$ 的频谱,即

$$\tilde{X}(k) = \sum_{n=0}^{N-1} \tilde{x}(n) W_N^{kn} = \sum_{n=0}^{N-1} x(n) W_N^{kn} \tag{4.27}$$

当然,得到的 $\tilde{X}(k)$ 也是周期的,对 $\tilde{X}(k)$ 取它的主值区间的值,记为 $X(k)$,则把 $X(k)$ 看作为 $x(n)$ 的一种傅里叶变换,称为有限长序列的离散傅里叶变换(Discrete Fourier Transform,DFT)。离散傅里叶变换 DFT 定义为

$$X(k) = \tilde{X}(k) R_N(k) = \left[\sum_{n=0}^{N-1} x(n) W_N^{kn} \right] R_N(k)$$

或

$$X(k) = \begin{cases} \sum_{n=0}^{N-1} x(n) W_N^{kn}, & 0 \leqslant k \leqslant N-1 \\ 0, & \text{其他} \end{cases} \tag{4.28}$$

$X(k)$ 称为 $x(n)$ 的 N 点离散傅里叶变换。

反变换的定义与正变换类似，由于 $X(k)$ 本身就是来源于 $\widetilde{X}(k)$，因而将 $X(k)$ 看成是周期的，然后进行 IDFS，结果应为 $\widetilde{x}(n)$，截取它的主值序列应等于原来的有限长序列 $x(n)$，因此，反变换公式为

$$x(n) = \frac{1}{N} \Big[\sum_{k=0}^{N-1} X(k) W_N^{-kn} \Big] R_N(n)$$

或

$$x(n) = \begin{cases} \sum_{k=0}^{N-1} X(k) W_N^{-kn}, & 0 \leqslant n \leqslant N-1 \\ 0, & \text{其他} \end{cases} \tag{4.29}$$

式(4.28)和式(4.29)即为著名的 DFT 定义式。

从表达式上看，DFT 与 DFS 的定义式基本一致，但要注意它们之间的区别。DFT 是借用了 DFS，这样就假定了序列的周期性，但 DFT 定义式对 DFS 区间作了约束，获得了有限长的特点，但这种约束没有改变 DFT 定义式的 DFS 本质，或者说，DFT 定义式尽管表现为区间约束，但仍然具有 DFS 的本质，隐含了周期性。这种建立有限长和周期性之间的等效关系的手段，一般不会对原信号的时域和频域产生影响，只有极个别情况例外。这种解决问题的思路是非常巧妙的，它解决了频谱的离散表示和与之相关的大量的数字处理，是数字信号处理理论中非常重要的内容。另外，它有实时快速算法，因此，DFT 不仅具有重要的理论意义，也有较大的实用价值。

DFT 具有如下特点：

(1)DFT 隐含周期性，DFT 来源于 DFS，尽管定义式中已将其限定为有限长，在本质上，$x(n)$，$X(k)$ 都已经变成周期的。

(2)DFT 只适用于有限序列，DFT 处理一定要对 $x(n)$ 进行周期化处理，若 $x(n)$ 无限长，变成周期序列后各周期必然混叠，造成信号失真。因此，要先进行截断处理，使之为有限长，然后进行 DFT。

(3)DFT 正反变换的数学运算非常相似，无论硬件还是软件实现都比较容易。

【例 4 - 1】 求 $x(n) = \cos\left(\dfrac{\pi}{6}n\right) R_N(n)$ 的 N 点 DFT，其中，$N = 12$。

解 按定义直接求解如下：

$$X(k) = \sum_{n=0}^{11} \cos\left(\frac{\pi}{6}n\right) W_N^{nk} = \sum_{n=0}^{11} \frac{e^{j\frac{\pi}{6}n} + e^{-j\frac{\pi}{6}n}}{2} e^{-j\frac{2\pi}{12}nk} = \frac{1}{2}\sum_{n=0}^{11} e^{j\frac{2\pi}{12}(1-k)n} + \frac{1}{2}\sum_{n=0}^{11} e^{-j\frac{2\pi}{12}(1+k)n}$$

根据复指数的正交性，上式等号右边的第一项只有当 $k=1$ 时，结果为 6，其他 k 值时，结果为零，等号右边第二项只有当 $k=11$ 时，结果为 6，其他 k 值时，结果为零，所以

$$X(k) = \begin{cases} 6, & k = 1, 11 \\ 0, & \text{其他} \end{cases}$$

这个结果正确反映了余弦序列的频谱特征，其中，$k=1$ 代表正频率分量，$k=11$ 代表负频率分量。

4.2.2　DFT 的性质

设 $x(n)$, $y(n)$ 均为 N 点的有限长序列,其 DFT 分别为 $X(k)$, $Y(k)$,它们的关系可记为
$$X(k) = \text{DFT}[x(n)], \quad Y(k) = \text{DFT}[y(n)]$$
或
$$x(n) \iff X(k), \quad y(n) \iff Y(k)$$

1. 线性性质

$$ax(n) + by(n) \iff aX(k) + bY(k) \tag{4.30}$$

其中,a,b 均为常数,DFT 的点数取两个序列中最长的点数。

2. 圆周移位性质

定义 $x(n)$ 的 N 点圆周移位序列 $f(n)$ 为
$$f(n) = x(n+m)R_N(n) \tag{4.31}$$

图 4.1 所示为一个有限长序列和它的圆周移位序列的关系。

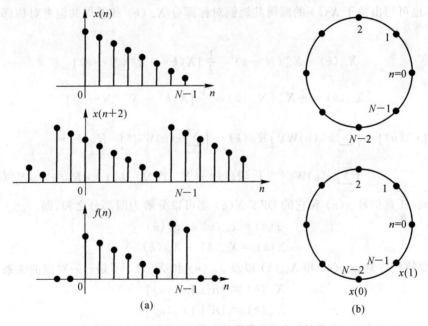

(a)　　　　　　　　　(b)

图 4.1　有限长序列和它的圆周移位序列的关系

圆周移位序列的 DFT 和原序列的 DFT 的关系表示了这种性质:
$$F(k) = W_N^{-kn}X(k),\cdots, \quad 0 \leqslant k \leqslant N-1 \tag{4.32}$$

【证明】

$$F(k) = \sum_{n=0}^{N-1} f(n) = \sum_{n=0}^{N-1} x[(n+m)]_N W_N^{nk} = \sum_{n=-m}^{N-1-m} \tilde{x}(n) W_N^{(n-m)k} =$$

$$\left\{ W_N^{-mk} \sum_{n=-m}^{N-1-m} \tilde{x}(n) W_N^{nk} \right\} R_N(k) = \left\{ W_N^{-mk} \sum_{n=0}^{N-1} \tilde{x}(n) W_N^{nk} \right\} R_N(k) =$$

$$[W_N^{-km} \tilde{X}(k)] \cdot R_N(k) = W_N^{-km} X(k)$$

同理,也有相应的频域圆周移位性质:

$$W_N^{\ln} x(n) \Leftrightarrow X((k+l))_N R_N(k) \qquad (4.33)$$

3. 对称性

先引入下列序列形式的一种符号,$x(N-n)$ 由原序列 $x(n)$ 而来,仍为有限长。

$$x(n) = \begin{cases} x(0), & n=0 \\ x(N-n), & n=1,2,\cdots,N-1 \\ 0, & \text{其他} \end{cases} \qquad (4.34)$$

共轭性:

$$x^*(n) \quad \Leftrightarrow \quad X^*(N-k) \qquad (4.35)$$

【证明】 定义圆周共轭偶对称序列 $x_{ep}(n)$,圆周共轭奇对称序列 $x_{op}(n)$ 分别为

$$x_{ep}(n) = x_{ep}^*(N-n) = \frac{1}{2}[x(n) + x^*(N-n)] = \frac{1}{2}[\tilde{x}(n) + \tilde{x}^*(N-n)] \cdot R_N(n)$$

$$x_{op}(n) = -x_{op}^*(N-n) = \frac{1}{2}[x(n) - x^*(N-n)] = \frac{1}{2}[\tilde{x}(n) - \tilde{x}^*(-n)] \cdot R_N(n)$$

同理,也可写出关于 $X(k)$ 的圆周共轭偶对称部分 $X_{ep}(k)$ 和圆周共轭奇对称部分 $X_{op}(x)$ 分别为

$$X_{ep}(k) = X_{ep}^*(N-k) = \frac{1}{2}[X(k) + X^*(N-k)]$$

$$X_{op}(k) = -X_{op}^*(N-k) = \frac{1}{2}[X(k) - X^*(N-k)]$$

$$\text{DFT}[x^*(n)] = \left\{ \sum_{n=0}^{N-1} x^*(n) W_N^{nk} \right\} R_N(k) = \left[\sum_{n=0}^{N-1} x(n) W_N^{-nk} \right]^* R_N(k) =$$

$$\left[\sum_{n=0}^{N-1} x(n) W_N^{n(N-k)} \right]^* R_N(k) = X^*((N-k))_N \cdot R_N(k) = X^*(N-k)$$

一般地,任意信号 $x(n)$ 和它的 DFT $X(k)$ 都可以分解为两部分之和,即

$$x(n) = x_{ep}(n) + x_{op}(n)$$

$$X(k) = X_{ep}(k) + X_{op}(k)$$

这里要特别注意,$x_{ep}(n)$ 和 $X_{ep}(k)$ 以及 $x_{op}(n)$ 和 $X_{op}(k)$ 不是一一对应的关系,即

$$X_{ep}(k) \neq \text{DFT}[x_{ep}(n)]$$

$$X_{op}(k) \neq \text{DFT}[x_{op}(n)]$$

而是存在下面的关系:

$$\text{Re}[x(n)] \leftrightarrow X_{ep}(k)$$

$$\text{jIm}[x(n)] \leftrightarrow X_{op}(k)$$

$$X_{ep}(n) \leftrightarrow \text{Re}[X(k)]$$

$$X_{op}(n) \leftrightarrow \text{jIm}[X(k)]$$

其他两个性质:

$$x^*(N-n) \leftrightarrow X^*(k)$$

$$x(N-n) \leftrightarrow X(N-k)$$

【证明】 $\text{DFT}[x(N-n)] = \sum_{n=0}^{N-1} x(N-n) W_N^{nk} = \sum_{n=0}^{N-1} x(N-n) W_N^{-(N-n)k} =$

$$x(N) + \sum_{n=N-1}^{1} x(N-n) W_N^{-(N-n)k} = x(0) + \sum_{n=1}^{N-1} x(n) W_N^{-nk} =$$

$$\sum_{n=0}^{N-1} x(n) W_N^{n(N-k)} = X(N-k)$$

当 $x(n)$ 为实序列时，即

$$x(n) = x^*(n)$$

则有

$$X(k) = X^*(k) \tag{4.36}$$

即实序列的 DFT 具有圆周共轭偶对称性，或者说，幅度是偶对称，相位是奇对称，即

$$|X(k)| = |X(N-k)| \tag{4.37a}$$

$$\arg[X(k)] = -\arg[X(N-k)] \tag{4.37b}$$

当 N 为偶数时，$N-1$ 为奇数，$X(N/2)$ 为中心对称点，其余点对称情况如下：
$|X(1)| = |X(N-1)|$，$|X(2)| = |X(N-2)|$，$\cdots$，$|X(N/2-1)| = |X(N/2+1)|$，当 $k=0$ 时，$|X(0)| = |X(N)| = |X(0)|$，其他的 $N-1$ 个点以中心点 $N/2$ 为对称点。

当 N 为奇数，$N-1$ 为偶数，对称点不在整数点上，对称情况如下：

$$|X(1)| = |X(N-1)|, \quad |X(2)| = |X(N-2)|, \quad \cdots, \quad \left|X\left(\frac{N-1}{2}\right)\right| = \left|X\left(\frac{N+1}{2}\right)\right|$$

因此，对实序列，可以只求解和保存一半数量的 $X(k)$ 值。

4. 卷积特性

设

$$f(n) = \left[\sum_{m=0}^{N-1} x(m) y((n-m))_N\right] R_N(n) \tag{4.38}$$

则

$$F(k) = X(k) Y(k)$$

式(4.38)中的运算形式称为"圆周卷积"，也称"周期卷积"或"循环卷积"，记为

$$f(n) = x(n) \otimes y(n) = x(n) \,\textcircled{N}\, y(n)$$
$$f(n) \leftrightarrow X(k) Y(k) \tag{4.39}$$

【证明】

$$f(n) = \frac{1}{N} \sum_{k=0}^{N-1} X(k) Y(k) W_N^{-nk} = \frac{1}{N} \sum_{k=0}^{N-1} \left[\sum_{m=0}^{N-1} x(m) W_n^{km}\right] Y(k) W_N^{-nk} =$$

$$\sum_{m=0}^{N-1} x(m) \frac{1}{N} \sum_{k=0}^{N-1} Y(k) W_N^{-(n-m)k} = \left[\sum_{m=0}^{N-1} x(m) y((n-m))_N\right] R_N(n)$$

相应的频域卷积特性为

$$\mathrm{DFT}[x(n) y(n)] = \left[\frac{1}{N} \sum_{l=0}^{N-1} X(l) Y((k-l))_N\right] R_N(k)$$

5. 帕斯维尔定理

$$\left.\begin{aligned}
\sum_{n=0}^{N-1} x(n) \cdot y^*(n) &= \frac{1}{N} \sum_{k=0}^{N-1} X(k) Y^*(k) \\
\sum_{n=0}^{N-1} |x(n)|^2 &= \frac{1}{N} \sum_{k=0}^{N-1} |X(k)|^2
\end{aligned}\right\} \tag{4.40}$$

该性质的第 2 个关系式表明了时域能量和频域能量的守恒特性。

表 4.1 归纳了 DFT 常见的特性。

表 4.1　DFT 常见的特性

序列	DFT
$ax(n) + by(n)$	$aX(k) + bY(k)$
$x(n+m)_N R_N(n)$	$W_N^{-mk} X(k)$
$W_N^{ln} x(n)$	$X((k+l))_N R_N(k)$
$x(n) \otimes y(n) = \sum_{m=0}^{N-1} x(m) y(n-m)_N R_N(n)$	$\dfrac{1}{N} \sum_{l=0}^{N-1} X(l) Y(k-l)_N R_N(k)$
$x(n) * y(n)$	$X(k) \cdot Y(k)$
$x^*(n)$	$X^*(N-k)$
$\mathrm{Re}[x(n)]$	$X_{ep}(k) = \dfrac{1}{2}[X(k) + X^*(N-k)]$
$j\mathrm{Im}[x(x)]$	$X_{op}(k) = \dfrac{1}{2}[X(k) - X^*(N-k)]$
$x_{ep}(n)$	$\mathrm{Re}[X(k)]$
$x_{op}(n)$	$j\mathrm{Im}[X(k)]$
$\sum_{n=0}^{N-1} x(n) y^*(n) = \dfrac{1}{N} \sum_{k=0}^{N-1} X(k) Y^*(k)$	
$\sum_{n=0}^{N-1} \lvert x(n) \rvert^2 = \dfrac{1}{N} \sum_{k=0}^{N-1} \lvert X(k) \rvert^2$	
对于实序列 $x(n) = x^*(n) = \mathrm{Re}[x(n)]$	$X(k) = X^*(N-k)$ $\lvert X(k) \rvert = \lvert X(N-k) \rvert$ $\arg[X(k)] = -\arg[X(N-k)]$ $\mathrm{Re}[X(k)] = \mathrm{Re}[X(N-k)]$ $\mathrm{Im}[X(k)] = -\mathrm{Im}[X(N-k)]$

4.2.3　有限长序列的线性卷积和圆周卷积

上节介绍的圆周卷积与描述线性非时变系统的卷积在运算形式上有些相似,但后者有明确的物理意义,它在时域描述了线性非时变系统的处理过程,这种卷积称作"线性卷积",而圆周卷积仅仅是一种看上去有些像卷积的数学运算形式。但是,圆周卷积所对应的 DFT 的一种性质,使得能够应用快速傅里叶变换算法来求解圆周卷积,或者说,圆周卷积可以快速进行计算。因此,如果能够建立线性卷积和圆周卷积之间的关系,就能够找到一种计算圆周卷积实现线性卷积的快速算法。在大多数情况下,通过圆周卷积计算获得卷积的结果要比直接计算线性卷积的速度快,这种方案就是快速卷积算法的原理。下面将介绍基于这种思路的快速卷积算法。

设 $x(n)$ 为 M 点序列,$y(n)$ 为 N 点序列。

两个序列的线性卷积和圆周线性卷积分别记为

$$f(n) = x(n) * y(n), \quad \text{长度：} L_1 = M + N - 1$$

$$f_c(n) = x(n) \otimes y(n), \quad \text{长度：} L_2 = \max(N, M)$$

一般情况下，有

$$f(n) \neq f_c(n) \, (L_1 > L_2) \tag{4.41}$$

现求 L 点 $f_c(n)$，将圆周卷积长度设定为 $L > \max(M, N)$，则有

$$f_c(n) = x(n) \otimes y(n) = \Big[\sum_{m=0}^{L-1} x(m) y((n-m))_L \Big] \cdot R_L(n) =$$

$$\Big[\sum_{m=0}^{M-1} x(m) y((n-m))_L \Big] \cdot R_L(n) = \Big[\sum_{m=0}^{M-1} x(m) \sum_{r=-\infty}^{\infty} y(n-m+rL) \Big] \cdot R_L(n) =$$

$$\Big\{ \sum_{r=-\infty}^{\infty} \Big[\sum_{m=0}^{M-1} x(m) y(n+rL-m) \Big] \Big\} \cdot R_L(n) =$$

$$\Big\{ \sum_{r=-\infty}^{\infty} [x(n+rL) * y(n+rL)] \Big\} R_L(n) = \Big[\sum_{r=-\infty}^{\infty} f(n+rL) \Big] R_l(n)$$

由此可见，圆周卷积 $f_c(n)$ 等于一个周期序列的主值序列，该周期序列是线性卷积 $f(n)$ 以 L 为周期进行周期延拓的结果，因此，当 $L \geqslant L_1$ 满足时，$f_c(n)$ 必然等于 $f(n)$，如果 $L < L_1$，则，$f_c(n)$ 不等于 $f(n)$。

即当 $L \geqslant M + N - 1$ 时，有

$$f_c(n) = f(n) \tag{4.42}$$

当 $L_1/2 \leqslant L \leqslant L_1$ 时，存在部分混叠，为

$$f_c(n) \begin{cases} \neq f(n), & 0 \leqslant n \leqslant L_1 - L - 1 \\ = f(n), & L_1 - L \leqslant L - 1 \\ \neq f(n), & L < n \leqslant L_1 - 1 \end{cases} \tag{4.43}$$

当 $L < L_1/2$ 时，全部混叠。

由以上分析可以得到一个结论：在一定条件下，圆周卷积和线性卷积是相等的，可以采用计算圆周卷积来代替线性卷积的计算，可归纳为下面的步骤：

步骤 1：确定线性卷积长度 L_1：

$$L_1 = M + N - 1$$

步骤 2：改变原序列的长度为 L_1，得到序列 $x_1(n)$ 和 $y_1(n)$：

$$x_1(n) = \begin{cases} x(n), & 0 \leqslant n \leqslant M - 1 \\ 0, & M \leqslant n \leqslant L_1 - 1 \end{cases}$$

$$y_1(n) = \begin{cases} y(n), & 0 \leqslant n \leqslant N - 1 \\ 0, & N \leqslant n \leqslant L_1 - 1 \end{cases}$$

步骤 3：求序列 $x_1(n)$ 和 $y_1(n)$ 的 L_1 点的圆周卷积：

$$f_c(n) = x_1(n) \otimes y_1(n) = x(n) * y(n) = f(n)$$

4.2.4 $X(k)$ 与 z 变换 $X(z)$、序列傅里叶变换 $X(e^{j\omega})$ 之间的关系

本节的内容可以用来解释 DFT $X(k)$ 的频域意义，一个 N 点有限长序列的 z 变换和序列傅里叶变换分别为

$$X(z) = \sum_{n=0}^{N-1} x(n) z^{-n}$$

$$X(e^{j\omega}) = \sum_{n=0}^{N-1} x(n) e^{-j\omega n}$$

对有限长序列 $x(n)$，它的 $X(z)$ 和 $X(e^{j\omega})$ 都存在，与 $X(k)$ 的定义式比较后容易发现，三者存在下列的等效关系：

$$X(k) = X(z) \mid_{z=W_N^{-k}} = X(e^{j\omega}) \mid_{\omega=\frac{2\pi}{N}k} \tag{4.44}$$

即 $X(k)$ 为 $X(z)$ 在 z 平面单位圆上 N 等分的离散值，为 $X(e^{j\omega})$ 在 $\omega = 0 \sim 2\pi$ 内的 N 等分点上离散值。这就是说，从物理特性上看，$X(k)$ 的内涵仍为序列频谱，与 $X(e^{j\omega})$ 相比，改变的仅仅是它的表示形式，变成了有限个离散的频谱。也可以这样说，DFT 的过程实际上完成了对 $X(e^{j\omega})$ 的一个离散采样过程，是在按照 DFT 定义式的计算过程中完成的，DFT 的这种频域离散概念是非常有用的和重要的。

虽然已经定性解释了 DFT 的离散频谱概念，但仍有一个问题存在：离散的 $X(k)$ 能否精确表示连续的 $X(e^{j\omega})$，这个问题在下一节里进行讨论。

4.3　频域采样理论

本节要讨论的主要问题是：DFT 是否能在频域精确代表序列的频谱？条件是什么？误差是怎样造成的？

设 $x(n)$ 满足 z 变换收敛条件，其 Z 变换 $X(z)$ 为

$$X(z) = \sum_{n=-\infty}^{\infty} x(n) z^{-n} \tag{4.45}$$

对 $X(z)$ 在单位圆上进行 N 等分采样，得到 N 个离散的 $X(z)$ 值，记为 $X_N(k)$，有

$$X_N(k) = X(z) \mid_{z=W_N^{-k}} = \sum_{n=-\infty}^{\infty} x(n) W_N^{nk}, \quad 0 \leqslant k \leqslant N-1 \tag{4.46}$$

求 $X_N(k)$ 的 N 点离散傅里叶反变换，记为 $x_N(n)$，然后考察它是否和原序列相等。

解得

$$x_N(n) = \left[\frac{1}{N} \sum_{k=0}^{N-1} X_N(k) W_N^{-kn} \right] R_N(n) = \left\{ \frac{1}{N} \sum_{k=0}^{N-1} \left[\sum_{m=-\infty}^{\infty} x(m) W_N^{km} \right] W_N^{-kn} \right\} R_N(n) =$$

$$\left\{ \sum_{m=-\infty}^{\infty} x(m) \frac{1}{N} \sum_{k=0}^{N-1} W_N^{k(m-n)} \right\} R_N(n) = \left\{ \sum_{r=-\infty}^{\infty} x(n+rN) \right\} R_N(n) \tag{4.47}$$

由上面结果可见，$x_N(n)$ 是原序列 $x(n)$ 以 N 为周期进行周期延拓后的主值序列。实际上，更确切地说，$x_N(n)$ 本身为周期序列，时域加窗是最后的截断处理。换句话说，在频域的采样造成了序列在时域变成了周期序列，周期值等于频域的采样点数（频域取样间隔的倒数）。

那么 $x_N(n)$ 是否能等于 $x(n)$ 呢？取决于哪些因素呢？上述分析表明：关键因素是参数 N，即一个频域周期（2π）内离散的点数，或频域的离散间隔（$2\pi / N$）。也就是说，z 平面单位圆上的采样点数（频域采样间隔）决定了 $x_N(n)$ 的质量。

设 $x(n)$ 的长度为 M，即

$$x(n) = \begin{cases} x(n), & 0 \leqslant n \leqslant M-1 \\ 0, & \text{其他} \end{cases} \tag{4.48}$$

若 $N < M$,则频域采样后时域各周期会发生重叠,$x_N(n) \neq x(n)$,或者说,由于频域采样点太少,频域采样间隔太大,使得离散的 $X_N(k)$ 不能完全代表 $X(e^{j\omega})$,$X_N(k)$ 反变换得到 $x_N(n)$ 也不会等于 $x(n)$。

若 $N \geqslant M$,则频域采样后引起的序列在时域延拓后各周期不重叠,此时 $x_N(n) = x(n)$,即离散的 $X_N(k)$ 完全可以代表 $X(e^{j\omega})$,两者得到的时域序列完全相同,因此,可以说在频域对频谱的采样只要满足一定采样条件,不失真是完全可以的。

上节已经定性分析了序列 DFT 是它的序列傅里叶变换的频域离散,也是它的 z 变换在单位圆上的离散。所以,根据上面的分析可以回答前面提出的几个问题了。

一个 N 点序列 $x_N(n)$ 的 N 点 DFT 记为 $X(k)$,$X(k)$ 可以精确表示它的频谱 $X(e^{j\omega})$ 和 z 变换 $X(z)$,不失真的条件是:计算序列 $x(n)$ 的 DFT 的点数 N 要大于或等于序列 $x(n)$ 的长度(实际点数)。这一条件也可以表达成:频域采样间隔要小于或等于 $2\pi/N$,这里 N 是 DFT 的点数。

上述条件要成立还有一个重要的前提:序列 $x(n)$ 必须是有限长序列。或者说,DFT 对有限长序列的频谱计算是精确的,否则,$X(k)$ 只能近似表示 $X(e^{j\omega})$ 和 $X(z)$。

既然有限长序列 $X(k)$,$X(e^{j\omega})$ 和 $X(z)$ 可以是完全相等的,下面就推导用 $X(k)$ 分别表示 $X(e^{j\omega})$ 和 $X(z)$ 的表达式。

$$X(z) = \sum_{n=0}^{N-1} x(n) z^{-n} = \sum_{n=0}^{N-1} \left[\frac{1}{N} \sum_{k=0}^{N-1} X(k) W_N^{-kn} \right] z^{-n} = \frac{1}{N} \sum_{k=0}^{N-1} X(k) \sum_{n=0}^{N-1} W_N^{-kn} z^{-n} =$$
$$\frac{1}{N} \sum_{k=0}^{N-1} X(k) \frac{1 - W_N^{-kn} z^{-n}}{1 - W_N^{-k} z^{-1}} = \sum_{k=0}^{N-1} X(k) \Phi_k(z) \tag{4.49}$$

其中
$$\Phi_k(z) = \frac{1}{N} \frac{1 - z^{-N}}{1 - W_N^{-k} z^{-1}}$$

式(4.49)称为内插公式,是关于变量 z 的连续函数。

根据 $z = e^{j\omega}$,可得

$$X(e^{j\omega}) = X(z) \big|_{z=e^{j\omega}} = \sum_{k=0}^{N-1} X(k) \Phi_k(e^{j\omega}) \tag{4.50}$$

其中
$$\Phi_k(e^{j\omega}) = \Phi\left(\omega - k\frac{2\pi}{N}\right), \quad \Phi(\omega) = \frac{1}{N} \frac{\sin\frac{N\omega}{2}}{\sin\frac{\omega}{2}} e^{-j\frac{N-1}{2}\omega}$$

这些表达式表示了离散函数在一定的条件下与连续函数的等效性,这里的意义是离散的 DFT 与连续的傅里叶变换和 z 变换的关系。

序列 DFT 的过程还可以用时域和频域一系列变化来直观地解释,如图 4.2 所示。

综上所述,有限长序列 $x(n)$ 与它的 $X(e^{j\omega})$ 和 $X(z)$,均可以用 $X(k)$ 来表示,$X(k)$ 是表示它们的另一种形式。这反映出一个函数可以用不同的正交基函数表示,从而获得不同的定义和结果。用 $X(k)$ 表示和分析序列以及系统有许多优点,$X(k)$ 容易从 $x(n)$ 求解,计算和存储非常有效和方便。因此 DFT 的提出不仅具有理论意义,而且具有非常大的实用价值。

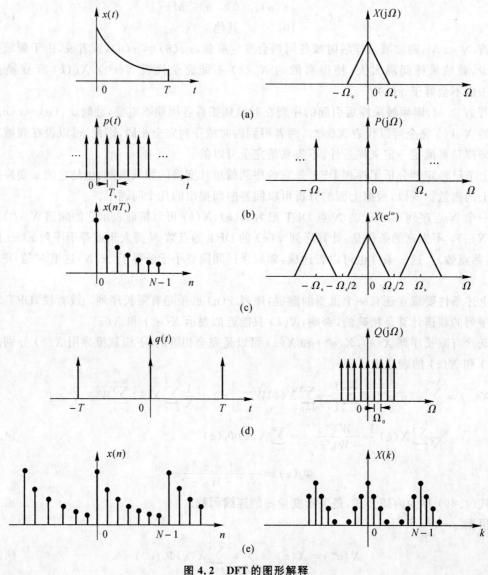

图 4.2 DFT 的图形解释

4.4 频率分辨率与 DFT 参数的选择

频率分辨率是频谱分析方法的一个概念，它可以从两个方面来定义。第一种定义是广义的，一般用来刻画频谱分析方法能够分辨靠得很近的两个频率分量的能力，也称作频率分辨力。第二种定义是狭义的，专门指采用 DFT 进行频谱分析的性能，具体是指 N 点条件下计算 DFT 所获得的最小频率间隔。

第一种定义往往用来作为比较和检验不同频谱分析方法分辨性能优劣的标准，在很大程度上它由信号的分析长度决定。以序列傅里叶变换为例，对一个有限长序列，序列傅里叶变换的谱分析方法的质量主要由序列点数决定,或者说,是由截短序列的矩形窗的宽度决定的。为了更清楚地说明频率分辨率与矩形窗宽度的关系,假定序列 $x(n)$ 是由两个单一频率的余弦序列构成,频率分别为 ω_1,ω_2,用 N 点窗函数截短后的有限长序列记为 $x_N(n)$,则有

$$x_N(n) = x(n)R_N(n) \tag{4.51}$$

根据傅里叶变换的性质可得它们的序列傅里叶变换的关系为

$$X_N(e^{j\omega}) = X(e^{j\omega}) * W_R(e^{j\omega}) \tag{4.52}$$

式中,$W_R(e^{j\omega})$ 是矩形窗的傅里叶变换。

理想序列的频谱 $X(e^{j\omega})$ 是两个位置为 $\pm\omega_0$ 的 δ 函数,与 $W_R(e^{j\omega})$ 卷积后的结果如图 4.3 所示。

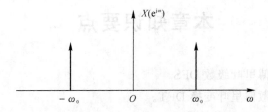

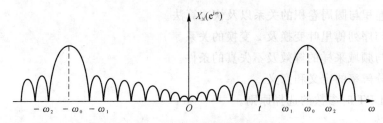

图 4.3 序列的理想频谱 $X(e^{j\omega})$

从图 4.3 中可以得到,能够分辨两个信号的最小频率间隔等于矩形窗谱的主瓣宽度,即

$$\frac{4\pi}{N} \leqslant |\omega_2 - \omega_1| \tag{4.53}$$

表示成模拟频率的表达式为

$$\frac{2f_s}{N} \leqslant |f_2 - f_1| \tag{4.54}$$

式(4.54)是第一种频率分辨率的意义,称为"物理分辨率",它由序列的实际有效长度所决定。

用 DFT 进行频谱分析时,DFT 的谱线间隔表示了一种频率分辨率的意义,DFT 的谱线间隔等于 $\frac{2\pi}{N}$,所以,等效的频率分辨率为

$$\Delta f = \frac{f_s}{N} \tag{4.55}$$

这种频率分辨率仅仅在 N 等于序列实际点数时具有频率分辨率的意义,当 DFT 的点数大于序列点数时,它表示一种频率度量尺度的含义,称为"计算分辨率",它与 DFT 计算的点数有关。

当一个有限长序列的长度给定后,它的物理频率分辨率就确定了,由式(4.54)表示。对该序列作 N 点 DFT 计算时,$2\pi/N$ 表示了计算分辨率的意义,由式(4.55)表示。对序列补零

后进行大于序列点数的 DFT 计算时,可以提高频率度量尺度的精度,提高计算分辨率,但不能提高物理分辨率。请读者仔细体会它们的区别。

实际采用 DFT 进行数字频谱分析时,需要考虑的主要参数有:

(1) 采样频率 f_s,一般根据采样定理来选择:$f_s > 2f_c$。

(2)DFT 点数 N,一般由物理分辨率 Δf 来确定:$N > f_s/\Delta f$,一般 DFT 由 FFT 算法实现,N 取成 2 的整数幂。

(3)上面两个参数确定后,确定记录长度 $T = NT_s = N/f_s$。

本章知识要点

(1) 周期序列的离散傅里叶级数 DFS。

(2) 有限长序列的离散傅里叶变换 DFT。

(3)DFT 的内涵及与 DFS 的等效关系。

(4)线性卷积与圆周卷积的关系以及快速算法。

(5)DFT 与序列傅里叶变换及 z 变换的关系。

(6)DFT 与频域采样的等效及不失真的条件。

(7)频率分辨率的定义和意义。

(8)应用 DFT 时参数的选择原则。

习　题

4.1
$$x(n) = R_1(n)$$
$$\tilde{x}(n) = \sum_{r=-\infty}^{\infty} x(n+7r)$$

求 $\tilde{X}(k)$,并作图表示 $\tilde{x}(n), \tilde{X}(k)$。

4.2 求下列序列的傅里叶变换,并分别给出其幅频特性和相频特性。

(1)$x_1(n) = \delta(n - n_0)$

(2)$x_2(n) = 3 - \left(\frac{1}{3}\right)^n$, $|n| \leqslant 3$

(3)$x_3(n) = a^n[u(n) - u(n-N)]$

(4)$x_4(n) = a^n u(n+2)$, $|a| < 1$

4.3 已知以下 $X(k)$,求 $IDFT[X(k)]$

(1)$X(k) = \begin{cases} \frac{N}{2}e^{j\theta}, & k = m, \ 0 < m < \frac{N}{2} \\ \frac{N}{2}e^{-j\theta}, & k = N - m \\ 0, & 其他 \end{cases}$

$$(2)X(k)=\begin{cases}-\dfrac{N}{2}\mathrm{e}^{\mathrm{j}\theta}, & k=m, \quad 0<m<\dfrac{N}{2}\\[3mm]\dfrac{N}{2}\mathrm{e}^{-\mathrm{j}\theta}, & k=N-m\\[3mm]0, & 其他\end{cases}$$

4.4　证明 DFT 的对称原理,即假设:

$$X(k)=\mathrm{DFT}[x(n)]$$

证明:$DFT[x(n)]=Nx(N-k)$。

4.5　证明:若 $x(n)$ 实偶对称,即 $x(n)=x(N-n)$,则 $X(k)$ 也实偶对称,若 $x(n)$ 实奇对称,即 $x(n)=-x(N-n)$,则 $X(k)$ 为纯虚函数并奇对称。

4.6　证明离散帕斯维尔定理。若 $X(k)=\mathrm{DFT}[x(n)]$,则

$$\sum_{n=0}^{N-1}\mid x(n)\mid^{2}=\frac{1}{N}\sum_{k=0}^{N-1}\mid X(k)\mid^{2}$$

4.7　已知 $f(n)=x(n)+\mathrm{j}y(n)$,$x(n)$ 与 $y(n)$ 均为长度为 N 长实序列,设

$$F(k)=\mathrm{DFT}[f(n)], \quad 0\leqslant k\leqslant N-1$$

$(1)F(k)=\dfrac{1-a^{N}}{1-aW_{N}^{k}}+\mathrm{j}\,\dfrac{1-b^{N}}{1-bW_{N}^{k}}$。

$(2)F(k)=1+\mathrm{j}N$。

试求 $X(k)=\mathrm{DFT}[x(n)]$,$Y(k)=\mathrm{DFT}[y(n)]$ 以及 $x(n)$ 和 $y(n)$。

4.8　已知两个有限长序列:

$$x(n)=\cos\left(\frac{2\pi}{N}n\right)R_{N}(n)$$

$$y(n)=\sin\left(\frac{2\pi}{N}n\right)R_{N}(n)$$

用线性卷积和 DFT 变换两种方法分别求解 $f(n)=x(n)*y(n)$。

4.9　已知 $x(n)=R_{N}(n)$。

(1)求 $[x(n)]$ 并画出其零极点分布图。

(2)求频谱 $X(\mathrm{e}^{\mathrm{j}\omega})$ 并画出其幅度和相位曲线图。

(3)求 $\mathrm{DFT}[x(n)]=X(k)$,并画出其幅度和相位图,且与 $X(\mathrm{e}^{\mathrm{j}\omega})$ 对照。

4.10　已知 $x(n)$ 是长度为 N 的有限长序列。$X(k)=\mathrm{DFT}[x(n)]$,现将 $x(n)$ 的每二点之间补进 $r-1$ 个零值,得到一个长度为 rN 的有限长序列 $y(n)$:

$$y(n)=\begin{cases}x(n/r), & n=ir, \ i=0,1,2,3,\cdots,N-1\\0, & 其他\ n\end{cases}$$

求 $\mathrm{DFT}[y(n)]$ 与 $X(k)$ 的关系。

4.11　设 $x(n)$ 是一个 8 点长度的序列,$y(n)$ 是一个 20 点长度的序列。现将每一序列作 20 点 DFT,然后再相乘,再计算 IDFT,令 $r(n)$ 表示它的离散傅里叶反变换,即 $r(n)=\mathrm{IDFT}[X(k)Y(k)]$。指出 $r(n)$ 中的那些点相当于 $x(n)$ 与 $y(n)$ 的线性卷积中的点。

4.12　设信号 $x(n)=\{1,2,3,4\}$,通过系统 $h(n)=\{4,3,2,1\}$,$n=0,1,2,3$。

(1)求系统的输出 $y(n)=x(n)*h(n)$。

(2)试用循环卷积计算 $y(n)$。

(3)简述通过 DFT 来计算 $y(n)$ 的思路。

第 5 章　快速傅里叶变换(FFT)

快速傅里叶变换(Fast Fourier Transform,FFT)是 DSP 学科发展历史上具有里程碑意义的研究成果,是 DSP 技术的重要组成部分。需要强调的是:FFT 并不是一种新的傅里叶变换,它仅仅是计算 DFT 的一种高效的快速算法,与 DFT 直接计算相比节省了可观的乘法和加法运算次数。我们已经知道,DFT 本身非常适合离散信号的数字处理,因此,DFT 可以用于信号处理中的频谱分析场合及与之相关的其他信号处理算法中。尽管 DFT 非常有用,但在很长一段时间里,由于 DFT 的运算过于耗费时间,计算设备昂贵,因而并没有得到普遍应用。1965 年,Cooley 和 Tukey 首次提出了 DFT 运算的一种快速算法,情况才有了根本性的变化,人们开始认识到 DFT 运算的一些内在规律,从而发展和完善了一套高效的 DFT 运算方法,这就是今天普遍称之为"快速傅里叶变换"的 FFT 算法。FFT 使 DFT 的运算量大为简化,从而使 DFT 技术获得了广泛的应用。

5.1　DFT 的运算特点和规律

一个 N 点长度序列 $x(n)$ 的 DFT 和 IDFT 分别为

$$\left.\begin{array}{l} X(x) = \sum_{n=0}^{N-1} x(n) W_n^{nk}, \quad k=0,1,2,\cdots,N-1 \\[3mm] x(n) = \frac{1}{N} \sum_{k=0}^{N-1} X(k) W_N^{-nk}, \quad n=0,1,2,\cdots,N-1 \end{array}\right\} \tag{5.1}$$

二者的差别仅在于 W 因子的指数符号及比例因子 $1/N$,因此,以下一般以正变换为对象进行讨论,所得结论原则上也适用于反变换。先讨论 $X(k)$ 所需的计算量。

简单观察式(5.1),计算一个 DFT 数值点需要 N 次复数乘和 $N-1$ 次复数加运算,N 点 $X(k)$ 计算共需要 N^2 次复数乘,$N(N-1)$ 次复数加。根据复数乘与实数乘的关系可得,N 点 $X(k)$ 需要 $4N^2$ 次实乘和 $(2N^2+2N(N-1))$ 次实加。一般来说,乘法运算量大于加法运算。为简单起见,我们一般以乘法次数作为运算量的数量级大小。可见,DFT 的运算量与 N^2 成正比,或者说,N 点 DFT 的运算量在 N^2 数量级上。当然,上述运算量的统计是一种粗略的统计,实际计算稍小于它(一些特殊计算无须作乘法)。当 N 增加时,DFT 计算量急剧增加,如 $N=1\,024$,DFT 计算量约为一百多万次复数乘。

FFT 算法减少运算量的基本思路是利用 W 因子的周期性、对称性和正交性等性质,同时将一个 N 点 DFT 的计算划分成 $N/2,N/4,\cdots,2$ 点序列的 DFT 计算的组合,由于 DFT 运算量和点数平方成正比,计算量得以大幅度减少。FFT 算法有很多类型,基 2-FFT 和基 4-FFT 算法是应用较为普遍的算法,从学习 FFT 算法角度看,选择这两类算法也是比较合适的。

5.2　基 2 – FFT 算法

基 2 – FFT 算法一般包括按时间抽取算法和按频率抽取算法,要求 $N=2^M$,M 为正整数,即 N 如 8,16,32,64,128,256,$\cdots$,1 024 等点数。

5.2.1　按时间抽取基 2 – FFT 算法

该算法是最早的 FFT 算法之一,也称 Cooley – Tukey 算法。该算法的基本思路是将 N 点序列按时间下标的奇偶分为两个 $N/2$ 点序列,计算这两个 $N/2$ 点序列的 DFT,计算量可减小约一半;每一个 $N/2$ 点序列按照同样的划分原则,可以划分为两个 $N/4$ 点序列,以此类推,最后,将原序列划分为 $N/2$ 个 2 点序列,下面详细进行推导。

第一步:按时间下标的奇偶将 N 点序列 $x(n)$ 分别抽取组成两个 $N/2$ 点序列,分别记为 $x_1(n)$ 和 $x_2(n)$,可以将 $x(n)$ 的 DFT 转化为 $x_1(n)$ 和 $x_2(n)$ 的 DFT 的计算。

$$X(k) = \sum_{n=0}^{N-1} x(n)W_N^{nk} = \sum_{n=0,2,4}^{N-2} x(n)W_N^{nk} + \sum_{n=1,3,5}^{N-1} x(n)W_N^{nk} =$$

$$\sum_{r=0,1}^{\frac{N}{2}-1} x(2r)W_n^{2rk} + \sum_{r=0,1}^{\frac{N}{2}-1} x(2r+1)W_N^{(2r+1)k} = \sum_{r=0,1}^{\frac{N}{2}-1} x_1(r)W_N^{2rk} + \sum_{r=0,1}^{\frac{N}{2}-1} x_2(r)W_N^{(2r+1)k}$$

因为

$$W_N^{2rk} = \mathrm{e}^{-\mathrm{j}\frac{2\pi}{N}2rk} = \mathrm{e}^{-\mathrm{j}\frac{2\pi}{\frac{N}{2}}rk} = W_{\frac{N}{2}}^{rk}$$

所以

$$X(k) = \sum_{r=0}^{\frac{N}{2}-1} x_1(r)W_{\frac{N}{2}}^{rk} + W_N^k \sum_{r=0}^{\frac{N}{2}-1} x_2(r)W_{\frac{N}{2}}^{rk} = X_1(k) + W_N^k X_2(k), \quad 0 \leqslant k \leqslant N-1$$

式中,$X_1(k)$,$X_2(k)$ 分别是 $x_1(n)$,$x_2(n)$ 的 $N/2$ 点 DFT。该式即为 $X(k)$ 和 $X_1(k)$,$X_2(k)$ 的关系式。上述关系式还可以利用 W 因子的对称性和 $X_1(k)$,$X_2(k)$ 的周期性来进一步简化,将 $X(k)$ 划分为前一半 $N/2$ 点和后一半 $N/2$ 点,可得

$$\left. \begin{array}{l} X(k) = X_1(k) + W_N^k X_2(k), \quad 0 \leqslant k \leqslant \dfrac{N}{2}-1 \\[2mm] X(k+N/2) = X_1(k+N/2) + W_N^{k+\frac{N}{2}} X_2(k+N/2) = X_1(k) - W_N^k X_2(k), \quad 0 \leqslant k \leqslant \dfrac{N}{2}-1 \end{array} \right\} \tag{5.2}$$

式中,利用了 W 因子的对称性:

$$W_N^{k+\frac{N}{2}} = W_N^k W_N^{\frac{N}{2}} = -W_N^k \tag{5.3}$$

式(5.2)说明,$X(k)$ 的前、后两半各 $N/2$ 点均可由 $X_1(k)$ 和 $X_2(k)$ 构造出来。该式称之为蝶形运算公式,第一步分解后的蝶形运算公式归纳为

$$\left. \begin{array}{l} X(k) = X_1(k) + W_N^k X_2(k) \\[2mm] X(k+N/2) = X_1(k) - W_N^k X_2(k) \end{array} \quad 0 \leqslant k \leqslant \dfrac{N}{2}-1 \right\} \tag{5.4}$$

蝶形运算可以用信号流图表示,称之为蝶形图,如图 5.1 所示。

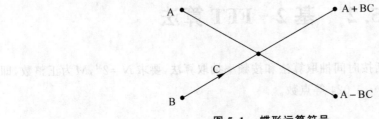

图 5.1　蝶形运算符号

经过第一步分解后,N 点 DFT 计算转化为两个 $N/2$ 点 DFT 计算结果的蝶形组合,因而计算量得到降低,图 5.2 所示为按时间抽取算法的第一步分解示意图。

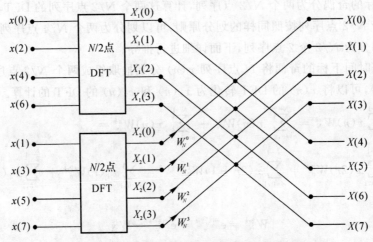

图 5.2　N 点 DFT 的一次时域抽取分解示意图($N = 8$)

通过第一步分解后,原来的 N 点 $X(k)$ 计算只须计算 2 个 $N/2$ 点序列的 $N/2$ 点 DFT,计算量为 $2(N/2)^2 = N^2/2 + N/2 \approx N^2/2$,节省了约一半。相同的分解思路可以继续用于对两个 $N/2$ 点 $X_1(k), X_2(k)$ 的计算,即将 $X_1(k)$ 和 $X_2(k)$ 的计算分别分解成两个 $N/4$ 点序列的 DFT 计算。

第二步:将 $x_1(n)$ 和 $x_2(n)$ 分别按时间下标奇偶抽取,分解成 $N/4$ 点序列,分别记为 $x_3(n), x_4(n)$ 和 $x_5(n), x_6(n)$,将 $X_1(k), X_2(k)$ 的计算转化为 $N/4$ 点的 DFT 计算,推导如下:

$$X_1(k) = \sum_{n=0}^{\frac{N}{2}-1} x_1(n) W_{N/2}^{nk} = \sum_{r=0}^{\frac{N}{4}-1} x_1(2r) W_{N/2}^{2rk} + \sum_{r=0}^{\frac{N}{4}-1} x_1(2r+1) W_{N/2}^{(2r+1)k} =$$

$$\sum_{r=0}^{\frac{N}{4}-1} x_3(r) W_{N/4}^{rk} + W_{N/2}^{k} \sum_{r=0}^{\frac{N}{4}-1} x_4(r) W_{N/4}^{rk} = X_3(k) + W_{N/2}^{k} X_4(k), \quad 0 \leqslant k \leqslant \frac{N}{2} - 1$$

化简后可得

$$\left. \begin{array}{l} X_1(k) = X_3(k) + W_{N/2}^{k} x_4(k) \\ x_1(k + N/4) = x_3(k) - W_{N/2}^{k} x_4(k) \end{array} \right\} \tag{5.5}$$

同理,也可得到 $X_2(k)$ 的蝶形公式:

$$X_2(k) = X_5(k) + W_{N/2}^k X_6(k), \quad 0 \leqslant k \leqslant \frac{N}{4} - 1$$

$$X_2(k + N/4) = X_5(k) - W_{N/2}^k X_6(k), \quad 0 \leqslant k \leqslant \frac{N}{4} - 1$$

经过第二步分解后,共形成了四个 $N/4$ 点序列:$x_3(n)$,$x_4(n)$,$x_5(n)$ 和 $x_6(n)$,分别计算出四个 $N/4$ 点 DFT:$X_3(k)$,$X_4(k)$,$X_5(k)$ 和 $X_6(k)$,然后,按蝶形公式(5.5)求出 $X_1(k)$ 和 $X_2(k)$,再按蝶形公式(5.3)求出 $X(k)$。

两级分解后所需要的计算量(复数乘次数)为

$$4 \times \left(\frac{N}{4}\right)^2 + 2 \times \frac{N}{4} + \frac{N}{2} = \frac{N^2}{4} + N \approx \frac{N^2}{4}$$

即,两次分解后,计算量已下降为原来的 $1/4$,这种分解思路可以继续进行下去,即分解出八个 $N/8$ 点序列,每个 $N/8$ 点序列分成两个 $N/16$ 点序列,…… 经过这种多级层层的分解,最后分成 $N/2$ 个 2 点序列。这样原来的一个 N 点 DFT 计算就转化为 $N/2$ 个 2 点序列的 DFT 计算,两点序列的 DFT 已无乘法,只须加、减运算各一次,如下式所示,计算量大大降低。

$$X(0) = x(0) + x(1)$$

$$X(1) = x(0) + W_N^1 x(1) = x(0) - x(1)$$

上述分解过程将一个 N 点 DFT 的计算最终转化成 $N/2$ 个 2 点 DFT,或者说,只需先完成 $N/2$ 个 2 点序列的 DFT 计算,余下的工作只是完成少点 DFT 到多点 DFT 的蝶形组合,再没有 DFT 的计算了,这就是按时间抽取基 2 - FFT 算法的原理和思想。由于每次抽取是按时间下标的奇偶进行的,因而称为按时间抽取算法。图 5.3 所示是 $N=8$ 的按时间抽取基 2 - FFT 算法的流图。

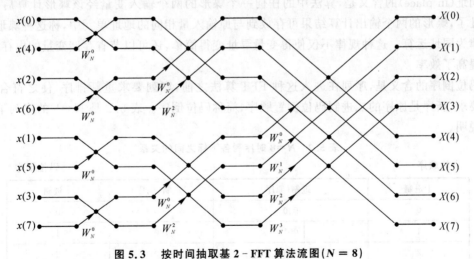

图 5.3　按时间抽取基 2 - FFT 算法流图($N = 8$)

一个 N 点序列分成 $N/2$ 个两点序列需要分解多少级呢? 简单计算如下:

$$N/\underbrace{2/2\cdots/2}_{i} = \frac{N}{2^i} = \frac{2^M}{2^i} = 2^{M-i} \tag{5.6}$$

令式(5.6)等于 2,则有 $i = M-1$,经过 $M-1$ 级分解后,可得到 $N/2$ 个 2 点序列,如果加上第一级的两点 DFT 计算,可以认为总共有 M 级。每级均有 $N/2$ 个蝶形(2 点 DFT 可以看成无乘法的蝶形),每个蝶形需要 1 次复数乘、2 次复数加运算,总计算量统计如下:

总复乘：$\dfrac{N}{2}M = \dfrac{N}{2}\mathrm{lb}N$；

总复加：$NM = N\mathrm{lb}N$。

从上式可以看出，N 点 DFT 的复数乘次数从 N^2 降到 $(N/2)\mathrm{lb}N$，复加次数从 $N(N-1)$ 降到 $N\mathrm{lb}N$，计算量得到了明显降低，特别是当 N 很大时，计算量节省相当可观。不同点数时的计算量和比较见表 5.1。

表 5.1　同点数时 DFT 和 FFT 的复乘次数和比较

N	N^2(DFT)	$\dfrac{N}{2}\mathrm{lb}N$(FFT)	$N^2 / \dfrac{N}{2}\mathrm{lb}N$
2	4	1	4
4	16	4	4
8	64	12	5.4
16	256	32	8
32	1 024	80	12.8
64	4 096	192	21.3
128	16 384	448	36.6
256	65 536	1 024	64
512	262 144	2 034	113.8
1 024	1 048 576	5 120	204.8
2 048	4 194 304	11 264	372.4

下面介绍这种算法的同址运算和码位倒序规律。

同址(in place)的含义是，算法中的任何一个蝶形的两个输入变量经该蝶形计算后，便没有用处了，蝶形的两个输出计算结果可存放到与原输入量相同的地址单元中，称这种蝶形运算的规律为同址运算。这种规律不仅使得变量寻址变得简单，还可以节省存储变量的内存单元，从而提高了效率。

码位倒序的含义是，序列在进入这种 FFT 算法之前，序列要求重新排序，使之符合 FFT 算法要求，新序是原序的二进制码位倒置顺序，简称码位倒序。表 5.2 是 $N=8$ 的序列下标的关系说明。

表 5.2　$N=8$ 时序列各下标之间的关系

自然顺序　　　　　　　　　　　　　　　　　　　　　　　　　　　　码位倒序

十进制	二进制(原序)	二进制(倒序)	十进制
0	000	000	0
1	001	100	4
2	010	010	2
3	011	110	6
4	100	001	1
5	101	101	5
6	110	011	3
7	111	111	7

码位倒序是由于按时间抽取基 $2-$ FFT 算法的多次奇偶抽取操作将原序列的自然顺序改变而产生的结果。因此,当应用 FFT 算法时,先要完成对原序列顺序的调整,也称作整序。在许多 DSP 芯片中,为了提高 FFT 的效率,有支持整序的专用指令。

5.2.2　按频率抽取基 $2-$ FFT 算法

这种算法将序列分成两部分的方式与前一种不同,它是按下标的大小分成前、后两部分,即

$$X(k) = \sum_{n=0}^{N-1} x(n) W_N^{nk} = \sum_{n=0}^{N/2-1} x(n) W_N^{nk} + \sum_{n=N/2}^{N-1} x(n) W_N^{nk} =$$

$$\sum_{n=0}^{N/2-1} x(n) W_N^{nk} + \sum_{n=1}^{N/2-1} x(n+N/2) W_N^{(n+N/2)k} =$$

$$\sum_{n=0}^{N/2-1} x(n) W_N^{nk} + W_N^{N/2-1} \sum_{n=1}^{N/2-1} x(n+N/2) W_N^{nk}$$

由于

$$W_N^{kN/2} = (-1)^k$$

因而

$$X(k) = \sum_{n=0}^{N/2-1} [x(n) + (-1)^k x(n+N/2)] W_N^{nk} \tag{5.7}$$

将 $X(k)$ 按下标 k 的奇偶分成两部分:$X(2r)$,$X(2r+1)$,可得

$$X(2r) = \sum_{n=0}^{N/2-1} [x(n) + x(n+n/2)] W_{N/2}^{nr} = \sum_{n=0}^{N/2-1} [x(n) + x(N/2)] W_{\frac{N}{2}}^{nr} =$$

$$\sum_{n=0}^{N/2-1} x_1(n) W_{\frac{N}{2}}^{nr} = X_1(r), \quad 0 \leqslant r \leqslant \frac{N}{2} - 1$$

式中,$x_1(n) = x(n) + x(n+N/2)$,$0 \leqslant n \leqslant N/2 - 1$。

同理,可得

$$X(2r+1) = \sum_{n=0}^{N/2-1} [x(n) - x(n+N/2)] W_N^{n(2r+1)} = \sum_{n=0}^{N/2-1} [x(n) - x(n+N/2)] W_N^n W_N^{2nr} =$$

$$\sum_{n=0}^{N/2-1} [x(n) - x(n+N/2)] W_N^n W_{N/2}^{nr} = \sum_{n=0}^{N/2-1} x_2(n) W_{N/2}^{nr} = X_2(r),$$

$$0 \leqslant r \leqslant \frac{N}{2} - 1$$

其中,$x_2(n) = [x(n) - x(n+N/2)] W_N^n$,$0 \leqslant n \leqslant N/2 - 1$。

经过这一步分解,将 N 点 $X(k)$ 的计算转化为两个 $N/2$ 点序列 $x_1(n)$,$x_2(n)$ 的 DFT 计算,其中 $X_1(k)$ 对应着 $X(k)$ 的偶数下标部分,$X_2(k)$ 对应着 $X(k)$ 的奇数下标部分,计算量大致节省一半。

上面二式可以看成是另一种蝶形运算,重写如下:

$$\left. \begin{array}{l} x_1(n) = x(n) + x(n+N/2) \\ x_2(n) = [x(n) - x(n+N/2)] W_N^n, \quad 0 \leqslant n \leqslant N/2 - 1 \end{array} \right\} \tag{5.8}$$

相应的蝶形图如图 5.4 所示,注意这里的蝶形运算与时间抽取算法的蝶形运算的区别。

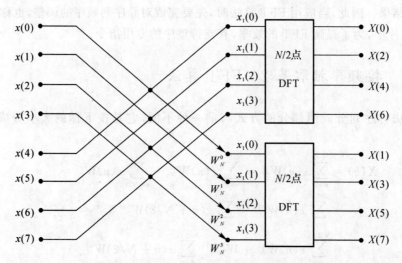

图 5.4　DIF – FFT 一次分解运算流图（$N = 8$）

同理，对 $X_1(k)$，$X_2(k)$ 可以采用相同的分解思路，分别分解成两组各两个 $N/4$ 点序列 $x_3(n)$，$x_4(n)$ 和 $x_5(n)$，$x_6(n)$ 的 DFT，容易得到相应的公式为

$$X_1(k) = \begin{cases} X_1(2r) = X_3(r) = \mathrm{DFT}[x_3(n)] \\ X_1(2r+1) = X_4(r) = \mathrm{DFT}[x_4(n)] \end{cases}$$

$$\begin{cases} x_3(n) = x_1(n) + x(n+N/4) \\ x_4(n) = [x_1(n) - x(n+N/4)]W_{N/2}^n \end{cases}, \quad n = 0,1,2,\cdots,N/2-1$$

$$X_2(k) = \begin{cases} X_2(2r) = X_5(r) = \mathrm{DFT}[x_5(n)] \\ X_2(2r+1) = X_6(r) = \mathrm{DFT}[x_6(n)] \end{cases}$$

$$\begin{cases} x_5(n) = x_2(n) + x_2(n+N/4) \\ x_6(n) = [x_2(n) - x_2(n+N/4)]W_{N/2}^n \end{cases}, \quad n = 0,1,2,\cdots,N/2-1$$

分解示意图如图 5.5 所示。

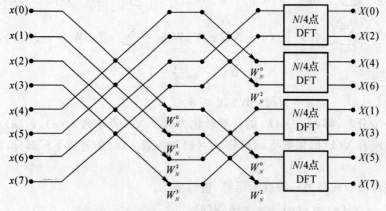

图 5.5　DIF – FFT 二次分解运算流图（$N = 8$）

　　此思路可以一直进行下去,直到分解成 $N/2$ 个二点序列,就达到了与时间抽取算法相同的目的,最后对所有的 2 点序列进行 2 点 DFT 变换,得到的结果将与 $X(k)$ 有确切的对应关系。

　　按此运算方法,可以画出一个 $N=8$ 点的 FFT 算法流图,如图 5.6 所示。由于这种算法是按照频域下标的奇偶来划分 $X(k)$ 的,因而称这种算法为频率抽取算法。

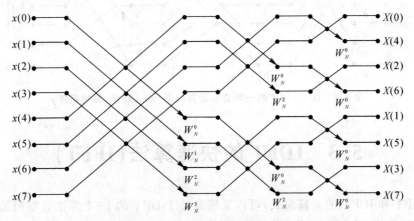

图 5.6　DIF - FFT 运算流图($N=8$)

　　频率抽取算法具有与时间抽取算法相同的分级数、每级蝶形数、运算量和同址运算特点,不同的是这里给出的算法的输入为自然顺序,输出为倒序排列,但这一点不是区分两类算法的标准,它们的根本区别是算法的蝶形结构不同,具体地说,蝶形中的 W 因子相乘的位置不同,这正是两类算法不同的原理所造成的。

　　再有一点要说明的是,这里给出的两种 FFT 算法流图形式不是唯一的,它们只是其中的两种具体算法。可以改变输入与输出以及中间结点的排列顺序,只要不破坏原来各支路的连接关系,就可以得到同类算法中的另一种 FFT 算法。图 5.7 与图 5.8 所示为两种 FFT 算法流图,属于时间抽取算法。图 5.7 的算法输入是自然顺序,输出是倒序;图 5.8 的算法输入和输出均是自然顺序,但第二、三级的蝶形不具有同址运算的特点。

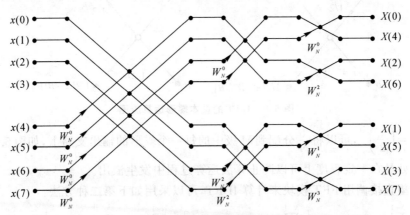

图 5.7　DIT - FFT 的一种变形运算流图(输入顺序,输出倒序)

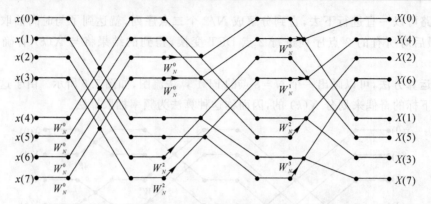

图 5.8　DIT－FFT 的一种变形运算流图(输入顺序,输出顺序)

5.3　IDFT 的快速算法(IFFT)

比较 DFT 和 IDFT 的运算公式,可以发现有关于 DFT 的 FFT 算法只要稍加修改,就可以用于 IDFT,因此,实际上 IDFT 的快速算法都是建立在 FFT 算法基础上的。本节给出三种 IDFT 快速算法的原理。

IDFT 的计算公式重写如下:

$$x(n) = \frac{1}{N}\sum_{k=0}^{N-1}X(k)W_N^{-nk}, \quad n=0,1,2,\cdots,N-1 \tag{5.9}$$

从式(5.9)可以看到,除了 $\frac{1}{N}$ 数和 W_N^{-nk} 外,IDFT 和 DFT 是完全一样的,因此,只要将 FFT 算法中的旋转因子(W 因子)改为共轭,所有支路乘以 $\frac{1}{N}$,就得到了一种 IDFT 的快速算法,其流图如图 5.9 所示。

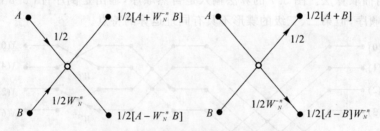

图 5.9　IFFT 的基本蝶形运算流图

由于 $\frac{1}{N} = \left(\frac{1}{2}\right)^M$,可以将 $\frac{1}{N}$ 分配到 M 级中的每一个蝶形的输出支路上,如图 5.9 所示。这种算法的好处是在一定程度上可以防止算法运算过程中发生溢出。

如果希望直接调用 FFT 模块来计算 IDFT,可以采用如下第二种方法:

$$x(n) = \frac{1}{N}\sum_{k=0}^{N-1}X(k)W_N^{-nk} = \frac{1}{N}\sum_{k=0}^{N-1}X(k)(W_N^{nk})^* = \frac{1}{N}\left[\sum_{k=0}^{N-1}X^*(k)W_N^{nk}\right]^* = \frac{1}{N}\{\text{DFT}[X^*(k)]\}^*$$

$$\tag{5.10}$$

因此,这种算法是先将输入的 $X(k)$ 取共轭,然后直接调用 FFT 算法,对结果再取共轭,最后乘以 $1/N$,结果就是 $x(n)$。这种方法虽然用了两次取共轭运算,但可以和 FFT 公用相同的模块,因而用起来很方便。

5.4 基 4 – FFT 算法

除了基 2–FFT 算法外,基 4–FFT 算法也是应用非常广泛的 FFT 算法。类似于基 2 算法,基 4 算法要求的点数 $N=4^M$,序列 DFT 的计算最终分解成 $N/4$ 个 4 点序列的 DFT 计算,4 点序列的 DFT 实际上也没有乘法。下面仅推导时间抽取算法。

首先,将序列按下标分为四组:$4r, 4r+1, 4r+2, 4r+3, r=0,1,2,\cdots,N/4-1$,分别记为

$$x_0(r)=x(4r), \quad x_1(r)=x(4r+1), \quad x_2(r)=x(4r+2),$$
$$x_3(r)=x(4r+3), \quad 0 \leqslant r \leqslant N/4-1$$

推导如下:

$$X(k)=\sum_{n=0}^{N-1}x(n)W_N^{nk}=\sum_{r=0}^{N/4-1}x(4r)W_N^{4rk}+\sum_{r=0}^{N/4-1}x(4r+1)W_N^{(4r+1)k}+\sum_{r=0}^{N/4-1}x(4r+2)W_N^{(4r+2)k}+$$

$$\sum_{r=0}^{N/4-1}x(4r+3)W_N^{(4r+3)k}=\sum_{r=0}^{N/4-1}x(4r)W_{N/4}^{rk}+W_N^k\sum_{r=0}^{N/4-1}x(4r+1)W_{N/4}^{rk}+$$

$$W_N^{2k}\sum_{r=0}^{N/4-1}X(4r+2)W_{N/4}^{rk}+W_N^{3k}\sum_{r=0}^{N/4-1}x(4r+3)W_{N/4}^{rk}=$$

$$X_0(k)+W_N^kX_1(k)+W_N^{2k}X_2(k)+W_N^{3k}X_3(k)=\sum_{l=0}^{3}W_N^{lk}X_l(k)m, \quad 0 \leqslant k \leqslant N-1$$

将 $X(k)$ 分成四部分:$X(k), X(k+N/4), X(k+N/2)$ 和 $X(k+3N/4), k=0,1,2,\cdots, N/4-1$,利用 $X_l(k)$ 的周期为 $N/4$,可得

$$X(k)=\sum_{l=0}^{3}W_N^{lk}X_l(k)=X_0(k)+W^{2k}NX_2(k)+W_N^kX_1(k)+W_N^{3k}X_3(k)$$

$$X\left(k+\frac{N}{4}\right)=\sum_{l=0}^{3}W_N^{l\left(k+\frac{N}{4}\right)}X_l\left(k+\frac{N}{4}\right)=\sum_{l=0}^{3}W_N^{l\frac{N}{4}}W_N^{lk}X_l(k)=\sum_{l=0}^{3}(j)^lW_N^{lk}X_l(k)=$$
$$X_0(k)-W_N^{2k}X_2(k)+jW_N^kX_1(k)-jW_N^{3k}X_3(k)$$

$$X\left(k+\frac{N}{2}\right)=\sum_{l=0}^{3}W_N^{l\left(k+\frac{N}{2}\right)}X_l\left(k+\frac{N}{2}\right)=\sum_{l=0}^{3}W_N^{l\frac{N}{2}}W_N^{lk}X_l(k)=\sum_{l=0}^{3}(-1)^lW_N^{lk}X_l(k)=$$
$$X_0(k)+W_N^{2k}X_2(k)-[W_N^kX_1(k)+W_N^{3k}X_3(k)]$$

$$X\left(k+3\frac{N}{4}\right)=\sum_{l=0}^{3}W_N^{l\left(k+3\frac{N}{4}\right)}X_l\left(k+3\frac{N}{4}\right)=\sum_{l=0}^{3}W_N^{l3\frac{N}{4}}W_N^{lk}X_l(k)=\sum_{l=0}^{3}(-j)^lW_N^{lk}X_l(k)=$$
$$X_0(k)-W_N^{2k}X_2(k)-[jW_N^kX_1(k)-jW_N^{3k}X_3(k)]$$

$$0 \leqslant k \leqslant \frac{N}{4}-1$$

从上面结果可以看到,N 点 $X(k)$ 的计算可以分成四部分,分别由四个 $N/4$ 点序列的 DFT 线性组合而得到。

每一个 $N/4$ 点序列的 DFT 实际上不需要求解,仍可以按照此思路继续分解,直到分为

$N/4$ 个 4 点序列,4 点序列的 DFT 可以直接计算,不需要乘法运算,如下所示:

$$X(k) = \sum_{n=0}^{3} x(n)W_4^{nk} = x(0) + x(1)W_4^k + x(2)W_4^{2k} + x(3)W_4^{3k}$$

$$X(0) = x(0) + x(2) + x(1) + x(3)$$

$$X(1) = x(0) - x(2) + j[x(2) - x(3)]$$

$$X(2) = x(0) + x(2) - [x(1) + x(3)]$$

$$X(3) = x(0) - x(2) - j[x(1) - x(3)]$$

根据以上算法的原理,可以画出一个 $N = 16$ 的基 4 - FFT 算法流图,如图 5.10 所示。

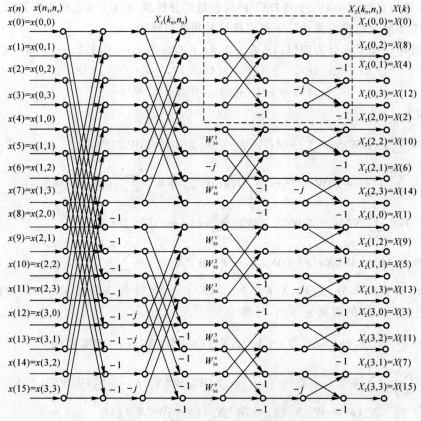

图 5.10 $N = 16$ 基 4 - FFT 算法流图

基 4 - FFT 算法与基 2 - FFT 算法比较,虽然流图形式较为复杂,每级的运算量稍多一些,但对于相同长度的序列,基 4 - FFT 算法分解的级数要少,这样总的运算量反而要少。

读者可以自己推出按频率抽取基 4 - FFT 算法的线性求和运算公式和相应的流图。基 4 - FFT算法可以与基 2 - FFT 算法混合使用,称之为"分裂基或混合基 FFT 算法"。

5.5 实序列的 FFT 算法

在实际中,数据一般都是实序列,而 FFT 算法一般针对复序列,直接处理实序列时,是将序列的虚部看成零,这将会浪费很多运算时间和存储空间。因此有必要设计专门用于实序列的 FFT 算法。本节介绍的几种算法都是以复数 FFT 算法为基础,利用了 DFT 的对称性和 FFT 算法特点而设计的,有较大的实用价值。

第一种算法是用一次 N 点 FFT 完成两个 N 点实序列的 DFT 计算。设 $x_1(n)$ 和 $x_2(n)$ 是两个 N 点实序列,以 $x_1(n)$ 作实部,$x_2(n)$ 作虚部,构成一个复序列 $y(n)$,求出 $y(n)$ 的 DFT $Y(k)$,然后根据 DFT 的对称性中序列实部的 DFT 等于序列 DFT 的共轭偶对称部分,序列虚部的 DFT 等于序列 DFT 的共轭奇对称部分,即可求出 $x_1(n)$ 和 $x_2(n)$ 的 DFT。具体步骤如下:

步骤 1:构造复序列 $y(n)$:
$$y(n) = x_1(n) + \mathrm{j}x_2(n) \tag{5.11}$$

步骤 2:求 $y(n)$ 的 N 点 FFT,记为 $Y(k)$:
$$Y(k) = \mathrm{FFT}[y(n)] \tag{5.12}$$

步骤 3:根据对称性求出 $X_1(k)$ 和 $X_2(k)$:
$$X_1(k) = Y_{\mathrm{ep}}(k) = \frac{Y(k) + Y^*(N-k)}{2}$$
$$X_2(k) = Y_{\mathrm{op}}(k) = \frac{Y(k) - Y^*(N-k)}{2\mathrm{j}} \tag{5.13}$$

注意,以上计算步骤中仅作了一次 N 点 FFT(步骤 2),却得到了两个 N 点实序列的 FFT 结果,效率较高。

若只有一个 N 点实序列 $x(n)$,可以把序列分成两个 $N/2$ 的实序列,分别记为 $x_1(n)$ 和 $x_2(n)$,然后仿造第一种算法,得到 $X_1(k)$ 和 $X_2(k)$,最后根据所采用分解方法和实序列 DFT 的共轭对称性,求出 $X(k)$。具体步骤如下:

步骤 1:将 N 点实序列分解成两个 $N/2$ 点的实序列,分解方法采用时间抽取方法:
$$x_1(n) = x(2n), \quad x_2(n) = x(2n+1), \quad n = 0,1,2,\cdots,N/2-1 \tag{5.14}$$

步骤 2:构造复序列 $y(n)$:
$$y(n) = x_1(n) + \mathrm{j}x_2(n) \tag{5.15}$$

步骤 3:求 $y(n)$ 的 $N/2$ 点 FFT,记为 $Y(k)$:
$$Y(k) = \mathrm{FFT}[y(n)] \tag{5.16}$$

步骤 4:根据对称性求出 $X_1(k)$ 和 $X_2(k)$:
$$X_1(k) = X_{\mathrm{ep}}(k) = \frac{Y(k) + Y^*\left(\dfrac{N}{2} - k\right)}{2}$$
$$X_2(k) = X_{\mathrm{op}}(k) = \frac{Y(k) - Y^*\left(\dfrac{N}{2} - k\right)}{2\mathrm{j}} \tag{5.17}$$

步骤 5:按时间抽取算法的蝶形公式求出 $X(k)$:
$$\left. \begin{array}{l} X(k) = X_1(k) + W_N^k X_2(k), \quad 0 \leqslant k \leqslant N/2-1 \\ X\left(k + \dfrac{N}{2}\right) = X^*(k), \quad 0 \leqslant k \leqslant N/2-1 \end{array} \right\} \tag{5.18}$$

注意,以上计算步骤中仅作了一次 $N/2$ 点 FFT(步骤 3),却得到了一个 N 点实序列的 FFT 结果,与第一种算法比较,多出了一步蝶形计算,需要 $N/2$ 次复乘。

在第二种方法的步骤1中,也可以采用按频率抽取的分解方法构造 $x_1(n)$ 和 $x_2(n)$,步骤5也要做相应的改变,读者可自行推导。

本章知识要点

(1)DFT 的计算量(复乘次数和复加次数)。

(2)FFT 算法的基本思想。

(3)DIT -基 2 - FFT 算法的原理和数学推导。

(4)DIF -基 2 - FFT 算法的原理和数学推导。

(5)同址运算和码位倒置规律。

(6)IFFT 算法原理。

(7)基 4 - FFT 算法原理。

(8)实序列 FFT 算法。

习　　题

5.1　如果某通用单片机的速度为平均每次复数乘法需要 4 μs,每次复数加法需要 1 μs,用来计算 $N=1\,024$ 点 DFT,问直接计算需要多少时间?若用 FFT 算法计算,需要多少时间?节省了多少计算时间?

5.2　已知调幅信号的载波 $f_c=1$ kHz,调制信号频率 $f_m=100$ Hz,用 FFT 对其进行谱分析,试问:

(1) 最小记录时间 T_{Pmin} 是多少?

(2) 最大取样间隔 T_{max} 是多少?

(3) 最少采样点数 N_{min} 是多少?

5.3　推导 $N=16$ 点按时间抽取基 2 - FFT 算法的第一步,并画出完整的 FFT 算法流图。

5.4　推导 $N=16$ 点按频率抽取基 2 - FFT 算法的第一步,并画出完整的 FFT 算法流图。

5.5　N 点序列的 DFT 可写成矩阵形式:$\boldsymbol{X}=\boldsymbol{W}_N\boldsymbol{E}_N\boldsymbol{x}$,$\boldsymbol{X}$ 和 $\boldsymbol{x}$ 是 $N\times 1$ 按正序排列的向量,$\boldsymbol{W}_N$ 是由 W 因子形成的 $N\times N$ 矩阵,$\boldsymbol{E}_N$ 是 $N\times N$ 矩阵,用以实现对 x 的码位倒置,所以其元素是 0 和 1,若 $N=8$:

(1) 对 DIT 算法,写出 $\boldsymbol{E}_N$ 矩阵。

(2)FFT 算法实际上是实现对矩阵 $\boldsymbol{W}_N$ 的分解。对 $N=8$,则 $\boldsymbol{W}_N$ 可分成三个 $N\times N$ 矩阵的乘积,每一个矩阵对应一级运算。即 $\boldsymbol{W}_N=\boldsymbol{W}_{8T}\boldsymbol{W}_{4T}\boldsymbol{W}_{2T}$。试写出 $\boldsymbol{W}_{8T}$,$\boldsymbol{W}_{4T}$ 及 $\boldsymbol{W}_{2T}$。

5.6　已知 $X(k)$ 和 $Y(k)$ 是两个 N 点实序列 $x(n)$ 和 $y(n)$ 的 DFT,希望从 $X(k)$ 和 $Y(k)$ 求 $x(n)$ 和 $y(n)$,为提高效率,设计用一次 N 点 IFFT 来完成的算法。

第6章 无限冲击响应(IIR)数字滤波器设计

6.1 数字滤波器的基本概念

理想滤波器就是一个让输入信号中的某些有用频谱分量无任何变化的通过,同时又能完全抑制另外那些不需要成分的具有某种选择性的器件、网络或以计算机硬件支持的计算程序。根据对不同信号的处理可分为模拟滤波器和数字滤波器。模拟滤波器和数字滤波器的概念相同,只是信号的形式和实现滤波方法的不同。数字滤波器是指输入输出都是数字信号的滤波器。滤波器的滤波原理就是根据信号与噪声占据不同的频带,将噪声的频率放在滤波器的阻带中,而由于阻带的响应为0,这样就滤去了噪声。一个理想滤波器特性是一个无法实现的非因果系统,只能用一个稳定的因果系统函数去逼近根据工程所需要确定的性能要求。

数字滤波器可以分为两大类:一类是经典滤波器,一般是指选频滤波器,特点是输入信号中有用的频率成分和希望滤去的频率成分各占不同的频率带,通过一个合适的选频滤波器达到滤波的目的。这种滤波器分为两种:无限冲击响应滤波器和有限冲击响应滤波器。另外一类滤波器是现代滤波器,当信号和干扰的频带相互重叠,经典滤波器不能完成对干扰的有效去除时,可以采用现代滤波器。这些滤波器可以按照随机信号内部的一些统计分布规律,从干扰中最佳地提取信号。这种滤波器主要有维纳滤波器、卡尔曼滤波器、自适应滤波器等。本书限于篇幅只介绍经典滤波器。

与模拟滤波器相同,数字滤波器从功能上也可分为低通、高通、带通和带阻几类,它们的理想幅度特性如图 6.1 所示。因为它们的单位脉冲击响应是非因果且无限长的,所以实际上理想滤波器是不可能实现的。另外,与模拟滤波器不同的是数字滤波器的传输函数 $H(e^{j\omega})$ 都是以 2π 为周期的,滤波器的低通频带处于 2π 的整数倍附近,而高频频带处于 π 的奇数倍处附近,这一点在理解滤波器性能时需要特别注意。

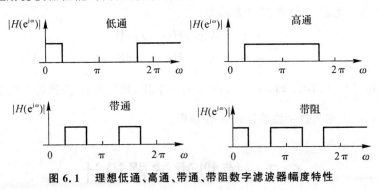

图 6.1 理想低通、高通、带通、带阻数字滤波器幅度特性

由于理想滤波器是无法实现的,因此工程上采用逼近技术,在一个容差条件下去逼近理想

情况。一个数字滤波器的传输函数为 $H(z)$,频率响应 $H(e^{j\omega})$ 的表达式为

$$H(e^{j\omega}) = | H(e^{j\omega}) | e^{jQ(\omega)} \qquad (6.1)$$

式中,$| H(e^{j\omega}) |$ 叫作幅频响应(特性);$Q(\omega)$ 叫作相频响应(特性)。幅频响应表示信号通过该滤波器以后各个频率分量的幅度衰减情况,而相频响应反映各频率分量通过滤波器后在时间上的延时情况。一般 IIR 滤波器技术要求由幅频响应给出,相频响应不作要求,但如果对输出波形有要求,则需要考虑相频响应的技术指标。本章主要研究基于幅频响应技术指标设计 IIR 数字滤波器的方法。图 6.2 所示为一个低通滤波器的技术指标要求图,也称为滤波器设计的容限图。

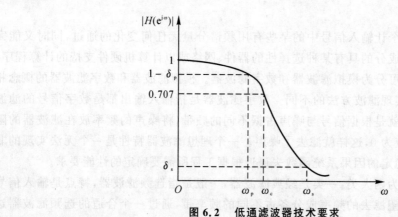

图 6.2   低通滤波器技术要求

图 6.2 中粗实线表示满足预定技术指标的系统幅频响应,ω_p 和 ω_s 分别称为通带截止频率和阻带截止频率。 通带频率范围为 $0 \leqslant \omega \leqslant \omega_p$,阻带频率范围为 $\omega_s \leqslant \omega \leqslant \pi$。在通带内,要求误差在 $\pm\delta_p$ 内,系统幅频响应接近于 1;在阻带内,误差不大于 δ_s,系统幅频响应接近于 0。从 ω_p 到 ω_s 称为过渡带,用 $\Delta\omega$ 表示,在过渡带里,幅频特性单调下降。在通带和阻带内的衰减幅度一般用 dB 数表示。通带内允许最大衰减是 α_p,阻带内允许最小衰减是 α_s,定义分别为

$$\alpha_p = 20\lg \left| \frac{H(e^{j0})}{H(e^{j\omega_p})} \right| dB \qquad (6.2)$$

$$\alpha_s = 20\lg \left| \frac{H(e^{j0})}{H(e^{j\omega_s})} \right| dB \qquad (6.3)$$

将 $H(e^{j0})$ 归一化后,上述两式可表示为

$$\alpha_p = -20\lg \left| H(e^{j\omega_p}) \right| dB \qquad (6.4)$$

$$\alpha_s = -20\lg \left| H(e^{j\omega_s}) \right| dB \qquad (6.5)$$

当幅度降到 $\frac{\sqrt{2}}{2} (= 0.707)$ 时,$\omega = \omega_c$,此时 $\alpha_p = 3$ dB,我们称 ω_c 为滤波器的 3 dB 通带截止频率。ω_c,ω_s 和 ω_p 统称为数字滤波器的边界频率。

6.2   模拟滤波器设计

在设计 IIR 数字滤波器时,经常采用的方法是利用成熟的模拟滤波器设计方法及其相应

的转换方法得到数字滤波器的设计结果,等效设计的模拟滤波器称为原型滤波器。常用的原型滤波器有巴特沃什(Butterworth)滤波器、切比雪夫(Chebyshev)滤波器、椭圆(Ellipse)滤波器和贝塞尔(Bessel)滤波器等。它们各有特点,如巴特沃什滤波器具有通带最平坦特性和单调下降的幅频特性;切比雪夫滤波器的幅频特性在通带和阻带里有波动,可以提高选择性;贝塞尔滤波器通带内有较好的线性相位特性;椭圆滤波器的选择性最好。设计人员可以根据不同要求选择不同的原型滤波器。限于篇幅,本书将只介绍巴特沃什滤波器和切比雪夫滤波器的设计方法。

6.2.1　巴特沃什滤波器设计

巴特沃什滤波器是根据幅频特性在通频带内具有最平坦特性而定义的一种模拟滤波器。对一个 N 阶低通滤波器来说,所谓最平坦特性,就是指滤波器的平方幅频特性函数的前($2N-1$)阶导数在频率 $\Omega=0$ 处都为 0。巴特沃什滤波器另外一个特点是在通带和阻带里具有单调下降的幅频特性,一维模拟巴特沃什滤波器的平方幅频特性函数为

$$|H_a(j\Omega)|^2 = \frac{1}{1+(\Omega/\Omega_c)^{2N}} \tag{6.6}$$

式中,N 为滤波器的阶数;Ω_c 是滤波器的截止频率。不同 N 的平方幅频响应如图 6.3 所示。

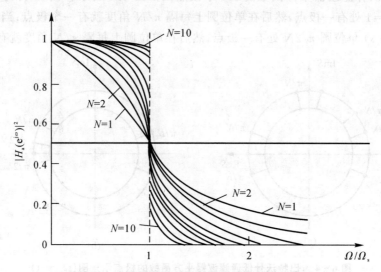

图 6.3　巴特沃什低通滤波器平方幅频特性函数

从图 6.3 中可以看出,滤波器的幅频特性随着滤波器阶次 N 的增加而变得越来越好。在截止频率 Ω_c 处的函数(幅度平方值)值始终为 $1/2$ 的情况下,在通带内更多的频带区的值接近于 1;在阻带内更迅速的趋近 0。下面归纳了巴特沃什滤波器的主要特征:

(1) 对于所有 N,$|H_a(j\Omega)||_{\Omega=0}=1$;

(2) 对于所有 N,$|H_a(j\Omega)||_{\Omega=\Omega_c}=\dfrac{1}{2}$;

(3) $|H_a(j\Omega)|$ 是 Ω 的单调下降函数;

(4) $|H_a(j\Omega)|$ 随着阶次 N 的增大而更加接近于理想滤波器。

在设计和分析时,经常以归一化巴特沃什低通滤波器为原型滤波器。一个模拟系统的传递函数和频率响应之间是以 $s=j\Omega$ 相联系的。因此只要将系统频率响应中的 Ω 用 s/j 替代就可以得到归一化低通滤波器的传递函数 $H_n(s)$。归一化低通滤波器的频率响应为

$$|H_a(j\Omega)|^2 = \frac{1}{1+\Omega^{2N}} \tag{6.7}$$

然后将 Ω 用 s/j 替代,可得

$$|H_a(s)|^2 = H_n(s)\cdot H_n(-s) = \frac{1}{1+(s/j)^{2N}} \tag{6.8}$$

令分母多项式为 0,可得出 $2N$ 个极点为

$$s_k^{2N} = (-1)^{N-1} \tag{6.9}$$

即可认为

$$s_k^{2N} = \begin{cases} e^{j2k\pi}, & \text{当 } N \text{ 为奇数时} \\ e^{j(2k\pi+\pi)}, & \text{当 } N \text{ 为偶数时} \end{cases} \tag{6.10}$$

因此,式(6.9)的 $2N$ 个根可以根据滤波器阶次 N 为奇数或偶数来判定,即

当 N 为奇数时, 极点 $s_k^{2N}=e^{j\frac{\pi}{N}k}, k=0,1,2,\cdots,2N-1$

当 N 为偶数时, 极点 $s_k^{2N}=e^{j\frac{\pi}{N}k+\frac{\pi}{2N}}, k=0,1,2,\cdots,2N-1$

低通巴特沃什滤波器平方函数的 $2N$ 个极点图如图 6.4 所示。当 N 为奇数时,$H_n(s)\cdot H_n(-s)$ 在 $s=1$ 处有一极点,然后在单位圆上每隔 π/N 角度就有一个极点;当 N 为偶数时,$H_n(s)\cdot H_n(-s)$ 单位圆 $\pi/2N$ 处有一极点,然后在单位圆上每隔 π/N 角度就有一个极点。

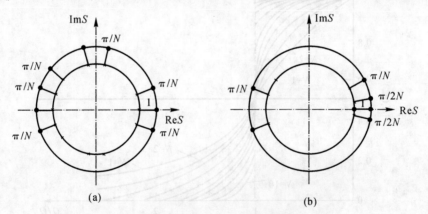

图 6-4 巴特沃什低通滤波器平方函数的极点示意图($\Omega_c=1$)

(a)N 为奇数; (b)N 为偶数

如果希望滤波器 $H_n(s)$ 是一个稳定因果系统,则应该选择左半 s 平面的极点作为 $H_n(s)$ 的极点,而让右半 s 平面的极点包含到式(6.8)中的 $H_n(-s)$ 里去,因此,可以获得稳定的巴特沃什滤波器的系统函数为

$$H_n(s) = \frac{1}{\prod\limits_{N}(s-s_k)} = \frac{1}{B_n(s)} \tag{6.11}$$

$B_n(s)$ 可以展开为一个 N 阶巴特沃什多项式。N 阶巴特沃什多项式及其相应的因式分解见表 6.1 中。

表 6.1(a)　巴特沃什多项式 $B_n(s)$（$B_n(s) = a_0 + a_1 s + a_2 s^2 + \cdots + a_{N-1} s^{N-1} + a_N s^N$）

N	a_0	a_1	a_2	a_3	a_4	a_5	a_6	a_7	a_8
1	1	1							
2	1	1.414	1						
3	1	2	2	1					
4	1	2.612	3.414	2.613	1				
5	1	3.236	5.236	5.236	3.236	1			
6	1	3.864	7.464	9.141	7.464	3.864	1		
7	1	4.494	10.103	14.606	14.606	10.103	4.494	1	
8	1	5.126	13.138	21.848	25.691	21.848	13.138	5.126	1

表 6.1(b)　巴特沃什因式分解多项式 $B_n(s)$（巴特沃什滤波器的系统函数 $H_n(s) = \dfrac{1}{B_n(s)}$）

N	$B_n(s)$
1	$1 + s$
2	$1 + \sqrt{2}s + s^2$
3	$(1 + s)(1 + s + s^2)$
4	$(1 + 0.765s + s^2)(1 + 1.848s + s^2)$
5	$(1 + s)(1 + 0.618s + s^2)(1 + 1.618s + s^2)$
6	$(1 + 0.517s + s^2)(1 + \sqrt{2}s + s^2)(1 + 1.932s + s^2)$
7	$(1 + s)(1 + 0.446s + s^2)(1 + 1.246s + s^2)(1 + 1.802s + s^2)$
8	$(1 + 0.397s + s^2)(1 + 1.111s + s^2)(1 + 1.663s + s^2)(1 + 1.962s + s^2)$

在进行低通滤波器设计时,首先需要给出滤波器的技术指标,例如:① 在通带内 Ω_1 处的响应不能低于 k_1 dB;② 在阻带内 Ω_2 处的衰减至少为 k_2 dB。该技术指标用数学式表示则为:

$$0 \geqslant 20\lg|H(\mathrm{j}\Omega)| \geqslant k_1, \quad \text{对于所有 } \Omega \leqslant \Omega_1 \tag{6.12}$$

$$20\lg|H(\mathrm{j}\Omega)| \leqslant k_2, \quad \text{对于所有 } \Omega \geqslant \Omega_1 \tag{6.13}$$

根据上述技术指标的要求,需要确定滤波器的阶数 N、截止频率 Ω_c 等参数。根据式(6.6)、式(6.12)和式(6.13)可知,求解阶次 N 和截止频率 Ω_c 可通过下述方程组获得:

$$\left.\begin{array}{l} 10\lg\{1/[1 + (\Omega_1/\Omega_c)^{2N}]\} \geqslant k_1 \\ 10\lg\{1/[1 + (\Omega_2/\Omega_c)^{2N}]\} \geqslant k_2 \end{array}\right\} \tag{6.14}$$

化简该方程组后可得

$$(\Omega_1/\Omega_2)^{2N} \leqslant (10^{-0.1k_1} - 1)/(10^{-0.1k_2} - 1) \tag{6.15}$$

在技术指标中,已知 $\Omega_1, k_1, \Omega_2, k_2$ 的条件下,就可以得滤波器阶数 N 为

$$N \geqslant \frac{\lg_{10}[(10^{-0.1k_1} - 1)/(10^{-0.1k_2} - 1)]}{2\lg_{10}(\Omega_1/\Omega_2)} \tag{6.16}$$

如果要求通带在 Ω_1 处刚好达到指标 k_1,则可得

$$\Omega_c = \Omega_1/(10^{-0.1k_1} - 1)^{1/2N} \tag{6.17}$$

如果要求阻带在 Ω_2 处刚好达到指标 k_2，则可得

$$\Omega_c = \Omega_1 / (10^{-0.1k_2} - 1)^{1/2N} \tag{6.18}$$

也可以取式(6.17)和式(6.18)结果的中间值，就可以同时满足原定指标。

滤波器阶数 N 和截止频率 Ω_c 确定后，就可从表6.1中找到归一化(即 $\Omega_c = 1$)的巴特沃什低通原型滤波器的系统函数 $H_n(s)$，接着再通过 s/Ω_c 对 $H_n(s)$ 中的 s 进行置换，即可求得所要求的巴特沃什低通滤波器的系统函数 $H_n(s)$。

【例 6-1】 设计一巴特沃什低通滤波器，要求在 20 rad/s 处的幅频响应衰减不多于 -2 dB；在 30 rad/s 处幅频响应衰大于 -10 dB。

解 按照题意，技术指标为

$$\Omega_1 = 20, \quad k_1 = -2 \text{ dB}, \quad \Omega_2 = 30, \quad k_2 = -10 \text{ dB}$$

将上述参数代入式(6.16)后可得

$$N \geqslant \frac{\lg_{10}[(10^{0.2} - 1)/(10^1 - 1)]}{2 \lg_{10}(20/30)} = 3.371$$

因此选 $N = 4$。

将 $N = 4$ 代入式(6.17)可得

$$\Omega_c = 20/(10^{0.2} - 1)^{1/8} = 21.387$$

根据 $N = 4$，从巴特沃什滤波器多项式表中找到归一化(即 $\Omega_c = 1$)的巴特沃什低通原型滤波器的系统函数为

$$H_4(s) = \frac{1}{(1 + 0.765s + s^2)(1 + 1.848s + s^2)}$$

当 $\Omega_c = 21.387$ 时，用 s/Ω_c 对 $H_n(s)$ 中的 s 进行置换并简化后得

$$H_4(s)\Big|_{s = \frac{s}{21.387}} = \frac{0.209 \times 10^6}{(457.4 + 16.37s + s^2)(457.4 + 39.52s + s^2)}$$

这就是要设计的巴特沃什低通滤波器的传递函数，设计完成。

6.2.2 切比雪夫滤波器设计

切比雪夫滤波器有两类，第一类切比雪夫滤波器在通带内有起伏波纹，阻带内单调；第二类切比雪夫滤波器则是在阻带内有起伏波纹，通带内单调。本书只讨论第一类切比雪夫滤波器。第一类切比雪夫低通滤波器归一化后(即 $\Omega_c = 1$)的原型平方幅频响应表示式为

$$|H_a(j\Omega)|^2 = \frac{1}{1 + \varepsilon^2 T_N^2(\Omega)} \tag{6.19}$$

式中，$T_N(\Omega)$ 为 N 阶切比雪夫多项式，其中 ε 为限定的波纹系数。切比雪夫多项式可由下述公式产生：

$$T_N(x) = 2x T_{N-1}(x) - T_{N-2}(x), \quad N > 2 \tag{6.20}$$

当 $N < 2$ 时的初始值为 $T_0(x) = 1, T_1(x) = x$。式(6.20)前 8 阶的多项式见表6.2。

表 6.2　前 8 阶切比雪夫多项式

N	$T_N(x)$
0	$T_0(x) = 1$
1	$T_1(x) = x$
2	$T_2(x) = 2x^2 - 1$
3	$T_3(x) = 4x^3 - 3x$
4	$T_4(x) = 8x^4 - 8x^2 + 1$
5	$T_5(x) = 16x^5 - 20x^3 + 5x$
6	$T_6(x) = 32x^6 - 48x^4 + 18x^2 - 1$
7	$T_7(x) = 64x^7 - 112x^5 + 56x^3 - 7x$
8	$T_8(x) = 128x^8 - 256x^6 + 160x^4 - 32x^2 + 1$

图 6.5 所示为 5 阶切比雪夫函数图形及其对应的第一类切比雪夫函数 N 分别为奇数和偶数时的平方幅频特性。可以看到,5 阶切比雪夫函数在 $-1 \leqslant x \leqslant 1$ 时函数值在 -1 和 $+1$ 之间振荡。该振荡导致切比雪夫滤波器在 $|H_a(j\Omega)|^2$ 在通带内做同样的起伏,但振荡周期并不相同。

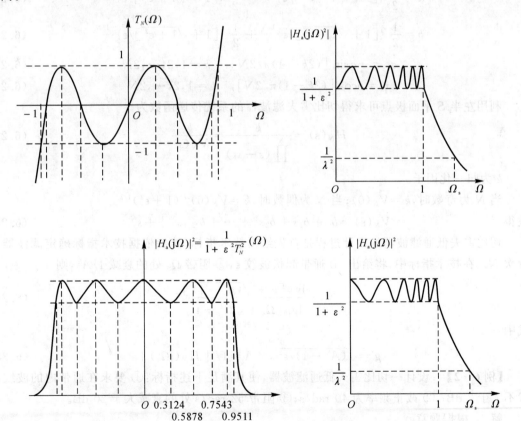

图 6.5　5 阶切比雪夫函数及其滤波器相关图形

由 $T_N(x) = 2xT_{N-1}(x) - T_{N-2}(x)$ 可以看出,当 N 为偶数时,$T^2(0) = 1$,当 N 为奇数时,$T^2(0) = 0$。结果就是导致 $|H_a(j\Omega)|^2$ 在 N 为偶数时,$\Omega = 0$ 处为 $1/(1+\varepsilon^2)$;在 N 为奇数时,$\Omega = 0$ 处为 1。

可以总结出第一类切比雪夫滤波器的主要特性:

(1)平方幅频特性在通带内,在 1 和 $\dfrac{1}{1+\varepsilon^2}$ 之间做等波纹振荡起伏,在截止频率 $\Omega_c = 1$ 处的值为 $\dfrac{1}{1+\varepsilon^2}$。

(2)平方幅频特性在过渡区和阻带内单调下降,当其幅度减小到 $1/A^2$ 处时的频率称为阻带截止频率 Ω_s。

根据式(6.19)求极点,得

$$1 + \varepsilon^2 T_N^2(s/j) = 0 \tag{6.21}$$

极点 $s_k = \sigma_k + j\eta_k$,则极点在一个椭圆上,椭圆方程为

$$\frac{\sigma_k}{a^2} + \frac{\eta_k}{b^2} = 1 \tag{6.22}$$

式中

$$a = \frac{1}{2}\left\{[1+\sqrt{1+\varepsilon^2}]/\varepsilon\right\}^{1/N} - \frac{1}{2}\left\{[1+\sqrt{1+\varepsilon^2}]/\varepsilon\right\}^{-1/N} \tag{6.23}$$

$$b = \frac{1}{2}\left\{[1+\sqrt{1+\varepsilon^2}]/\varepsilon\right\}^{1/N} + \frac{1}{2}\left\{[1+\sqrt{1+\varepsilon^2}]/\varepsilon\right\}^{-1/N} \tag{6.24}$$

$$\sigma_k = -a\sin\left[(2k-1)\pi/2N\right], \quad k = 1, 2, \cdots, 2N \tag{6.25}$$

$$\eta_k = b\cos\left[(2k-1)\pi/2N\right], \quad k = 1, 2, \cdots, 2N \tag{6.26}$$

利用左半 S 平面极点可求得切比雪夫滤波器的系统传递函数为

$$H_N(s) = \frac{k}{\prod\limits^{N}(s-s_k)} = \frac{k}{V_N(s)} \tag{6.27}$$

k 为归一化因子。

当 N 为奇数时,$k = V_N(0)$;当 N 为偶数时,$k = V_N(0)/(1+\varepsilon^2)^{1/2}$。

故得

$$V_N(s) = b_0 + b_1 s + b_2 s^2 + \cdots + b_{N-1} s^{N-1} + s^N \tag{6.28}$$

切比雪夫低通滤波器的设计过程是首先给出技术指标,然后依据技术指标确定滤波器的阶次 N。在技术指标中,将给出 ① 通带起伏波纹 ε,② 阻带 Ω_s 处的衰减 $1/A^2$,则

$$N \geqslant \frac{\lg_{10}[g + \sqrt{(g^2-1)}]}{\lg_{10}[\Omega_s + \sqrt{\Omega_s^2 - 1}]} \tag{6.29}$$

式中

$$g = \sqrt{(A^2-1)/\varepsilon^2}, \quad A = 1/|H_N(j\Omega_s)| \tag{6.30}$$

【例 6-2】 设计一切比雪夫低通滤波器,使其满足下述指标:① 要求在通带内的波纹起伏不大于 2 dB;② 截止频率为 40 rad/s;③ 阻带 52 rad/s 处的衰减大于 20 dB。

解 根据题意

第一步:归一化处理。

(1)归一化截止频率 1 rad/s。因此截止频率为 40 rad/s,所需修正系数为 1/40,从而使

$$\Omega_c = 40 \text{ rad/s} \times \frac{1}{40} = 1 \text{ rad/s}。$$

（2）阻带频率 52 rad/s。归一化处理可得 $\Omega_s = 52 \text{ rad/s} \times \frac{1}{40} = 1.3 \text{ rad/s}。$

第二步：求波纹系数 ε，以及中间代入参数 A 和 g。

（1）将 $\Omega = \Omega_c = 1$ 代入公式可得

$$20 \lg | H_N(\text{j}1) | = 20 \lg [1/(1+\varepsilon^2)]^{1/2} = -2$$

所以 $\varepsilon = 0.765$。

（2）将 $\Omega = \Omega_s = 1.3$ 代入公式可得

$$20 \lg | H_N(\text{j} \times 1.3) | = 20 \lg [1/(1+A^2)]^{1/2} = -20$$

所以 $A = 10$。

（3）再由式（6.30）可得 g 为

$$g = \sqrt{(100-1)/0.765^2} = 13.01$$

第三步：求滤波器阶次 N。将上面求得的中间参数代入式（6.29）可得

$$N \geqslant \frac{\lg(13.01 + \sqrt{13.01^2 - 1})}{\lg(1.3 + \sqrt{1.3^2 - 1})} = 4.3$$

所以取 $N = 5$。

第四步：由式（6.24）、式（6.27）、式（6.28）可得归一化滤波器系数函数为

$$H_5(s) = k/(b_0 + b_1 s + b_2 s^2 + b_3 s^3 + b_4 s^4 + s^5) =$$
$$0.081/(0.081 + 0.459s + 0.693s^2 + 1.499s^3 + 0.706s^4 + s^5)$$

第五步：由切比雪夫滤波器设计参数表可查得极点位置和二次因式展开式为

$$H_5(s) = 0.081/[(s+0.21)(s+0.06-\text{j}0.97)(s+0.06+\text{j}0.97) \times$$
$$(s+0.17-\text{j}0.06)(s+0.17+\text{j}0.60)]$$

第六步：将上式共轭对写成二次实数形式可得

$$H_5(s) = 0.081/[(s+0.21)(s^2+0.135s+0.95)(s^2+0.35s+0.39)]$$

第七步：为满足题意截止频率 $\Omega_d = 40$，只要将上式进行 $s \rightarrow s/40$ 变量代换，即可得到需要设计的滤波器传递函数为

$$H_d(s) = 8.37 \times 10^6/[(s+8.37)(s^2+5.39s+1520)(s^2+14.1s+627)]$$

设计完成。

6.3　IIR 数字滤波器设计

6.3.1　冲击响应不变法

所谓无限冲击响应系统，就是其冲击响应 $h(n)$ 从 $n = 0, 1, \cdots, \infty$ 均有值，其系统函数一般可以表示为

$$H(z) = \sum_{n=0}^{\infty} h(n) z^{-\infty} = \frac{\sum_{r=1}^{M} b_r z^{-r}}{1 - \sum_{k=1}^{N} a_k z^{-k}} \qquad (6.31)$$

利用模拟滤波器成熟的理论和设计方法来设计 IIR 数字滤波器是经常使用的方法。设计的过程是:先根据技术指标要求设计出一个相应的模拟低通滤波器,得到模拟低通滤波器的传输函数 $H_a(s)$,然后再按照一定的转换关系将设计好的模拟滤波器的传输函数 $H_a(s)$ 转换成为数字滤波器的系统函数 $H(z)$。这种方法的关键是如何找到这种转换关系,将 s 平面上的 $H_a(s)$ 转换成 z 平面上的 $H(z)$。为了保证转换后的 $H(z)$ 稳定且满足技术要求,对转换关系有下述两个要求:

(1) 因果稳定的模拟滤波器转换为数字滤波器以后仍然是因果稳定的。我们知道,模拟滤波器因果稳定要求其传输函数 $H_a(s)$ 的极点全部在 s 平面的左半平面;因此,数字滤波器因果稳定要求其系统函数 $H(z)$ 的极点全部在 z 平面的单位圆内。因此具有这一性质的转换,就是要使 s 平面的左半平面上的点($\alpha < 0$)映射到 z 平面的单位圆内($|z| < 1$),如图 6.6 所示。

(2) 数字滤波器的频率响应模仿模拟滤波器的频率响应,s 平面上的虚轴 $j\Omega$ 映射成 z 平面上的单位圆 $|z| = 1$,相应的频率之间是线性关系。

常将传输函数 $H_a(s)$ 转换成为系统函数 $H(z)$ 的用于滤波器设计的常用映射方法有两种:冲击响应不变法和双线性映射法。本节介绍冲击响应不变法,下节介绍双线性映射法。

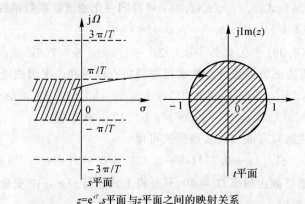

$z = e^{sT}$,s平面与z平面之间的映射关系

图 6.6　稳定系统 s 平面与 z 平面之间的映射关系

冲击响应不变法就是使数字滤波器的冲击响应(即单位取样响应)序列 $h(n)$ 等于模拟滤波器的冲击响应 $h_a(t)$ 的采样值,即

$$h(n) = h_a(t) \mid_{t=nT} = h_a(nT) \qquad (6.32)$$

因此描述数字滤波器特性的系统函数 $H(z)$ 变成

$$H(z) = ZT[h(n)] = ZT[h_a(t) \mid_{t=nT}] \qquad (6.33)$$

如果已经知道模拟滤波器传输函数 $H_a(s)$,而 $h_a(t) = L^{-1}[H_a(s)]$,那么 $H(z)$ 和 $H_a(s)$ 的关系就是

$$H(z) = ZT\{L^{-1}[H_a(s)]\} \qquad (6.34)$$

假设模拟滤波器传输函数 $H_a(s)$ 为

$$H_a(s) = \sum_{k=1}^{N} \frac{A_k}{s - s_k} \tag{6.35}$$

根据拉氏变换表可以查得其对应的冲击响应为

$$h_a(t) = L^{-1}[H_a(s)] = \sum_{k=1}^{N} A^k e^{s_k t} u(t) \tag{6.36}$$

式中，$u(t)$ 是单位阶跃函数，对 $h_a(t)$ 进行等间隔采样，采样间隔为 T，得到

$$h(n) = h_a(nT) = \sum_{k=1}^{N} A^k e^{s_k nT} u(nT) \tag{6.37}$$

再对 $h(n)$ 做 z 变换，即可得到冲击响应不变法获得的数字滤波器的系统函数为

$$H(z) = \sum_{k=1}^{N} \frac{A_k}{1 - e^{s_k T} z^{-1}} \tag{6.38}$$

比较式(6.35)和式(6.38)，可以看到模拟滤波器传输函数 $H_a(s)$ 在 s_k 处的极点变换为数字滤波器系统函数 $H(z)$ 在 $z_k = e^{s_k T}$ 处的极点，而系数 A_k 不变。如果模拟滤波器是稳定的，则 s_k 的实部必定小于零，则系统函数对应的极点也必定在单位圆内，因此数字滤波器也是稳定的。

可以认为，数字滤波器的冲击响应 $h(n)$ 是模拟滤波器 $h_a(t)$ 的取样，那么数字滤波器的频率响应 $H(e^{j\omega})$ 就是模拟滤波器频率响应 $H_a(j\Omega)$ 的周期延拓和，即

$$H(e^{j\omega}) = \frac{1}{T} \sum_{k=-\infty}^{\infty} H_a\left(j\frac{\omega}{T} + j\frac{2\pi}{T}k\right) \tag{6.39}$$

或

$$H(e^{j\Omega T}) = \frac{1}{T} \sum_{k=-\infty}^{\infty} H_a(j\Omega + j\frac{2\pi}{T}k) \tag{6.40}$$

如果上述关系不仅限于 $j\Omega$ 轴，而可扩展到整个 s 平面，则得

$$H(e^{sT}) = \frac{1}{T} \sum_{k=-\infty}^{\infty} H_a\left(s + j\frac{2\pi}{T}k\right) \tag{6.41}$$

如果令

$$z = e^{sT} \tag{6.42}$$

则式(6.41)就成为数字滤波器的系统函数 $H(z)$，它和模拟滤波器的系统函数 $H_a(s)$ 之间的关系式为

$$H(z) = \frac{1}{T} \sum_{k=-\infty}^{\infty} H_a\left(s + j\frac{2\pi}{T}k\right) \tag{6.43}$$

根据取样定理可以知道，只有当模拟滤波器是带限时，即当 $|\Omega| \geqslant \frac{\pi}{T}$ 时在 $H_a(j\Omega) = 0$ 的条件下才有

$$H(z) = \frac{1}{T} H_a(s) \tag{6.44}$$

这里需要注意的是，如果模拟信号的频带不是限于 $\pm\pi/T$ 之间，则会在 $\pm\pi/T$ 的奇数倍附近产生频率混叠。冲击响应不变法的频率混叠现象如图 6.7 所示。这种频率混叠现象会使设计出的数字滤波器在 $\omega = \pi$ 附近的频率特性，程度不同的偏离模拟滤波器在 π/T 附近的频率特性，严重时会使数字滤波器不满足给定的技术指标。为此，希望设计的滤波器是带限滤波器，如果不是带限滤波器，如高通滤波器、带阻滤波器等，则需要在高通滤波器和带阻滤波器之前加保护滤波器，滤去高于折叠频率 π/T 之上的频带，以免产生频率混叠现象。但这样会使

得系统的成本和复杂性增加,所以对高通滤波器和带阻滤波器的设计一般不采用冲击响应不变法。

将冲击响应不变法设计数字滤波器的过程可以归纳为以下几点:

(1) 确定模拟滤波器的系统函数 $H_a(s)$ 的技术指标;

(2) 根据技术指标设计 $H_a(s)$,并将其写为 $H_a(s) = \sum_{k=1}^{N} \dfrac{A_k}{s - s_k}$ 形式;

(3) 获得冲击响应不变法设计的数字滤波器的系统函数 $H(z) = \sum_{k=1}^{N} \dfrac{A_k}{1 - e^{s_k T} z^{-1}}$。

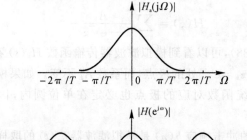

图 6.7　冲击响应不变法的频率混叠现象

综上所述,冲击响应不变法的优点是频率坐标变换是线性的,即 $\omega = \Omega T$,如果不考虑频率混叠现象,用这种方法设计的数字滤波器会很好地重现原模拟滤波器的频率特性。另外一个优点是数字滤波器的单位冲击响应完全模仿模拟滤波器的单位冲击响应,时域特性逼近好。冲击响应不变法的缺点是会产生频率混叠现象,适合低通、带通滤波器的设计,不适合高通、带阻滤波器的设计。

【例 6-3】 已知模拟滤波器的传输函数 $H_a(s)$ 为

(1) $H_a(s) = \dfrac{s + a}{(s + a)^2 + b^2}$

(2) $H_a(s) = \dfrac{b}{(s + a)^2 + b^2}$

式中,a,b 为常数,设 $H_a(s)$ 因果稳定,试用冲击响应不变法将其转换成数字滤波器的 $H(z)$。

解　本题所给 $H_a(s)$ 正是二阶模拟滤波器基本的两种典型形式。所以,求解本题的过程,就是导出这两种典型形式的 $H_a(s)$ 的冲击响应不变法的转换公式。

(1) $$H_a(s) = \dfrac{s + a}{(s + a)^2 + b^2}$$

$H_a(s)$ 的极点为

$$s_1 = -a + jb, \quad s_1 = -a - jb$$

将 $H_a(s)$ 用待定系数法部分分式展开为

$$H_a(s) = \dfrac{s + a}{(s + a)^2 + b^2} = \dfrac{A_1}{s - s_1} + \dfrac{A_2}{s - s_2} = \dfrac{A_1(s - s_2) + A_2(s - s_1)}{(s + a)^2 + b^2} = \dfrac{(A_1 + A_2)s - A_1 s_2 - A_2 s_1}{(s + a)^2 + b^2}$$

比较分子项系数可得方程组

$$\begin{cases} A_1 + A_2 = 1 \\ A_1 s_2 - A_2 s_1 = a \end{cases}$$

解方程组可得

$$\begin{cases} A_1 = 1/2 \\ A_2 = 1/2 \end{cases}$$

所以

$$H_a(s) = \frac{1/2}{s - (-a + jb)} + \frac{1/2}{s - (-a - jb)}$$

套用式(6.38),得到

$$H(z) = \sum_{k=1}^{2} \frac{A_k}{1 - e^{s_k T} z^{-1}} = \frac{1/2}{1 - e^{(-a+jb)T} z^{-1}} + \frac{1/2}{1 - e^{(-a-jb)T} z^{-1}}$$

在工程实际中,一般用无复数乘法器的二阶基本节结构实现。由于两个极点共轭对称,因而将 $H(z)$ 的两项通分化简,可得

$$H(z) = \frac{1 - e^{-aT} \cos(bT) z^{-1}}{1 - 2e^{-aT} \cos(bT) z^{-1} + e^{-2aT} Z^{-2}}$$

以后如果遇到要求将 $H_a(s) = \dfrac{s+a}{(s+a)^2 + b^2}$ 结构用冲击响应不变法转换成数字滤波器时,直接套用上面的公式即可。

(2)　　　　　　　　　　$H_a(s) = \dfrac{b}{(s+a)^2 + b^2}$

$H_a(s)$ 的极点为

$$s_1 = -a + jb, \quad s_1 = -a - jb$$

将 $H_a(s)$ 用待定系数法部分分式展开为

$$H_a(s) = \frac{\frac{1}{2}j}{s - (-a + jb)} + \frac{\frac{1}{2}j}{s - (-a - jb)}$$

所以

$$H(z) = \frac{\frac{1}{2}j}{1 - e^{(-a+jb)T} z^{-1}} + \frac{\frac{1}{2}j}{1 - e^{(-a-jb)T} z^{-1}}$$

通分化简后,可得

$$H(z) = \frac{1 - e^{-aT} \sin(bT) z^{-1}}{1 - 2e^{-aT} \cos(bT) z^{-1} + e^{-2aT} Z^{-2}}$$

设计完成。

6.3.2　双线性映射法

冲击响应不变法的主要缺点是会产生频率混叠现象,使数字滤波器的频率响应偏移模拟滤波器的频率响应。产生的原因是模拟低通的最高截止频率超过了折叠频率 π/T,在数字化后产生了频率混叠,再通过标准映射关系 $z = e^{sT}$,结果在 $\omega = \pi$ 附近形成频率混叠现象。为了

克服这一缺点,可以采用非线性频率压缩方法,通过两次压缩映射消除混叠现象,这种方法就是双线性映射法。

双线性映射法是通过两次映射来实现的,第一次映射,先将整个 s 平面压缩到 s_1 平面中的 $\left(-\dfrac{\pi}{T} \leqslant \Omega_1 \leqslant \dfrac{\pi}{T}\right)$ 一条横带内。然后再通过第二次映射,将 $\left(-\dfrac{\pi}{T} \leqslant \Omega_1 \leqslant \dfrac{\pi}{T}\right)$ 横带映射到 z 平面单位圆上去,这种映射法就可以保证使 s 平面和 z 平面建立单值对应,从而消除混叠现象。该过程如图 6.8 所示。

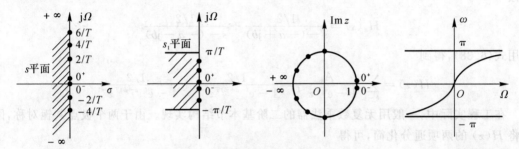

图 6.8　双线性映射法的映射关系

(1) 通过正切映射来实现将 s 平面中的虚轴 $j\Omega = -\infty \to +\infty$ 压缩到 s_1 平面中的虚轴 $j\Omega = -\dfrac{\pi}{T} \to +\dfrac{\pi}{T}$ 的一段上,即令

$$j\,\frac{T}{2}\Omega = j\tan\left(\frac{T}{2}\Omega_1\right) = \frac{1 - e^{-j\Omega_1 T}}{1 + e^{-j\Omega_1 T}} \tag{6.45}$$

这次映射实现了将整个 s 平面压缩到 s_1 平面中的 $\left(-\dfrac{\pi}{T} \leqslant \Omega_1 \leqslant \dfrac{\pi}{T}\right)$ 一条横带内,那么双线性变化的第一个变换式为

$$s = \frac{2}{T}\left(\frac{1 - e^{-s_1 T}}{1 + e^{-s_1 T}}\right) \tag{6.46}$$

(2) 像前面的冲击响应不变法那样进行第二次映射,将 s_1 平面映射到 z 平面。只要令

$$z = e^{s_1 T} \tag{6.47}$$

最终就可以得到 s 平面和 z 平面的单值对应关系为

$$s = \frac{2}{T}\left(\frac{1 - z^{-1}}{1 + z^{-1}}\right) \tag{6.48}$$

上述关系式也可以写成

$$z = \frac{1 + \dfrac{T}{2}s}{1 - \dfrac{T}{2}s} \tag{6.49}$$

按式(6.49)将 s 平面中的虚轴 $j\Omega$ 映射成 z 平面单位圆时,实际上要使频率按照下式进行畸变(不是线性变化):

$$j\Omega = \frac{2}{T}\left(\frac{1 - e^{-j\omega}}{1 + e^{-j\omega}}\right) = j\,\frac{2}{T}\tan\left(\frac{\omega}{2}\right) \tag{6.50}$$

即

$$\Omega = \frac{2}{T}\tan\left(\frac{\omega}{2}\right) \quad 或 \quad \omega = \arctan\left(\frac{\Omega T}{2}\right) \tag{6.51}$$

上述映射最终实现了将左半 s 平面映射到 z 平面单位圆内。s 平面上的 Ω 与 z 平面上的 ω 是图 6.8 所示的非线性正切关系。在 $\omega = 0$ 附近接近线性关系；当 ω 增加时，Ω 增加得越来越快；当 ω 趋近于 π 时，Ω 趋近于 ∞。正是这种非线性关系，消除了频率混叠现象。

Ω 与 ω 之间的非线性关系同时也是双线性映射法的缺点，直接影响数字滤波器的频响逼近模拟滤波器的频响，幅度特性和相位特性的失真情况如图 6.9 所示。

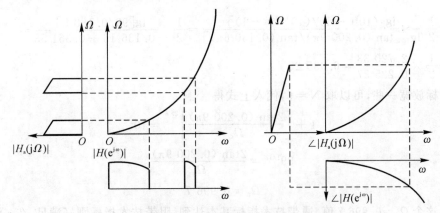

图 6.9　双线性映射法幅度和相位特性的非线性映射

这种非线性影响的实质是：如果 Ω 的刻度是均匀的，则映射到 z 平面 ω 的刻度是不均匀的，而是随着 ω 的增加越来越密。因此，如果模拟滤波器的频响具有片段常数特性，则转换到 z 平面数字滤波器仍然具有片段常数特性，主要的特性转折点频率值与模拟滤波器特性转折点频率值成非线性关系。当然，对于不是片段常数的相位特性仍有非线性失真。因此，双线性映射法适合片段常数特性的滤波器的设计。实际中，一般设计滤波器通带和阻带均要求是片段常数，因此双线性映射法得到广泛应用。而且在工程设计时，双线性映射法比冲击响应不变法直接并且简单。因为 s 和 z 之间存在式(6.48)这样的简单代数关系，所以在设计好模拟滤波器的系统函数 $H_a(s)$ 以后，可以直接变量代换得到数字滤波器的系统函数 $H(z)$，即

$$H(z) = H_a(s)\Big|_{s=\frac{2}{T}\frac{1-z^{-1}}{1+z^{-1}}} \tag{6.52}$$

【例 6-4】　采用双线性变换法设计一个 IIR 数字低通滤波器，在频率低于 $\omega = 0.261\,3\pi$ 的范围内，低通幅度特性为常数，并且不低于 0.75 dB，在频率 $\omega = 0.401\,8\pi$ 和 π 之间，阻带衰减至少为 20 dB。试求出满足这些指标的最低阶巴特沃什滤波器的传递函数 $H(z)$。

解　令 $|H_a(j\Omega)|^2$ 为模拟滤波器的平方幅度函数，且由于采用双线性变换

$$\Omega = \frac{2}{T}\tan(\omega/2)$$

若 $T = 1$，要求

$$20\lg\left|H_a\left[j2\tan\left(\frac{0.261\,3\pi}{2}\right)\right]\right| \geqslant -0.75$$

$$20\lg\left|H_a\left[j2\tan\left(\frac{0.401\,8\pi}{2}\right)\right]\right| \leqslant -20$$

因此巴特沃什滤波器的形式为

$$|H_a(j\Omega)|^2 = \frac{1}{1+(\Omega/\Omega_c)^{2N}}$$

所以

$$1+\left(\frac{2\tan(0.130\ 6\pi)}{\Omega_c}\right)^{2N} = 10^{0.075}$$

$$1+\left(\frac{2\tan(0.200\ 9\pi)}{\Omega_c}\right)^{2N} = 10^2$$

则

$$N = \frac{1}{2}\ \frac{\lg[(10^{2_1}-1)/(10^{0.075_2}-1)]}{\lg_{10}[\tan(0.200\ 9\pi)/\tan(0.130\ 6\pi)]} = \frac{1}{2}\ \frac{\lg[99/0.188\ 5]}{-0.136\ 16+0.361\ 53} =$$

$$\frac{1}{2}\times\frac{2.720\ 33}{0.225\ 37} = 6.035\ 25$$

将指标放宽一些,可以取 $N=6$,代入上式得

$$1+\left[\frac{2\tan(0.200\ 9\pi)}{\Omega_c}\right]^{2\times6} = 10^2$$

$$99^{1/12} = \frac{2\tan(0.200\ 9\pi)}{\Omega_c}$$

$$\Omega_c = 0.996\ 7$$

对于这个 $\Omega_c=0.996\ 7$ 值,通带技术指标基本达到,阻带技术指标刚好满足,在 s 平面左半部有三个极点对,其坐标为

$$s_p = (-1)^{\frac{1}{2N}(j\Omega_c)}$$

极点对 1:$-0.257\ 9\pm j0.962\ 7$;

极点对 2:$-0.704\ 7\pm j0.704\ 7$;

极点对 3:$-0.962\ 7\pm j0.257\ 9$。

于是

$$H_a(s) = \frac{0.980\ 4}{(s^2+0.515\ 8s+0.993\ 3)(s^2+1.409\ 4s+0.993\ 3)(s^2+1.925\ 6s+0.993\ 3)}$$

将 $s=2(1-z^{-1})/(1+z^{-1})$ 代入上式,最后可得

$$H(z) = [0.004\ 4(1+z^{-1})^6]/[(1-1.091\ 5z^{-1}+0.812\ 7z^{-2})\times$$

$$(1-0.939\ 2z^{-1}+0.559\ 7z^{-2})(1-0.869\ 1z^{-1}+0.443\ 4z^{-2})]$$

设计完成。

【例 6-5】 设计一巴特沃什低通滤波器,设计指标为:在 0.2π 通带频率范围内,通带幅度波动小于 1 dB,在 $0.2\pi \to \pi$ 阻带频率范围内,阻带衰减大于 15 dB,即

$$20\lg_{10}|H(e^{j0.2\pi})| \geqslant -1$$

$$20\lg_{10}|H(e^{j0.3\pi})| \leqslant -15$$

解 这道题可分别采用冲击响应不变法和双线性不变法两种方法解答。方法不同,得到的滤波器结果也不同,但它们都满足技术指标。

(1)冲击响应不变法:将 $\delta_1=-1,\delta_2=-15,\Omega_p=0.2\pi,\Omega_s=0.3\pi$ 代入公式,求 N,Ω_c。

$$N = \ln\left(\frac{10^{\frac{\delta_2}{10}}-1}{10^{\frac{\delta_1}{10}}-1}\right)/2\ln\frac{\Omega_s}{\Omega_p} = 5.885\ 8$$

选 $N=6$,则

$$\Omega_c = e^{[\ln \Omega_p - \ln (10^{\delta_1/10}-1)/2N]} = 0.703\ 2$$

求极点:

$$s_p = \Omega_c \cdot \cos [(N-1+2p)\pi/2N] + j\Omega_c \sin [(N-1+2p)\pi/2N]$$

可得 s 平面左半面的三对极点为

$$\begin{cases} s_1 = -0.182 + j0.679\ 2 \\ s_6 = -0.182 - j0.679\ 2 \end{cases}$$

$$\begin{cases} s_2 = -0.497\ 2 + j0.497\ 2 \\ s_5 = -0.497\ 2 - j0.497\ 2 \end{cases}$$

$$\begin{cases} s_3 = -0.679\ 2 + j0.182\ 0 \\ s_4 = -0.679\ 2 - j0.182\ 0 \end{cases}$$

所以模拟滤波器传递函数为

$$H_B(s) = \sum_{p=1}^{N} \frac{A_p}{s - s_p} = \frac{A_1}{s - s_1} + \cdots + \frac{A_6}{s - s_6}$$

则对应的数字滤波器传递函数为

$$H(z) = \sum_{p=1}^{N} \frac{A_p}{1 - e^{s_p}z^{-1}} = \frac{A_1}{1 - e^{s_1}z^{-1}} + \cdots + \frac{A_6}{1 - e^{s_6}z^{-1}} (\text{共 } N \text{ 项})$$

$$H(z) = \frac{0.287\ 1 - 0.446\ 6z^{-1}}{1 - 0.129\ 7z^{-1} + 0.694\ 9z^{-2}} + \frac{-2.142\ 8 + 1.145\ 4z^{-1}}{1 - 1.069\ 1z^{-1} + 0.369\ 9z^{-2}} +$$

$$\frac{1.855\ 8 - 0.630\ 4z^{-1}}{1 - 0.997\ 2z^{-1} + 0.257\ 0z^{-2}} \quad (\text{共 } N/2 \text{ 项})$$

则

$$H(e^{j\omega}) = H(z) \mid_{z = e^{j\omega}}$$

(2) 双线性不变法($T=1$):将 $\delta_1 = -1$,$\delta_2 = -15$,$\Omega_p = 2\tan \frac{0.2\pi}{2}$,$\Omega_s = 2\tan \frac{0.3\pi}{2}$ 代入公式,求 N,Ω_c。

$$N = \ln \left(\frac{10^{\frac{\delta_2}{10}} - 1}{10^{\frac{\delta_1}{10}} - 1} \right) \Big/ 2\ln \frac{\Omega_s}{\Omega_p} = 5.885\ 8$$

选 $N=6$,则

$$\Omega_c = e^{[\ln \Omega_p - \ln (10^{\delta_1/10}-1)/2N]} = 0.766\ 22$$

求极点:

$$s_p = \Omega_c \cdot \cos [(N-1+2p)\pi/2N] + j\Omega_c \sin [(N-1+2p)\pi/2N]$$

同样可得 s 平面左半面的三对极点。

所以模拟滤波器传递函数为

$$H_B(s) = \frac{0.202\ 36}{(s^2 + 0.396\ 5s + 0.587\ 1)(s^2 + 1.083\ 5s + 0.587\ 1)(s^2 + 1.480\ 25s + 0.587\ 1)}$$

求对应的数字滤波器传递函数:令 $s = 2\frac{1-z^{-1}}{1+z^{-1}}$,可得

$$H(z) = \frac{0.000\ 737\ 8\ (1+z^{-1})^{-6}}{(1 - 1.268\ 6z^{-1} + 0.705\ 1z^{-2})(1 - 1.010\ 6z^{-1} + 0.358\ 3z^{-2})} \times$$

$$\frac{1}{(1 - 0.904\ 4z^{-1} + 0.215\ 5z^{-2})}$$

则

$$H(\mathrm{e}^{\mathrm{j}\omega}) = H(z)\mid_{z=\mathrm{e}^{\mathrm{j}\omega}}$$

6.3.3 IIR 滤波器的频率变换设计法（高通、带通和带阻数字滤波器设计）

前面介绍的冲击响应不变法和双线性映射法主要实现了低通滤波器的设计，但是在工程上经常要实现各种截止频率的低通、高通、带通和带阻滤波器的设计，设计这些选频滤波器的传统方法就是设计一个归一化截止频率的原型低通滤波器，然后利用代数变换，从原型低通滤波器推导出所要求的各种技术指标的低通、高通、带通和带阻滤波器。这就是要介绍的频率变换法。频率变换法的具体步骤为：

（1）应用前面的方法设计一个归一化频率的原型低通滤波器 $H_a(s)$。

（2）应用前面的方法将原型模拟低通滤波器映射成低通数字滤波器 $H_L(z)$。

（3）用频率变换法将低通数字滤波器变换成所需技术指标的低通、高通、带通和带阻等数字滤波器 $H_d(z)$。

频率变换的结果，必须能把一个稳定的因果的有理系统函数 $H_L(z)$，变换成相应的稳定的因果的有理系统函数 $H_d(z)$。也就是能把 z_L 平面中的单位圆和单位圆内部映射为 z_D 平面中的单位圆及其单位圆内部。满足这种条件的变换形式一般可以写成一个全通网络的形式：

$$z_L^{-1} = \pm \prod_{k=1}^{N} \frac{z_d^{-1} - a_k}{1 - a_k z_d^{-1}} \tag{6.53}$$

为了使系统稳定，式中 $a_k < 1$，且当 $a_k = 0$ 时，$z_L^{-1} = z_d^{-1}$，则 $\mathrm{e}^{\mathrm{j}\omega} = \mathrm{e}^{\mathrm{j}\theta}$，即单位圆映射成单位圆。表 6.3 列出了满足式（6.53）的各类变换法，也就是频率变换法中的各类频率变换和关系式。

表 6.3　频率变换和关系式

$H_L(z)$ 或 $H(\mathrm{e}^{\mathrm{j}\omega}) \to H_d(z)$ 或 $H(\mathrm{e}^{\mathrm{j}\theta})$	变换关系	参数公式
低通 → 低通	$z_L^{-1} \Rightarrow \dfrac{z_d^{-1} - a}{1 - az_d^{-1}}$	$a = \dfrac{\sin\left[(\omega_c - \theta_c)/2\right]}{\sin\left[(\omega_c + \theta_c)/2\right]}$ $\theta_c =$ 要求的低通截止频率
低通 → 高通	$z_L^{-1} \Rightarrow -\dfrac{z_d^{-1} + a}{1 + az_d^{-1}}$	$a = -\dfrac{\cos\left[(\theta_p + \omega_c)/2\right]}{\cos\left[(\theta_p - \omega_c)/2\right]}$ $\theta_p =$ 要求的高通截止频率
低通 → 带通	$z_L^{-1} \Rightarrow -\dfrac{z_d^{-2} - \dfrac{2ak}{k+1}z_d^{-1} + \dfrac{k-1}{k+1}}{\dfrac{k-1}{k+1}z_d^{-2} - \dfrac{2ak}{k+1}z_d^{-1} + 1}$	$a = \dfrac{\cos\left[(\theta_2 + \theta_1)/2\right]}{\cos\left[(\theta_2 - \theta_1)/2\right]}$ $k = \cot\left[(\theta_2 - \theta_1)/2\right] \cdot \tan(\omega_c/2)$ θ_2, θ_1 为要求的上下截止频率
低通 → 带阻	$z_L^{-1} \Rightarrow -\dfrac{z_d^{-2} - \dfrac{2ak}{k+1}z_d^{-1} + \dfrac{1-k}{1+k}}{\dfrac{1-k}{1+k}z_d^{-2} - \dfrac{2ak}{k+1}z_d^{-1} + 1}$	$a = \dfrac{\cos\left[(\theta_2 + \theta_1)/2\right]}{\cos\left[(\theta_2 - \theta_1)/2\right]}$ $k = \cot\left[(\theta_2 - \theta_1)/2\right] \cdot \tan(\omega_c/2)$ θ_2, θ_1 为要求的上下截止频率

下面以带通滤波器的推导过程说明得出 $z_L^{-1} = \pm \prod\limits_{k=1}^{N} \dfrac{z_d^{-1} - a_k}{1 - a_k z_d^{-1}}$ 的方法。

第一步：将 $H_L(z)$ 变换成 $H_a(s)$。

$$H_a(s) = H_1(z) \Big|_{z^{-1} = \frac{1 + \frac{sT}{2}}{1 - \frac{sT}{2}}} \tag{6.54}$$

第二步：将 $H_a(s)$ 变换成 $H_d(s)$。

这里先将 $H_a(s)$ 变为 $H_a(p)$：

$$H_a(s) = H_a(p) \Big|_{p = s/\Omega} \tag{6.55}$$

然后根据模拟滤波器的频率转换关系，令 $p = \dfrac{s^2 + \Omega_3^2}{s(\Omega_2 - \Omega_1)}$，$\Omega_2$，$\Omega_1$ 分别为模拟带通滤波器的上、下截止频率，$\Omega_3^2 = \Omega_2 \Omega_1$，所以

$$H_d(s) = H_1 \left[\frac{1 - \dfrac{T\Omega_r}{2} \dfrac{s^2 + \Omega_3^2}{s(\Omega_2 - \Omega_1)}}{1 + \dfrac{T\Omega_r}{2} \dfrac{s^2 + \Omega_3^2}{s(\Omega_2 - \Omega_1)}} \right] \tag{6.56}$$

第三步：将 $H_d(s)$ 变换成 $H_d(z)$。

令 $s = \dfrac{2}{T} \dfrac{1 - z^{-1}}{1 + z^{-1}}$，则

$$H_d(z) = H_1 \frac{1 - \left[\dfrac{T\Omega_r}{2} \dfrac{\left(\dfrac{2}{T} \dfrac{1 - z^{-1}}{1 + z^{-1}} \right)^2 + \Omega_2^2}{\left(\dfrac{2}{T} \dfrac{1 - z^{-1}}{1 + z^{-1}} \right)(\Omega_2 - \Omega_1)} \right]}{1 + \left[\dfrac{T\Omega_r}{2} \dfrac{\left(\dfrac{2}{T} \dfrac{1 - z^{-1}}{1 + z^{-1}} \right)^2 + \Omega_3^2}{\left(\dfrac{2}{T} \dfrac{1 - z^{-1}}{1 + z^{-1}} \right)(\Omega_2 - \Omega_1)} \right]} \tag{6.57}$$

令 $g(z) = \{ \cdot \}$，则

$$z^{-1} = g(z) \tag{6.58}$$

$g(z)$ 可化简为

$$g(z) = -\frac{z^{-2} - z^{-1} \dfrac{2ak}{k+1} + \dfrac{k-1}{k+1}}{z^{-2} \left(\dfrac{k-1}{k+1} \right) - z^{-1} \dfrac{2ak}{k+1} + 1} \tag{6.59}$$

其中

$$k = \frac{\Omega_r}{\Omega_2 - \Omega_1} \left[1 + \left(\frac{\Omega_3 T}{2} \right)^2 \right]$$

由于 $\Omega_3^2 = \Omega_2 \Omega_1$，因而

$$k = \frac{\Omega_r}{\Omega_2 - \Omega_1} \left[1 + \frac{\Omega_1 T}{2} \frac{\Omega_2 T}{2} \right] \tag{6.60}$$

另外，式中

$$a = \frac{1 - \dfrac{\Omega_1 T}{2} \dfrac{\Omega_2 T}{2}}{1 + \dfrac{\Omega_1 T}{2} \dfrac{\Omega_2 T}{2}} \tag{6.61}$$

因为双线性变换中有

$$\Omega = \frac{2}{T}\tan\frac{\theta}{2} \qquad (6.62)$$

所以有 $\Omega_r = \frac{2}{T}\tan\frac{\theta_r}{2}, \Omega_2 = \frac{2}{T}\tan\frac{\theta_2}{2}, \Omega_1 = \frac{2}{T}\tan\frac{\theta_1}{2}$。

将它们代入式(6.60)和式(6.61),则有

$$k = \cot\left[(\theta_2 - \theta_1)/2\right] \cdot \tan(\omega_c/2) \qquad (6.63)$$

$$a = \frac{\cos\left[(\theta_2 + \theta_1)/2\right]}{\cos\left[(\theta_2 - \theta_1)/2\right]} \qquad (6.64)$$

式中,θ_2,θ_1 为要求的上下截止频率。

以上就是利用低通数字滤波器系统函数 $H_L(z)$ 得出带通滤波器的系统函数 $H_d(z)$ 的过程,其他滤波器可用相同方法推导得出。

6.3.4　IIR 数字滤波器的直接设计法

前面介绍的 IIR 数字滤波器的设计方法是通过先设计模拟滤波器,再进行 s–z 平面转换来达到设计数字滤波器的目的,这种数字滤波器的设计方法实际是一种间接设计法,而且幅度特性受到所选模拟滤波器特性的限制。例如巴特沃什低通模拟滤波器幅度特性是单调下降的,而切比雪夫低通特性带内外有上下波动等,对于任意幅度特性的滤波器则不适合采用这种设计方法。本节介绍在数字域直接设计 IIR 数字滤波器的设计方法,其特点是适合设计任意幅度特性的滤波器。

1. 在时域直接设计 IIR 数字滤波器

设希望设计的 IIR 数字滤波器的单位冲击响应为 $h_d(n)$,要求设计一个单位冲击响应 $h(n)$ 充分逼近 $h_d(n)$。下面介绍在时域直接设计 IIR 数字滤波器的方法。

设滤波器是因果性的,系统函数为

$$H(z) = \frac{\sum_{i=0}^{N} b_i z^{-i}}{\sum_{i=0}^{N} a_i z^{-i}} = \sum_{k=0}^{\infty} h(k) z^{-k} \qquad (6.65)$$

式中 $a_0 = 1$,未知系数 a_i 和 b_i 共有 $M+N+1$ 个,取 $h(n)$ 的一段,$0 \leqslant n \leqslant p-1$,使其充分逼近 $h_d(n)$,用此原则求解 $M+N+1$ 个系数。将式(6.65)改写为

$$\sum_{k=0}^{p-1} h(k) z^{-k} \sum_{i=0}^{N} a_i z^{-i} = \sum_{i=0}^{N} b_i z^{-i}$$

令 $p = M+N+1$,则

$$\sum_{k=0}^{M+N} h(k) z^{-k} \sum_{i=0}^{N} a_i z^{-i} = \sum_{i=0}^{N} b_i z^{-i} \qquad (6.66)$$

令上面等式两边 z 的同幂次项的系数相等,可得到 $M+N+1$ 个等式:

$$h(0) = b_0$$

$$h(0)a_1 + h(1) = b_1$$

$$h(0)a_2 + h(1)a_1 = b_2$$

······

上式表明 $h(n)$ 是系数 a_i 和 b_i 的非线性函数,考虑到 $i > M$ 时 $b_i = 0$,一般表达式为

$$\sum_{j=0}^{k} a_j h(k-j) = b_k, \quad 0 \leqslant k \leqslant M \tag{6.67}$$

$$\sum_{j=0}^{k} a_j h(k-j) = 0, \quad M \leqslant k \leqslant M+N \tag{6.68}$$

由于希望 $h(k)$ 充分逼近 $h_d(k)$,因此式(6.67)、式(6.68)中的 $h(k)$ 用 $h_d(k)$ 代替,这样求解式(6.67)和式(6.68),得到 N 个 a_i 和 $M+1$ 个 b_i。

上面分析推导表明,对于无限长冲击响应 $h(n)$,这种方法只是提前 $M+N+1$ 项,令其等于所要求的 $h_d(n)$,而 $M+N+1$ 项以后的不考虑。这种时域逼近法限制 $h_d(n)$ 的长度等于 a_i 和 b_i 数目的总和,使得滤波器的选择性受到限制,如果滤波器阻带衰减要求很高,则不适合用这种方法。用这种方法得到的系数,可以作为其他更好的优化算法的初始估计值。

实际中,有时候要求给定一定的输入波形信号,滤波器的输出为希望的波形,这种滤波器称为波形形成滤波器,也属于这种时域的直接设计法。

设 $x(n)$ 为给定的输入信号,$y_d(n)$ 是相应希望的输出信号,$x(n)$ 和 $y_d(n)$ 的长度分别为 M 和 N,实际滤波器的输出用 $y(n)$ 表示,下面按照 $y(n)$ 和 $y_d(n)$ 的最小均方误差求解滤波器的最佳解。设均方误差用 E 表示:

$$E = \sum_{n=0}^{N-1} \left[y(n) - y_d(n) \right]^2 \tag{6.69}$$

$$E = \sum_{n=0}^{N-1} \left[\sum_{m=0}^{n} h(m)x(n-m) - y_d(n) \right]^2 \tag{6.70}$$

式中,$x(n)$ 中 n 的范围为 $0 \leqslant n \leqslant M-1$;$y_d(n)$ 中 n 的范围为 $0 \leqslant n \leqslant N-1$。

为选择 $h(n)$,使 E 最小:

$$\frac{\partial E}{\partial h(i)} = 0, \quad i = 0,1,2,\cdots,N-1$$

由式(6.70)可得

$$\sum_{n=0}^{N-1} 2 \left[\sum_{m=0}^{n} h(m)x(n-m) - y_d(n) \right] x(n-i) = 0$$

$$\sum_{n=0}^{N-1} \sum_{m=0}^{n} h(m)x(n-m)x(n-i) = \sum_{m=0}^{n} y_d(n)x(n-i) \tag{6.71}$$

将式(6.71)写成矩阵形式:

$$\begin{bmatrix} \sum\limits_{n=0}^{N-1} x^2(n) & \sum\limits_{n=0}^{N-1} x(n-1)x(n) & \cdots & \sum\limits_{n=0}^{N-1} x(n-N+1)x(n) \\ \sum\limits_{n=0}^{N-1} x(n)x(n-1) & \sum\limits_{n=0}^{N-1} x^2(n-1) & \cdots & \sum\limits_{n=0}^{N-1} x(n-N+1)x(n-1) \\ \vdots & \vdots & & \vdots \\ \sum\limits_{n=0}^{N-1} x(n)x(n-N+1) & \sum\limits_{n=0}^{N-1} x(n-1)x(n-N+1) & \cdots & \sum\limits_{n=0}^{N-1} x^2(n-N+1) \end{bmatrix} \times$$

$$\begin{bmatrix} h(0) \\ h(1) \\ \vdots \\ h(N-1) \end{bmatrix} = \begin{bmatrix} \sum_{n=0}^{N-1} y_d(n)x(n) \\ \sum_{n=0}^{N-1} y_d(n)x(n-1) \\ \vdots \\ \sum_{n=0}^{N-1} y_d(n)x(n-N+1) \end{bmatrix} \qquad (6.72)$$

利用式(6.72)可以得到 N 个系数 $h(n)$，再用式(6.67)和式(6.68)求出 $H(z)$ 的 N 个 a_i 和 $M+1$ 个 b_i。

【例 6 - 6】 试设计一数字滤波器，要求在给定输入为 $x(n) = \{3,1\}$ 的情况下，输出 $y_d(n) = \{1,0.25,0.1,0.01,0\}$。

解 设 $h(n)$ 的长度为 $p=4$，按照式(6.72)可得

$$\begin{bmatrix} 10 & 3 & 0 & 0 \\ 3 & 10 & 3 & 0 \\ 0 & 3 & 10 & 3 \\ 0 & 0 & 3 & 9 \end{bmatrix} \begin{bmatrix} h(0) \\ h(1) \\ h(2) \\ h(3) \end{bmatrix} = \begin{bmatrix} 3.25 \\ 0.85 \\ 0.31 \\ 0.03 \end{bmatrix}$$

列出方程组为

$$\begin{cases} 10h(0) + 3h(1) = 3.25 \\ 3h(0) + 10h(1) + 3h(2) = 0.85 \\ 3h(1) + 10h(2) + 3h(3) = 0.31 \\ 3h(2) + 9h(3) = 0.03 \end{cases}$$

解方程组得

$$\begin{cases} h(0) = 0.333\,3 \\ h(1) = -0.027\,8 \\ h(2) = 0.042\,6 \\ h(3) = -0.010\,9 \end{cases}$$

将 $h(n)$ 及 $M=1, N=2$ 代入式(6.67)和式(6.68)中，得

$$\begin{cases} a_1 = 0.182\,4 \\ a_2 = -0.112\,6 \\ b_1 = 0.333\,3 \\ b_2 = 0.033\,0 \end{cases}$$

滤波器的系统函数为

$$H(z) = \frac{0.333\,3 + 0.033\,0z^{-1}}{1 + 0.182\,4z^{-1} - 0.112\,6z^{-2}}$$

相应的差分方程为

$$y(n) = 0.333\,3x(n) + 0.033\,0x(n-1) - 0.182\,4y(n-1) + 0.112\,6y(n-2)$$

在给定输入为 $x(n) = \{3,1\}$ 的情况下，输出 $y(n)$ 为

$$y(n) = \{0.999\,9, 0.249\,9, 0.1, 0.009\,9, 0.009\,5, 0.000\,6, 0.001\,2, \cdots\}$$

将 $y(n)$ 与 $y_d(n)$ 进行比较,前 5 项很接近,$y(n)$ 在 5 项以后幅度值很小。

2. 零极点累试法

前面分析过零极点分布对系统的影响,通过分析知道极点位置主要影响系统幅度特性峰值位置及尖锐程度,零点位置主要影响系统幅度特性谷值位置及凹下程度,且通过零极点分析的几何作图法可以定性地画出其幅度特性。这给我们提供了一种直接设计滤波器的方法:首先根据其幅度特性先确定零极点位置,再按照确定的零极点写出其系统函数,画出其幅度特性,并与希望的进行比较,如不满足要求,可通过移动零极点位置或增加、减少零极点进行修正。由于这种修正需要多次,因此称这种方法为零极点累试法。我们在确定零极点位置时要注意两点:

(1) 极点必须位于 z 平面的单位圆内,保证数字滤波器是因果稳定的;

(2) 复数零极点必须共轭成对,保证系统函数有理式的系数是实的。

【例 6-7】　试设计一数字带通滤波器,通带中心频率为 $\omega_0 = \pi/2$。$\omega = 0, \pi$ 时,幅度衰减到 0。

解　确定极点 $z_{1,2} = re^{\pm j\frac{\pi}{2}}$,零点 $z_{3,4} = \pm 1$,零极点分布如图 6.10(a) 所示,则 $H(z)$ 为

$$H(z) = G\frac{(z-1)(z+1)}{(z-re^{j\frac{\pi}{2}})(z-re^{-j\frac{\pi}{2}})} = G\frac{z^2-1}{(z-jr)(z+jr)} = G\frac{1-z^{-2}}{1+r^2z^{-2}}$$

式中系数 G 用对某一固定频率幅度要求确定。如果要求 $\omega = \pi/2$ 处幅度为 1,即 $|H(e^{j\omega})| = \pi/2, G = (1-r^2)/2$,设 $r = 0.7, 0.9$,分别画出其幅度特性如图 6.10(b) 所示。从图中可以看到,极点越靠近单位圆(r 越接近 1),带通特性越尖锐。

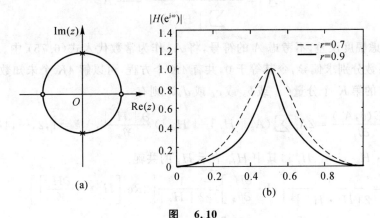

图　6.10

(a) 零极点分布；　(b) 幅度特性

3. 在频域用幅度平方误差最小法直接设计 IIR 数字滤波器

设 IIR 数字滤波器由 K 个二阶网络级联而成,系统函数用 $H(z)$ 表示:

$$H(z) = A\prod_{i=1}^{K}\frac{1+a_iz^{-1}+b_iz^{-2}}{1+c_iz^{-1}+d_iz^{-2}} \tag{6.73}$$

式中,A 为常数;a_i, b_i, c_i, d_i 为待求的系数;$H_d(e^{j\omega})$ 是希望设计的滤波器频率响应。如果在 $(0, \pi)$ 区间取 N 点数字频率 $\omega_i, i = 1, 2, \cdots, N$,在这 N 点频率上,比较 $|H_d(e^{j\omega})|$ 和 $|H(e^{j\omega})|$,写出两者的幅度平方误差 E 为

$$E = \sum_{i=1}^{N} \left[\mid H(e^{j\omega_i}) \mid - \mid H_d(e^{j\omega_i}) \mid \right]^2 \tag{6.74}$$

而在式(6.73)中有 $4K+1$ 个待定系数,求它们的原则是使 E 最小。

按照式(6.74),E 是 $4K+1$ 个未知数的函数,用下式表示:

$$E = E(\boldsymbol{\theta}, A)$$

$$\boldsymbol{\theta} = [a_1 b_1 c_1 d_1 \cdots a_K b_K c_K d_K]^{\mathrm{T}}$$

式中,$\boldsymbol{\theta}$ 表示 $4K$ 个系数组成的系数向量。令

$$H_i = \frac{H(e^{j\omega_i})}{A}, \quad H_d = H_d(e^{j\omega_i})$$

那么

$$E(\boldsymbol{\theta}, A) = \sum_{i=1}^{N} \left[\mid A \mid\mid H_i \mid - \mid H_d \mid \right]^2 \tag{6.75}$$

为选择 A 使得 E 最小,令

$$\frac{\partial E(\boldsymbol{\theta}, A)}{\partial \mid A \mid} = 0$$

$$\sum_{i=1}^{N} \left[2 \mid A \mid\mid H_i \mid - 2 \mid H_d \mid \right] = 0 \tag{6.76}$$

$$\mid A \mid = \frac{\sum\limits_{i=1}^{N} \mid H_i \mid\mid H_d \mid}{\sum\limits_{i=1}^{N} \mid H_i \mid^2} \xlongequal{\text{def}} A_g \tag{6.77}$$

这里只考虑幅度误差,不考虑 A 的符号,将 A_g 作为常数代入式(6.75)中。然后将 $E(\boldsymbol{\theta}, A)$ 对 $4K$ 个系数分别求偏导,令其等于 0,共有 $4K$ 个方程,可以解 $4K$ 个未知数。

设 θ_k 是 θ 的第 K 个分量(a_k 或 b_k 或 c_k 或 d_k),则有

$$\frac{\partial E(\theta, A_g)}{\partial \theta_k} = 2A_g \sum_{i=1}^{N} (A_g \mid H_i \mid - \mid H_d \mid) \frac{\partial \mid H_i \mid}{\partial \theta_k}, \quad k = 1, 2, \cdots, 4K \tag{6.78}$$

因为 $[H_i \cdot H_i^*]^{\frac{1}{2}} = \mid H_i \mid$,其中 H_i^* 表示 H_i 的共轭。

$$\frac{\partial \mid H_i \mid}{\partial \theta_k} = \frac{1}{2[H_i \cdot H_i^*]^{\frac{1}{2}}} \left[H \cdot \frac{\partial H_i}{\partial \theta_k} \right] = \frac{1}{2 \mid H_i \mid} \left[2\mathrm{Re} \left[H_i * \cdot \frac{\partial H_i}{\partial \theta_k} \right] \right] =$$

$$\mid H_i \mid^{-1} \mathrm{Re} \left[H_i * \cdot \frac{\partial H_i}{\partial \theta_k} \right] \tag{6.79}$$

将式(6.79)具体写成对 a_k, b_k, c_k, d_k 的偏导,得到

$$\frac{\partial \mid H_i \mid}{\partial a_k} = \mid H_i \mid^{-1} \mathrm{Re} \left[H_i^* \cdot \frac{\partial H_i}{\partial \theta_k} \right] = \mid H_i \mid^{-1} \mathrm{Re} \left[\frac{\mid H_i \mid^2}{H_i} \cdot \frac{\partial H_i}{\partial a_k} \right] =$$

$$\mid H_i \mid \mathrm{Re} \left[\frac{1}{H_i} \cdot \frac{\partial H_i}{\partial a_k} \right] = \mid H_i \mid \mathrm{Re} \left[\frac{z_i^{-1}}{1 + a_k z_i^{-1} + b_k z_i^{-2}} \right]_{z_i = e^{j\omega_i}} \tag{6.80}$$

式中,$k = 1, 2, \cdots, K; i = 1, 2, \cdots, N$。

同理可求得

$$\frac{\partial \mid H_i \mid}{\partial b_k} = \mid H_i \mid \mathrm{Re} \left[\frac{z_i^{-1}}{1 + a_k z_i^{-1} + b_k z_i^{-2}} \right]_{z_i = e^{j\omega_i}} \tag{6.81}$$

$$\frac{\partial\,|\,H_i\,|}{\partial c_k}=|\,H_i\,|\,\mathrm{Re}\left[\frac{z_i^{-1}}{1+c_k z_i^{-1}+d_k z_i^{-2}}\right]_{z_i=\mathrm{e}^{\mathrm{j}\omega_i}} \tag{6.82}$$

$$\frac{\partial\,|\,H_i\,|}{\partial d_k}=|\,H_i\,|\,\mathrm{Re}\left[\frac{z_i^{-1}}{1+c_k z_i^{-1}+d_k z_i^{-2}}\right]_{z_i=\mathrm{e}^{\mathrm{j}\omega_i}} \tag{6.83}$$

上面这些偏导数的求解方法由计算机完成,具体实现思路请参看"数值分析"和"计算方法"课程的教材。这种方法实际上是一种计算机的优化选择方法,优化的原则是幅度平方误差最小,由于需要通过计算机迭代求滤波器系数,因而这种方法也称为计算机辅助设计法。

在设计过程中,对系统函数零极点位置没有给出任何约束,零极点可能在单位圆内,也可能在单位圆外。如果系统函数极点在单位圆外,则会造成滤波器不是因果稳定的,因此需要对这些单位圆外的极点进行修正。设极点 z_1 在单位圆外,对其导数进行代换,变成 z_1,这样极点一定移到单位圆内,但幅度特性会有影响,下面分析一下这种修正的影响。

由于系统函数是一个有理函数,零极点都是共轭成对的,对于极点 z_1,一定有下面的关系存在:

$$|\,\mathrm{e}^{\mathrm{j}\omega}-z_1\,|\,|\,\mathrm{e}^{\mathrm{j}\omega}-z_1^*\,|=|\,(\mathrm{e}^{\mathrm{j}\omega}-z_1)^*\,|\,|\,(\mathrm{e}^{\mathrm{j}\omega}-z_1^*)^*\,|=|\,\mathrm{e}^{-\mathrm{j}\omega}-z_1^*\,|\,|\,\mathrm{e}^{-\mathrm{j}\omega}-z_1\,|=$$

$$\left|\,z_1^*\left(\frac{1}{z_1^*}-\mathrm{e}^{\mathrm{j}\omega}\right)\mathrm{e}^{-\mathrm{j}\omega}\,\right|\,|\,z_1\,|^2\left|\,\mathrm{e}^{\mathrm{j}\omega}-\frac{1}{z_1^*}\,\right|\left|\,\mathrm{e}^{\mathrm{j}\omega}-\frac{1}{z_1}\,\right| \tag{6.84}$$

式(6.84)表明,极点 z_1 和它的共轭极点 z_1^*,均用其倒数 z_1 和 $(z_1^*)^{-1}$ 代替后,幅度特性的形状不变化,仅是幅度的增益变化了 $|\,z_1\,|^2$。一般极点这样搬移后需要继续进行前面的迭代计算。

【例 6 – 8】　试设计一数字低通滤波器,其幅度特性如图 6.11(a) 所示,截止频率 $\omega_s=0.1\pi\ \mathrm{rad}$。

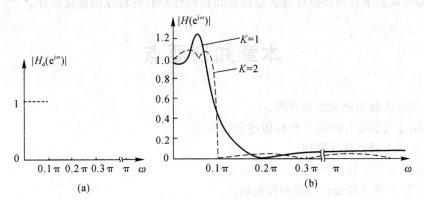

图 6.11　例 6 – 8 图

(a) 要求的幅度特性;　(b)$k=1,2$ 时的幅度特性

解　考虑到通带和过渡带的重要,在 $0\sim0.2\pi$ 区间,每隔 0.01π 取一点 ω_i 值,在 $0.2\pi\sim\pi$ 区间每隔 0.1π 取一点 ω_i 值,并增加一点过渡带,在 $\omega=0.1\pi$ 处 $|\,H_d(\mathrm{e}^{\mathrm{j}\omega})\,|=0.5$。

$$|\,H_d(\mathrm{e}^{\mathrm{j}\omega})\,|=\begin{cases}1.0, & \omega=0,0.01\pi,\cdots,0.09\pi\\0.5, & \omega=0.1\pi\\0.0, & \omega=0.11\pi,0.12\pi,\cdots,0.19\pi\\0.0, & \omega=0.2\pi,0.3\pi,\cdots,1.0\pi\end{cases}$$

$N=29$,取 $k=1$,系统函数为

$$H(z) = A\frac{1 + a_1 z^{-1} + b_1 z^{-2}}{1 + c_1 z^{-1} + d_1 z^{-2}}$$

待求的参数是 A, a_1, b_1, c_1, d_1。设初始值 $\boldsymbol{\theta} = [0, 0, 0, -0.25]^T$ 经过 90 次迭代,求得 $E =$ 1.261 1,系统函数零极点位置为

零点:0.678 344 30 $\pm$ j0.734 744 18

极点:0.756 777 93 $\pm$ j0.132 139 16

为使滤波器因果稳定,将极点按其倒数移到单位圆内,再进行 62 次优化迭代,求得结果为

零点:0.821 911 63 $\pm$ j0.569 615 01

极点:0.891 763 90 $\pm$ j0.191 810 84

$$A_g = 0.117\ 339\ 78, \quad E = 0.567\ 31$$

其幅度特性如图 6.10 所示。$k = 2$ 时幅度特性如图 6.10 虚线所示。该图表明 $k = 2$ 比 $k = 1$ 幅度特性改善了,且幅度平方误差 E 也小了。因此我们知道如果计算结果不符合技术指标,就可以通过变化 k,直到满足要求为止。

这种设计方法计算比较复杂,一般要用计算机进行求解,但它可以得到任意给定幅度特性且性能比较好。

误差函数用下式表示:

$$E_p = \sum_{i=1}^{N} W(e^{j\omega_i})\ (\mid H(e^{j\omega_i}) \mid - \mid H_d(e^{j\omega_i}) \mid)^p \tag{6.85}$$

式中,$W(e^{j\omega_i})$ 称为加权函数,其作用是使不同的频带的相对误差不同。用该式选取 $H_d(e^{j\omega})$ 的参数使 E_p 最小,称为最小 p 误差准则。利用高阶的 p 误差准则可设计出更高级的优化滤波器。这种幅度误差平方最小设计方法也适宜相位特性和时延特性的优化设计。

本章知识要点

(1)数字滤波器的概念及其分类。

(2)数字滤波器设计的技术指标描述和容限图。

(3)模拟滤波器的设计原理。

(4)IIR 数字滤波器设计的冲击响应不变法。

(5)IIR 数字滤波器设计的双线性映射法。

(6)IIR 数字滤波器的频率变换设计法和直接设计法。

习　　题

6.1　设计一个巴特沃什低通滤波器,要求通带截止频率 $f_p = 6$ kHz,通带最大衰减 $\alpha_p = 3$ dB,阻带截止频率 $f_s = 12$ kHz,阻带最小衰减 $\alpha_s = 20$ dB。 求出滤波器的归一化系统函数 $G(p)$ 以及实际的 $H_a(s)$。

6.2　设计一个巴特沃什高通滤波器,要求通带截止频率 $f_p = 20$ kHz,阻带截止频率 $f_s =$

10 kHz, f_p 最大衰减 3 dB, 阻带最小衰减 $\alpha_s = 15$ dB。 求出该高通滤波器的系统函数 $H_a(s)$。

6.3　设计一个切比雪夫低通滤波器,要求通带截止频率 $f_p = 3$ kHz,通带最大衰减 $\alpha_p = 0.2$ dB, 阻带截止频率 $f_s = 12$ kHz, 阻带最小衰减 $\alpha_s = 50$ dB。 求出滤波器的归一化系统函数 $G(p)$ 以及实际的 $H_a(s)$。

6.4　已知模拟滤波器的系统函数 $H_a(s)$ 如下:

(1) $H_a(s) = \dfrac{s+a}{(s+a)^2 + b^2}$

(2) $H_a(s) = \dfrac{b}{(s+a)^2 + b^2}$

式中, a, b 为常数, 设 $H_a(s)$ 因果稳定, 试采用冲击响应不变法将其转换为数字滤波器 $H(z)$。

6.5　设计一个 IIR 数字低通滤波器, 在频率 $\omega \leqslant 0.26\pi$ 的范围内, 低通幅度波纹不超过 0.75 dB, 在频率 $0.4 \leqslant \omega \leqslant \pi$ 之间, 阻带衰减至少为 20 dB。 试求出满足上述指标的最低阶巴特沃什滤波器系统函数 $H(z)$, 并画出它的级联形式结构。

6.6　已知模拟滤波器的传输函数为

(1) $H_a(s) = \dfrac{1}{s^2 + s + 1}$;

(2) $H_a(s) = \dfrac{1}{2s^2 + 3s + 1}$。

试采用冲击响应不变法和双线性变换法分别将其转换为数字滤波器, 设 $T = 2$。

6.7　设计低通数字滤波器, 要求通带内频率低于 0.2π rad 时, 允许幅度误差在 1 dB 之内; 频率在 $0.3\pi \sim \pi$ 之间的阻带衰减大于 10 dB, 试采用巴特沃斯型模拟滤波器进行设计, 分别用冲击响应不变法和双线性变换法进行设计, 采用间隔 $T = 1$ ms。

6.8　设计一个数字高通滤波器, 要求带通截止频率 $\omega_p = 0.8\pi$ rad, 通带衰减不大于 3 dB, 阻带截止频率 $\omega_s = 0.5\pi$ rad, 阻带衰减不小于 18 dB, 希望采用巴特沃斯型滤波器。

6.9　设计一个数字带通滤波器, 通带范围为 $0.25\pi \sim 0.45\pi$ rad, 通带内最大衰减为 3 dB, 0.15π rad 以下和 0.55π rad 以上为阻带, 阻带内最小衰减为 15 dB, 试采用巴特沃什模拟低通滤波器。

6.10　通过查表确定 4 阶切比雪夫低通滤波器, 要求截止频率为 2 kHz, 通带波纹为 3 dB。

第7章 有限冲击响应(FIR)数字滤波器设计

一个数字滤波器的输出 $y(n)$ 如果仅取决于当前的输入 $x(n)$ 和有限个过去的输入 $x(n-1)$, $x(n-2)$, $\cdots$, $x(n-k)$, 称这类数字滤波器为有限冲击响应数字滤波器, 简记为 FIR 滤波器。无限冲击响应(IIR)数字滤波器是利用模拟滤波器的设计理论进行设计的, 保留了模拟滤波器优良的幅度特性。IIR 滤波器设计中一般只考虑了幅度特性, 没有考虑相位特性, 所以一般情况下 IIR 数字滤波器的相频响应是非线性的。而 FIR 数字滤波器很容易设计成严格的线性相位的相频响应特性, 这对于很多信号处理的应用是非常重要的, 相关内容在下面详细阐述。

FIR 滤波器的单位冲击响应为 N 点有限长序列 $h(n)$ $(n=0,1,\cdots,N-1)$, 系统函数一般可以表示为

$$H(z) = \sum_{n=0}^{N-1} h(n)z^{-n} \tag{7.1}$$

$H(z)$ 是 z^{-1} 的 $(N-1)$ 次多项式, 它在 z 平面上有 $(N-1)$ 个零点, 同时 $z=0$ 是 $(N-1)$ 阶重极点。由于 FIR 单位冲击响应是有限长的, 因而它总是稳定的。稳定和线性相位是 FIR 数字滤波器最突出的两个优点。

FIR 数字滤波器的设计任务, 就是要选择有限长度的 $h(n)$, 使得传输函数 $H(e^{j\omega})$ 满足技术要求。这里所说的要求除了以前提到的通带频率 ω_p、阻带频率 ω_s, 两个频带上的最大和最小衰减 $H(z)$ 和 α_s 外, 很重要的一条就是保证 $H(z)$ 具有线性相位。FIR 数字滤波器的设计方法主要有三种: 窗口函数法(傅里叶级数法)、频率采样法和切比雪夫等波纹(最佳一致)逼近法。

7.1 FIR 数字滤波器的线性相位特性

我们首先讨论 FIR 数字滤波器的线性相位条件。

对于长度为 N 的 $h(n)$ 所表示的 FIR 滤波器, 频率响应函数为

$$H(e^{j\omega}) = \sum_{n=0}^{N-1} h(n)e^{-j\omega n} \tag{7.2}$$

$$H(e^{j\omega}) = H_g(\omega)e^{-j\theta(\omega)} \tag{7.3}$$

式中, $H_g(\omega)$ 称为幅度特性; $\theta(\omega)$ 称为相位特性。这里 $H_g(\omega)$ 是 $H_g(\omega)$ 的实函数。$H(e^{j\omega})$ 线性相位是指 $\theta(\omega)$ 是 ω 的线性函数, 即

$$\theta(\omega) = -\tau\omega, \quad \tau \text{ 为常数} \tag{7.4}$$

如果 $\theta(\omega)$ 满足下式:

$$\theta(\omega) = \theta_0 - \tau\omega, \quad \theta_0 \text{ 是起始相位} \tag{7.5}$$

也认为是线性相位,因为式(7.5)也满足群时延是一个常数。一般称满足式(7.4)的 FIR 滤波器为第一类线性相位,满足式(7.5)的 FIR 滤波器为第二类线性相位。

下面给出 FIR 滤波器具备线性相位特性的充分必要条件。

(1) 满足第一类线性相位的充要条件是

$$h(n) = h(N-1-n) \tag{7.6}$$

(2) 满足第二类线性相位的充要条件是

$$h(n) = -h(N-1-n) \tag{7.7}$$

证明 (1) 第一类线性相位的充要条件。

$$H(z) = \sum_{n=0}^{N-1} h(n) z^{-n}$$

将 $h(n) = h(N-1-n)$ 代入上式可得

$$H(z) = \sum_{n=0}^{N-1} h(N-n-1) z^{-n}$$

令 $m = N-n-1$,则有

$$H(z) = \sum_{m=0}^{N-1} h(m) z^{-(N-m-1)} = z^{-(N-1)} \sum_{m=0}^{N-1} h(m) z^{m}$$

所以

$$H(z) = z^{-(N-1)} H(z^{-1}) \tag{7.8}$$

再将 $H(z)$ 的表达式写为

$$H(z) = \frac{1}{2} \left[H(z) + H(z) \right] = \frac{1}{2} \left[H(z) + z^{-(N-1)} H(z^{-1}) \right] = \frac{1}{2} \sum_{n=0}^{N-1} h(n) \left[z^{-n} + z^{-(N-1)} z^{n} \right] =$$

$$z^{-\frac{N-1}{2}} \sum_{n=0}^{N-1} h(n) \left[\frac{1}{2} \left(z^{-n+\frac{N-1}{2}} + z^{n-\frac{N-1}{2}} \right) \right]$$

将 $z = e^{j\omega}$ 代入上式,得:

$$H(e^{j\omega}) = e^{-j\left(\frac{N-1}{2}\right)\omega} \sum_{n=0}^{N-1} h(n) \cos \left[\left(n - \frac{N-1}{2} \right) \omega \right]$$

那么对照式(7.3),幅度函数 $H_g(\omega)$ 和相位函数 $\theta(\omega)$ 分别为

$$H_g(\omega) = \sum_{n=0}^{N-1} h(n) \cos \left[\left(n - \frac{N-1}{2} \right) \omega \right] \tag{7.9}$$

$$\theta(\omega) = -\frac{1}{2}(N-1)\omega \tag{7.10}$$

显然,式(7.10)是标准的第一类线性相位特性,这里,$\tau = \frac{1}{2}(N-1)$。

(2) 第二类线性相位的充要条件。

$$H(z) = \sum_{n=0}^{N-1} h(n) z^{-n}$$

将 $h(n) = -h(N-1-n)$ 代入上式可得

$$H(z) = \sum_{n=0}^{N-1} h(N-n-1) z^{-n}$$

令 $m = N-n-1$,则有

$$H(z) = -\sum_{m=0}^{N-1} h(m)z^{-(N-m-1)} = -z^{-(N-1)}\sum_{m=0}^{N-1} h(m)z^m$$

所以

$$H(z) = -z^{-(N-1)}H(z^{-1}) \tag{7.11}$$

再将 $H(z)$ 的表达式写为

$$H(z) = \frac{1}{2}[H(z) + H(z)] = \frac{1}{2}[H(z) - z^{-(N-1)}H(z^{-1})] = \frac{1}{2}\sum_{n=0}^{N-1} h(n)[z^{-n} - z^{-(N-1)}z^n] =$$

$$z^{-(\frac{N-1}{2})}\sum_{n=0}^{N-1} h(n)\left[\frac{1}{2}(z^{-n+\frac{N-1}{2}} - z^{n-\frac{N-1}{2}})\right]$$

将 $z = \mathrm{e}^{\mathrm{j}\omega}$ 代入上式,得

$$H(\mathrm{e}^{\mathrm{j}\omega}) = -\mathrm{j}\mathrm{e}^{-\mathrm{j}(\frac{N-1}{2})\omega}\sum_{n=0}^{N-1} h(n)\sin\left[\left(n - \frac{N-1}{2}\right)\omega\right]$$

那么对照式(7.3),幅度函数 $H_g(\omega)$ 和相位函数 $\theta(\omega)$ 分别为

$$H_g(\omega) = \sum_{n=0}^{N-1} h(n)\sin\left[\left(n - \frac{N-1}{2}\right)\omega\right] \tag{7.12}$$

$$\theta(\omega) = -\frac{1}{2}(N-1)\omega - \frac{\pi}{2} \tag{7.13}$$

显然,式(7.13)是标准的第二类线性相位特性,这里,$\tau = \frac{1}{2}(N-1)$,$\theta_0 = -\frac{\pi}{2}$。

证毕。

当 $h(n)$ 的长度 N 分别取奇数和偶数时,对 $H(\mathrm{e}^{\mathrm{j}\omega})$ 的频率特性也有一定影响,因此,一般将 FIR 滤波器按两类线性相位和 N 是偶数和奇数分四种情况进行讨论。表7.1综合了线性相位 FIR 数字滤波器在四种情况下单位取样响应的频率特性。

表 7.1 线性相位 FIR 滤波器频率特性和序列对称的关系

情况分类	对称性	频率响应 $H(\mathrm{e}^{\mathrm{j}\omega})$
N 为偶数,偶对称	$h(n) = h(N-1-n)$	$\mathrm{e}^{-\mathrm{j}\omega\frac{N-1}{2}}\left\{\sum_{n=0}^{\frac{N}{2}-1} 2h(n)\cos\left[\omega\left(\frac{N-1}{2}-n\right)\right]\right\}$
N 为奇数,偶对称	$h(n) = h(N-1-n)$	$\mathrm{e}^{-\mathrm{j}\omega\frac{N-1}{2}}\left\{\sum_{n=0}^{\frac{N-3}{2}} 2h(n)\cos\left[\omega\left(\frac{N-1}{2}-n\right)\right] + h\left(\frac{N-1}{2}\right)\right\}$
N 为偶数,奇对称	$h(n) = -h(N-1-n)$	$-\mathrm{j}\mathrm{e}^{-\mathrm{j}\omega\frac{N-1}{2}}\left\{\sum_{n=0}^{\frac{N}{2}-1} 2h(n)\sin\left[\omega\left(n-\frac{N-1}{2}\right)\right]\right\}$
N 为奇数,奇对称	$h(n) = -h(N-1-n)$	$-\mathrm{j}\mathrm{e}^{-\mathrm{j}\omega\frac{N-1}{2}}\left\{\sum_{n=0}^{\frac{N-3}{2}} 2h(n)\cos\left[\omega\left(\frac{N-1}{2}-n\right)\right]\right\}$

当实现 FIR 滤波器时,对于直接型结构,需要 N 个乘法器,但对于线性相位 FIR 数字滤波器,由于 $h(n)$ 的对称性,若 N 为偶数时,仅需 $N/2$ 个乘法器,若 N 为奇数时,则需 $(N+1)/2$ 个乘法器,都节约了一半左右的计算量。第一类的网络结构如图7.1所示,第二类的网络结构如图7.2所示。

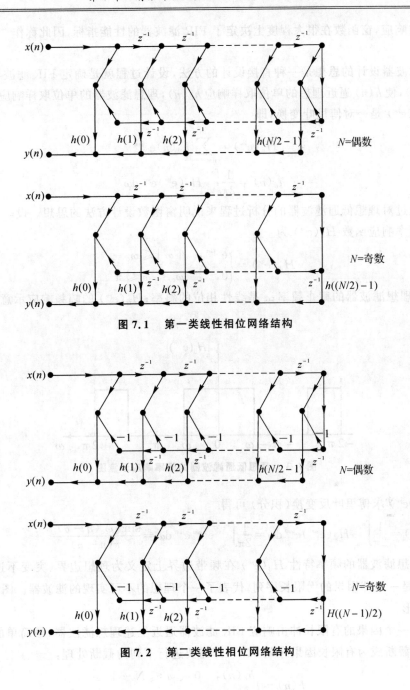

图 7.1　第一类线性相位网络结构

图 7.2　第二类线性相位网络结构

7.2　窗函数设计法

　　窗函数设计方法是 FIR 滤波器的一种基本设计方法,它的优点是设计思路简单,性能也能满足常用选频滤波器的要求。窗函数设计法的基本思路是直接从理想滤波器的频率特性入手,通过积分求出对应的单位取样响应的表达式,最后通过加窗,得到满足要求的 FIR 滤波器的单位取样响应,窗函数在很大程度上决定了 FIR 滤波器的性能指标,因此称作"窗函数设计法"。

FIR 滤波器设计的思想是一种直接设计的方法,设计过程就是确定 FIR 滤波器的单位取样响应 $h(n)$,使 $h(n)$ 逼近理想的单位取样响应 $h_d(n)$,理想滤波器的单位取样响应 $h_d(n)$ 和频率响应 $H_d(e^{j\omega})$ 是一对傅里叶变换,即

$$H_d(e^{j\omega}) = \sum_{n=-\infty}^{\infty} h_d(n) e^{-j\omega n}$$

$$h_d(n) = \frac{1}{2\pi} \int_{-\pi}^{\pi} H_d(e^{j\omega}) e^{j\omega n} d\omega$$

下面通过对理想低通滤波器的分析过程来说明窗函数设计方法的思想。设一个理想低通滤波器的频率响应函数 $H_d(e^{j\omega})$ 为

$$H_d(e^{j\omega}) = \begin{cases} e^{-j\omega\alpha}, & |\omega| \leqslant \omega_c \\ 0, & \omega_c < \omega \leqslant \pi \end{cases} \tag{7.14}$$

式中,ω_c 是理想滤波器的截止频率;α 是线性相位的斜率;$H_d(e^{j\omega})$ 的幅频响应示意图如图 7.3 所示。

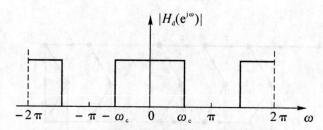

图 7.3　理想低通滤波器的频率响应示意图

对 $H_d(e^{j\omega})$ 求傅里叶反变换(积分) 可得

$$h_d(n) = \frac{1}{2\pi} \int_{-\omega_c}^{\omega_c} H_d(e^{j\omega n}) e^{j\omega n} d\omega = \frac{1}{2\pi} \int_{-\omega_c}^{\omega_c} e^{-j\omega\alpha} e^{j\omega n} d\omega = \frac{\sin[\omega_c(n-\alpha)]}{\pi(n-\alpha)} \tag{7.15}$$

由于理想滤波器的频率特性 $H_d(e^{j\omega})$ 在频带边界上定义为理想边界(突变不连续),则对应的 $h_d(n)$ 是一个非因果的无限长序列,代表了一个理想的不可实现的滤波器。图 7.4 所示为 $h_d(n)$ 的波形。

为了用一个因果的有限长冲击响应 FIR 滤波器逼近上述理想滤波器,最简单的方法是将序列 $h_d(n)$ 截断成为有限长因果序列 $h(n)$,即需要进行下列的截断处理:

$$h(n) = \begin{cases} h_d(n), & 0 \leqslant n \leqslant N-1 \\ 0, & 其他 \end{cases} \tag{7.16}$$

也可以理解为:$h(n)$ 是无限长序列 $h_d(n)$ 和一个有限长的"窗函数" $R_N(n)$ 的乘积。因此,也可以写为

$$h(n) = h_d(n) R_N(n) \tag{7.17}$$

式中

$$R_N(n) = \begin{cases} 1, & 0 \leqslant n \leqslant N-1 \\ 0, & 其他 \end{cases} \tag{7.18}$$

称为"矩形窗序列"。

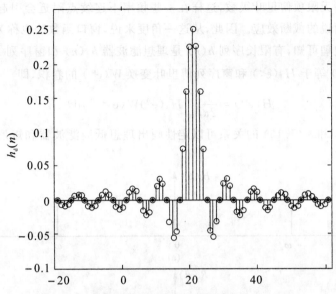

图 7.4　理想低通滤波器单位冲击响应 $h_d(n)$ 波形

　　截断处理(加窗处理)后得到的序列 $h(n)$ 可以看成是设计的 FIR 滤波器的单位冲击响应,这就是窗函数设计的基本思想。图 7.5 所示为 $h(n)$ 的波形示意图。

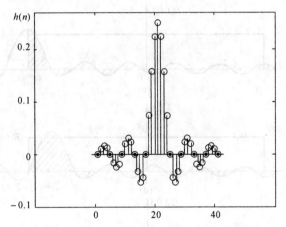

图 7.5　截断处理 FIR 滤波器 $h(n)$ 的波形图(矩形窗, $N = 41$)

　　用这样一个有限长的序列 $h(n)$ 去代替无限长序列 $h_d(n)$,肯定会引起误差,但只要误差在可容许的范围以内,是可行的。下面需要分析这样的截断处理究竟带来了哪些变化,一般来说,截断会导致滤波器通带内和阻带内出现波动性,可使阻带的衰减性变差,引入过渡带等等。由于这些变化是由 $h_d(n)$ 直接截断引起的,因此也称为截断效应,或者叫"吉布斯效应"。

　　另外,我们知道 $H_d(e^{j\omega})$ 是一个以 2π 为周期的函数,可以展开为傅里叶级数,即

$$H_d(e^{j\omega}) = \sum_{n=-\infty}^{\infty} h_d(n) e^{-j\omega n}$$

式中,傅里叶级数的系数 $h_d(n)$ 就是 $H_d(e^{j\omega})$ 对应的单位取样响应。

　　窗函数法设计 FIR 数字滤波器就是根据要求找到有限个傅里叶级数系数,以有限项傅里叶级数去近似代替无限项傅里叶级数,这样在一些频率不连续点附近会引起较大误差。这种误差效果就是前面说的截断效应。因此,从这一角度来说,窗口函数法也称为傅里叶级数法。

　　根据复卷积定理可知,有限长序列 $h(n)$ 是理想滤波器 $h_d(n)$ 和窗序列 $R_N(n)$ 的乘积,则其频率特性 $H(e^{j\omega})$ 等于 $H_d(e^{j\omega})$ 和窗序列傅里叶变换 $W(e^{j\omega})$ 的卷积,即

$$H(e^{j\omega}) = \frac{1}{2\pi}\int_{-\pi}^{\pi} H_d(e^{j\theta})W(e^{j(\omega-\theta)})\,d\theta \tag{7.19}$$

　　根据式(7.17)和式(7.19)的关系可以定性画出理想低通滤波器和矩形窗的卷积过程如图 7.6 所示。

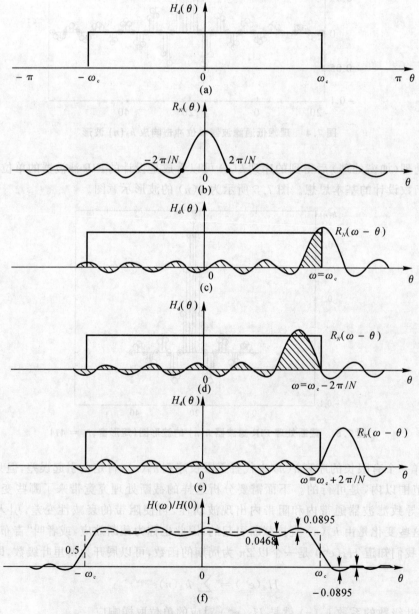

图 7.6　矩形窗的截断对理想低通滤波器幅频特性的影响

当 $\omega=0$ 时, $H(\omega)$ 等于图 7.6(a) 和(b) 两波形乘积的积分,即等于 $W_R(\theta)$ 在 $\theta=-\omega_c \sim \omega_c$ 一段的积分面积。当 $\omega_c \gg \dfrac{2\pi}{\theta}$ 时, $H(0)$ 可近似等于 $W_R(\theta)$ 在 $\theta=-\infty \sim \infty$ 的积分面积,用此面积值进行归一化,即 $H(0)=1$。当 $\omega=\omega_c$ 时,情况如图 7.6(c) 所示, $W_R(\omega-\theta)$ 正好为 $H(0)$ 时的一半面积值,即 $H(\omega_c)=0.5$。当 $\omega=\omega_c-\dfrac{2\pi}{N}$ 时, $W_R(\omega-\theta)$ 的主瓣都在积分限内,因此,此时积分面积有最大值。可计算出, $H(\omega)=1.089\ 5$。当 $\omega=\omega_c+\dfrac{2\pi}{N}$ 时,如图 7.6(e) 所示, $W_R(\omega-\theta)$ 的主瓣刚好在积分限外,积分限内的旁瓣面积大于主瓣,最大的一个负峰完全在区间 $R_N(\theta)$ 中,因此 $H_d(\omega)$ 在该点形成最大的负峰。因此,积分值为负值,且为最小,可计算出 $H(\omega)=-0.089\ 5$。当 ω 增加和减小时, $W_R(\omega-\theta)$ 处于积分限内的主瓣或旁瓣也随着变化,造成积分面积值随之起伏变化,就形成了实际的 $H(\omega)$ 在通带和阻带内出现起伏,如图 7.6(e) 所示。通带内的起伏造成了滤波器通带平坦特性变差,阻带起伏造成了滤波器阻带衰减性变差,在通带和阻带之间出现了过滞带。当 $\omega=\omega_c-2\pi/N$ 时,情况如图 7.6(e) 所示, $R_N(\omega)$ 主瓣完全在积分区间 $\pm\omega_c$ 之间,最大的一个负峰完全在区间 $R_N(\theta)$ 之外,因此 $H_d(\omega)$ 在该点形成最大的正峰。 $H_d(\omega)$ 最大的正峰和最大的负峰对应的频率相距 $4\pi/N$。图 7.6(f) 所示为 $H_d(\omega)$ 和 $R_N(\omega)$ 卷积形成的 $H(\omega)$ 的波形。

从图 7.6 可以看出,理想低通加窗处理后的影响主要有两点:

(1) 理想幅频特性的陡峭的边沿被加宽,形成一个过渡带,过渡带的宽度取决于窗函数频率响应的主瓣宽度。

(2) 在过渡带两侧产生起伏的肩峰和波纹,它是由窗函数频率响应的旁瓣引起的,旁瓣相对值越大起伏就越强。

增加截取长度 N,只能减小过渡带宽度,而不能改善数字滤波器通带内的平稳性和阻带中的衰减,后面的影响是由加窗函数频谱的主瓣和副瓣之比决定的。下面以一种近似的数学分析来说明增加 N 不能改变窗函数频谱的主瓣和副瓣之比。

当 ω 较小时,有

$$W_R(\omega)=\frac{\sin\dfrac{\omega N}{2}}{\sin\dfrac{\omega}{2}}\approx\frac{\sin\dfrac{\omega N}{2}}{\dfrac{\omega}{2}}=N\,\frac{\sin\dfrac{N\omega}{2}}{N\dfrac{\omega}{2}}=N\,\frac{\sin x}{x}$$

式中, $x=N\dfrac{\omega}{2}$。

当增加 N 时,只能改变 ω 的坐标比例和 $W_R(\omega)$ 的绝对大小,而不能改变主瓣与旁瓣的相对比例关系。这个相对比值是由 $\dfrac{\sin x}{x}$ 决定的,与 N 无关。

增加截取长度 N,将缩小窗函数频谱的主瓣宽度,但不能减小旁瓣相对值。旁瓣和主瓣的相对值主要取决于窗函数的形状。因此要改善所设计滤波器的性能,必须减小由于加窗造成的通带和阻带的起伏。同时也要减小过滞带宽度,实际上,这两个要求是相互矛盾的,当窗宽度一定时,无法同时达到最佳,靠增加窗的宽度只能改进过滞带指标,而无法改进通带和阻带指标。例如,对矩形窗,最大起伏值为 8.95%,当 N 增加时,只能改变起伏的频率,而最大起伏值仍为 8.95%。这种加窗设计的 $H(\omega)$ 中通带和阻带起伏大小不随 N 增大而减小的现象称作"吉布斯(Gibbs)效应"。

矩形加窗形成的起伏大小就为 8.95%,致使阻带衰减最小值约为 -21 dB,这在工程上往往不够。为了改善滤波器的阻带衰减指标,必须选择其他的窗函数。选择其他窗函数时,可以从下面两点着重考虑:

(1) 从频谱上看,应尽量减小窗谱的旁瓣值,即使它的能量尽量集中在主瓣,这样可减小滤波器通带和阻带起伏,以改善通带的平稳度和增大阻带中的衰减。

(2) 窗函数谱的主瓣宽度尽量窄,以获得较陡的过渡带。

下面列出几种常用的窗函数及其频率特性,为统一起见,窗函数一律用符号 $w(n)$ 表示,其频谱用 $W_*(\omega)$ 表示。

(1) 矩形窗:

$$w(n)=1, \quad 0 \leqslant n \leqslant N-1$$

$$W_R(e^{j\omega}) = \frac{\sin\dfrac{\omega N}{2}}{\sin\dfrac{\omega}{2}} e^{-j\omega\frac{N-1}{2}} = W_R(\omega)e^{-j\omega\frac{N-1}{2}}$$

$$|W_R(e^{j\omega})| = \frac{\sin\dfrac{N}{2}\omega}{\sin\dfrac{\omega}{2}} \tag{7.20}$$

主瓣宽度为 $\dfrac{4\pi}{N}$,旁瓣最大电平为 -13 dB,旁瓣下降速率每倍频程衰减 -6 dB。其中 $|W_R(e^{j\omega})|$ 表示幅频响应函数。

(2) 三角形窗(Bartlett 窗):

$$w(n)=\begin{cases} \dfrac{2n}{N-1}, & 0 \leqslant n \leqslant \dfrac{1}{2}(N-1) \\[2mm] 2-\dfrac{2n}{N-1}, & \dfrac{1}{2}(N-1) < n \leqslant N-1 \end{cases} \tag{7.21}$$

$$W_{Br}(e^{j\omega}) = \frac{2}{N-1}\left[\frac{\sin\left(\dfrac{\omega N-1}{4}\right)}{\sin\left(\dfrac{\omega}{2}\right)}\right]^2 e^{-j\frac{N-1}{2}\omega}$$

$$|W_R(e^{j\omega})| = \frac{2}{N}\left[\frac{\sin\left(\dfrac{N}{4}\omega\right)}{\sin\left(\dfrac{\omega}{2}\right)}\right]^2 \tag{7.22}$$

主瓣宽度为 $\dfrac{8\pi}{N}$,旁瓣最大电平为 -27 dB,旁瓣下降速率每倍频程衰减 -12 dB。

(3) 汉宁窗(Hanning 窗):

$$w(n) = \frac{1}{2}\left[1-\cos\left(\frac{2\pi n}{N-1}\right)\right], \quad 0 \leqslant n \leqslant N-1$$

$$W_{\text{Han}}(e^{j\omega}) = W(\omega)e^{-j\omega\frac{N-1}{2}}$$

$$W_{\text{Han}}(\omega) = 0.5W_R(\omega) + 0.25\left[W_R\left(\omega - \frac{2\pi}{N-1}\right) + W_R\left(\omega + \frac{2\pi}{N-1}\right)\right]$$

$$|W_{\text{Han}}(e^{j\omega})| = \frac{1}{2}|W_R(e^{j\omega})| + \frac{1}{4}\left[|W_R(e^{j(\omega-\frac{2\pi}{N-1})})| + |W_R(e^{j(\omega+\frac{2\pi}{N-1})})|\right] \quad (7.23)$$

主瓣宽度为 $\dfrac{8\pi}{N}$，旁瓣最大电平为 -32 dB，旁瓣下降速率每倍频程衰减 -18 dB。

（4）海明窗（Hamming 窗）：

$$w(n) = 0.54 - 0.46\cos\left(\frac{2\pi n}{N-1}\right), \quad 0 \leqslant n \leqslant N-1$$

$$W(e^{j\omega}) = W(\omega)e^{-j\omega\frac{N-1}{2}}$$

$$W(\omega) = 0.54W_R(\omega) + 0.23\left[W_R\left(\omega - \frac{2\pi}{N-1}\right) + W_R\left(\omega + \frac{2\pi}{N-1}\right)\right]$$

$$|W_{\text{Ham}}(e^{j\omega})| = 0.54|W_R(e^{j\omega})| + 0.23\left[|W_R(e^{j(\omega-\frac{2\pi}{N-1})})| + |W_R(e^{j(\omega+\frac{2\pi}{N-1})})|\right] \quad (7.24)$$

海明窗与汉宁窗相比，仅仅更改了 2 个系数值，但使窗函数进一步优化，在同样的主瓣宽度内，99.96% 的能量集中在主瓣内，旁瓣电平更低。

（5）布莱克曼窗：

$$w(n) = 0.42 - 0.5\cos\left(\frac{2\pi n}{N-1}\right) + 0.08\cos\left(\frac{4\pi n}{N-1}\right), \quad 0 \leqslant n \leqslant N-1$$

$$W_B(e^{j\omega}) = W(\omega)e^{-j\omega\frac{N-1}{2}}$$

$$W_B(\omega) = 0.42W_R(\omega) + 0.25\left[W_R\left(\omega - \frac{2\pi}{N-1}\right) + W_R\left(\omega + \frac{2\pi}{N-1}\right)\right] +$$
$$0.04\left[W_R\left(\omega - \frac{4\pi}{N-1}\right) + W_R\left(\omega + \frac{4\pi}{N-1}\right)\right]$$

$$|W_B(e^{j\omega})| = 0.42|W_R(e^{j\omega})| + 0.25\left[|W_R(e^{j(\omega-\frac{2\pi}{N-1})})| + |W_R(e^{j(\omega+\frac{2\pi}{N-1})})|\right] +$$
$$0.04\left[|W_R(e^{j(\omega-\frac{4\pi}{N-1})})| + |W_R(e^{j(\omega+\frac{4\pi}{N-1})})|\right] \quad (7.25)$$

表 7.2 是这 5 种窗函数的性能表。图 7.7 所示为以上 5 种窗函数的波形，图 7.8 给出了当 $N=51$ 时 5 种窗函数的幅度谱。可以看出，随着旁瓣的减小，主瓣宽度反而增加了。图 7.9 所示则是利用这 5 种窗函数对 $N=51$，截止频率 $\omega_c = 0.5\pi$ 时设计的 FIR 数字滤波器的幅度特性。

表 7.2　窗函数性能表

窗函数	主瓣过渡区宽度	旁瓣峰值幅度 /dB	旁瓣下降速率(dB/ 倍频程)	最小阻带衰减 /dB
矩形窗	$4\pi/N = 1 \times 4\pi/N$	-13	-6	-21
三角窗	$8\pi/N = 2 \times 4\pi/N$	-25	-12	-25
汉宁窗	$8\pi/N = 2 \times 4\pi/N$	-31	-18	-44
海明窗	$8\pi/N = 2 \times 4\pi/N$	-41	-6	-53
布莱克曼	$12\pi/N = 3 \times 4\pi/N$	-57	-18	-74

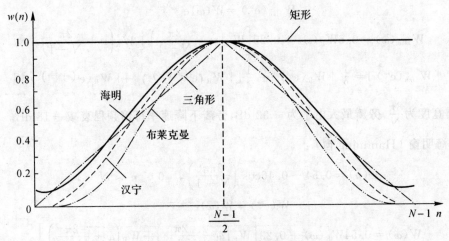

图 7.7　5 种常用窗函数的波形

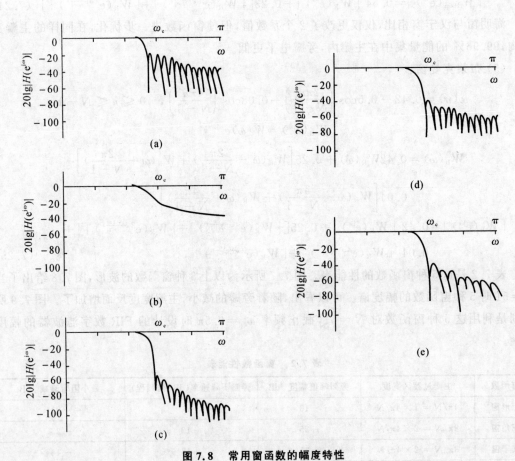

图 7.8　常用窗函数的幅度特性

(a)矩形窗；　(b)三角形窗；　(c)汉宁窗；　(d)海明窗；　(e)布莱克曼窗

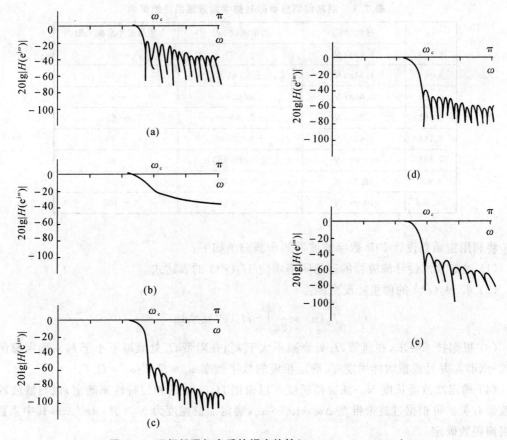

图 7.9　理想低通加窗后的幅度特性($N = 51, \omega_c = 0.5\pi$)

(a) 矩形窗；　(b) 三角形窗；　(c) 汉宁窗；　(d) 海明窗；　(e) 布莱克曼窗

(6) 凯塞窗：

$$w(n) = \frac{I_0\left\{w_a\sqrt{\left(\dfrac{N-1}{2}\right)^2 - \left[n - \left(\dfrac{N-1}{2}\right)\right]^2}\right\}}{I_0\left[w_a\left(\dfrac{N-1}{2}\right)\right]} \qquad (7.26)$$

式中，I_0 是第一类修正零阶贝塞尔函数；w_a 为调整参数，一般有

$$4 < w_a < 9$$

当 $w_a = 5.44$ 时，窗函数接近海明窗；当 $w_a = 7.865$ 时，窗函数接近布莱克曼窗，凯塞窗的幅度函数为

$$W_k(w) = w_k(0) + 2\sum_{n=1}^{(N-1)/2} w_k(n)\cos wn \qquad (7.27)$$

这种窗函数在不同 w_a 值时的性能归纳在表 7.3 中。

除以上种窗函数外，还有其他很多窗函数，比较有名的有切比雪夫窗和高斯窗等，限于篇幅，本书不再列出。

表 7.3 凯塞窗调整参数对数字滤波器的性能影响

w_a	过渡带宽	通带波纹 /dB	阻带最小衰减 /dB
2.120	$3.00\pi/N$	± 0.27	-30
3.384	$4.46\pi/N$	$\pm 0.086\,4$	-40
4.538	$5.86\pi/N$	$\pm 0.027\,4$	-50
5.568	$7.24\pi/N$	$\pm 0.008\,68$	-60
6.764	$8.64\pi/N$	$\pm 0.002\,75$	-70
7.865	$10.0\pi/N$	$\pm 0.000\,868$	-80
8.960	$11.4\pi/N$	$\pm 0.000\,275$	-90
10.056	$10.8\pi/N$	$\pm 0.000\,087$	-100

将利用窗函数设计 FIR 数字滤波器的步骤归纳如下：

(1) 确定要求设计滤波器的理想频率响应 $H_d(e^{j\omega})$ 的表达式。

(2) 求 $H_d(e^{j\omega})$ 的傅里叶反变换：

$$h_d(n) = \frac{1}{2\pi}\int_{-\pi}^{\pi} H_d(e^{j\omega}) e^{j\omega n}\, d\omega$$

(3) 根据技术要求(在通带 Ω_p 处衰减不大于 k_1；在阻带 Ω_s 处衰减不小于 k_2)，确定窗函数形式 $w(n)$。并且根据取样周期 T，确定相应的数字频率 $\omega_p = \Omega_p T$；$\omega_s = \Omega_s T$。

(4) 确定滤波器长度 N。滤波器长度可以根据 $H_d(e^{j\omega})$ 的相位特性来确定，也与滤波器的过渡带有关。可根据过渡带带宽 $\Delta w = w_s - w_p$，确定加窗宽度为 $N \geqslant P \cdot 4\pi/\Delta w$，其中系数 P 根据窗函数确定。

(5) 求所设计滤波器的单位取样响应 $h(n)$。

$$h(n) = h_d(n) \cdot \omega(n), \quad 0 \leqslant n \leqslant N-1$$

(6) 考察 $H(e^{j\omega})$ 的指标。

$$H(e^{j\omega}) = \sum_{n=0}^{N-1} h(n) e^{-j\omega n}$$

(7) 审核技术指标是否已经满足。如不满足，则重新选取较大的 N 进行步骤(5)(6)的计算；如果满足有余，则选取较小的 N 进行步骤(5)(6)项计算。

【例 7-1】 用窗函数法设计一线性相位 FIR 数字低通滤波器，并满足如下技术指标：$\Omega_p = 30\pi$ rad/s，衰减不大于 -3 dB；$\Omega_s = 46\pi$ rad/s，衰减不小于 -40 dB。

对模拟信号进行采样的周期 $T = 0.01$ s。

解 (1) 确定滤波器技术指标。

$$\omega_p = \Omega_p T = 30\pi \times 0.01 = 0.3\pi \text{ rad}, \quad \alpha_p = -3 \text{ dB}$$
$$\omega_s = \Omega_s T = 46\pi \times 0.01 = 0.46\pi \text{ rad}, \quad \alpha_s = -40 \text{ dB}$$

则理想数字滤波器频率响应为

$$H_d(e^{j\omega}) = \begin{cases} e^{-j\omega\alpha}, & |\omega| \leqslant 0.3\pi \\ 0, & 0.3\pi < |\omega| \leqslant \pi \end{cases}$$

式中 α 为常数，一般与 N 有关。

(2) 求积分。

$$h_d(n) = \frac{1}{2\pi} \int_{-\pi}^{\pi} H_d(e^{j\omega}) e^{j\omega n} \, d\omega = \frac{1}{2\pi} \int_{-0.3\pi}^{0.3\pi} e^{-j\omega\alpha} e^{j\omega n} \, d\omega = \frac{\sin\left[0.3\pi(n-\alpha)\right]}{\pi(n-\alpha)}$$

（3）根据阻带指标选择窗函数。查表可知，汉宁窗、海明窗和布莱克曼窗都满足阻带 40 dB 的衰减，选择汉宁窗，表达式为 $w(n)$，则设计的滤波器为

$$h(n) = h_d(n)w(n), \quad n = 0, 1, 2, \cdots, N-1$$

（4）确定滤波器长度 N。一般由线性相位的斜率 α 决定，若 α 未给定，N 可由过渡带确定，N 确定后，α 也就确定了，若 α 给定，N 也就确定了，它们关系为 $\alpha = \dfrac{N-1}{2}$。

此题过渡区宽度要求 $\Delta\omega \leqslant 0.46\pi - 0.3\pi = 0.10\pi$。

汉宁窗设计的滤波器过渡带宽度为 $\dfrac{8\pi}{N}$，则

$$\frac{8\pi}{N} \leqslant 0.16\pi$$

$$N \geqslant \frac{8}{0.16} = 50$$

选 $N = 51$，则 $\alpha = \dfrac{N-1}{2} = 25$。

（5）确定最终的滤波器设计结果。

$$h(n) = h_d(n)w(n) = \frac{\sin\left[0.3\pi(n-25)\right]}{\pi(n-25)}\left[0.5 - 0.5\cos\left(\frac{2\pi n}{50}\right)\right], \quad 0 \leqslant n \leqslant 50$$

设计完毕。

【例 7 - 2】　设计一个 FIR 线性相位高通数字滤波器，要求阻带衰减大于 50 dB，通带截止频率为 0.6π。

解　（1）根据题目，确定技术要求。此题未给阻带截止频率，只给了衰减要求。

$$\omega_p = 0.6\pi \text{ rad}, \quad \alpha_p = -3 \text{ dB}, \quad \alpha_s = -50 \text{ dB}$$

（2）确定 $H_d(e^{j\omega})$ 为

$$H_d(e^{j\omega}) = \begin{cases} e^{-j\omega\alpha}, & 0.6\pi < |\omega| \leqslant \pi \\ 0 & |\omega| \leqslant 0.6\pi \end{cases}$$

式中，α 为常数。

（3）求积分。

$$h_d(n) = \frac{1}{2\pi}\int_{-\pi}^{\pi} H_d(e^{j\omega})e^{j\omega n}\,d\omega = \frac{1}{2\pi}\int_{-\pi}^{-0.6\pi} e^{-j\omega\alpha}e^{j\omega n}\,d\omega + \frac{1}{2\pi}\int_{0.6\pi}^{\pi} e^{-j\omega\alpha}e^{j\omega n}\,d\omega =$$

$$\frac{2}{\pi(n-\alpha)}\cos\left[0.8\pi(n-\alpha)\right] \cdot \sin\left[0.2\pi(n-\alpha)\right]$$

（4）根据阻带要求，查表选择海明窗和布莱克曼窗可以满足要求，选海明窗，阻带衰减超过 54 dB，满足技术要求。

（5）确定滤波器长度。此题未给出过渡带要求，因此，滤波器长度 N 由 α 确定：$N = 2\alpha + 1$。

（6）确定最终的滤波器设计结果。

$$h(n) = h_d(n) \cdot w(n) =$$

$$\frac{2}{\pi(n-\alpha)}\cos\left[0.8\pi(n-\alpha)\right] \cdot \sin\left[0.2\pi(n-\alpha)\right] \cdot \left[0.54 - 0.46\cos\left(\frac{2\pi n}{N-1}\right)\right]$$

$$0 \leqslant n \leqslant N-1$$

设计完毕。

【例 7 - 3】 分别用矩形窗、汉宁窗和布莱克曼窗设计线性相位 FIR 低通数字滤波器,设 $N=11$,$\omega_c=0.2\pi(\mathrm{rad})$。

解 用理想低通作为逼近滤波器,按照【例 7 - 1】的设计结果,有

$$h_{\mathrm{d}}(n)=\frac{\sin\left[\omega_{\mathrm{c}}(n-a)\right]}{\pi(n-a)}, \quad 0 \leqslant n \leqslant 10$$

$$a=\frac{1}{2}(N-1)=5$$

$$h_{\mathrm{d}}(n)=\frac{\sin\left[0.2\pi(n-5)\right]}{\pi(n-5)}, \quad 0 \leqslant n \leqslant 10$$

用汉宁窗进行设计,则有

$$h(n)=h_{\mathrm{d}}(n)w_{\mathrm{Han}}(n), \quad 0 \leqslant n \leqslant 10$$

$$w_{\mathrm{Han}}(n)=0.5\left(1-\cos\frac{2\pi n}{10}\right)$$

用布莱克曼窗进行设计,则有

$$h(n)=h_{\mathrm{d}}(n)w_{\mathrm{B}}(n), \quad 0 \leqslant n \leqslant 10$$

$$w_{\mathrm{B}}(n)=\left(0.42-0.5\cos\frac{2\pi n}{10}+0.08\cos\frac{4\pi n}{10}\right)$$

求出三种加窗的 $h(n)$ 后,分别计算 $H(\mathrm{e}^{\mathrm{j}\omega})$,画它们的幅度特性如图 7.10 所示。

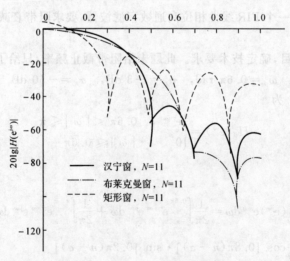

图 7.10 例 7 - 3 的低通幅度特性

例 7-3 表明,采用矩形窗时过渡带最窄,而阻带衰减最小;采用布莱克曼窗时过渡带最宽,但换来的是阻带衰减增大,过渡带性能可以简单依靠增加 N 来改善。

【例 7 - 4】 设计一个线性相位 FIR 数字差分器,逼近下列理想差分器的频率响应 $H_{\mathrm{d}}(\mathrm{e}^{\mathrm{j}\omega})$:

$$H_{\mathrm{d}}(\mathrm{e}^{\mathrm{j}\omega})=\mathrm{j}\omega, \quad |\omega| \leqslant \pi$$

取 $N=25$。

解　根据题意,进一步确定该差分器的理想线性相位特性为

$$H_d(e^{j\omega}) = \begin{cases} je^{-j\omega\alpha}, & \omega \geqslant 0 \\ -je^{-j\omega\alpha}, & \omega < 0 \end{cases}$$

其波形如图 7.11 所示,其中 $\alpha = (N-1)/2 = 12$。

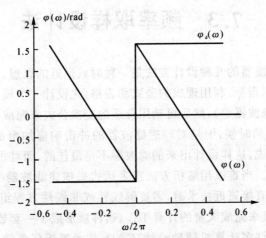

图 7.11　理想差分器频率响应示意图

差分器不是普通的选频滤波器,无明显的通带阻带之分。注意:图 7.11 中的理想相位特性关于 $\omega = 0$ 是奇对称的。

按步骤先求积分:

$$h_d(n) = \frac{1}{2\pi}\int_{-\pi}^{\pi} H_d(e^{j\omega})e^{j\omega n}d\omega = \frac{1}{2\pi}\int_{-\pi}^{0} -je^{-j\omega\alpha}e^{j\omega n}d\omega + \frac{1}{2\pi}\int_{0}^{\pi} je^{j\omega\alpha}e^{j\omega n}d\omega =$$

$$\frac{1}{n-\alpha}(-1)^{n-\alpha} = \frac{1}{n-12}(-1)^{n-12}$$

注意,$h_d(n)$ 是以 $n = 12$ 为奇对称的,因此 $h_d(12) = 0$。

本题中的滤波器不是普通的选频滤波器,未提出明确的技术指标要求,分别选矩形窗(曲线①)和海明窗(曲线②)来说明窗函数对滤波器性能的影响。图 7.12 所示是两种窗函数设计滤波器的频率响应。

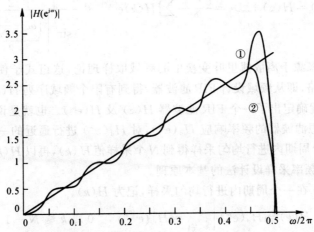

图 7.12　矩形窗和海明窗的 FIR 数字差分器频率响应

窗函数设计法的优点是概念简单、使用方便,但首先需要写出理想滤波器频率响应的解析表达式,然后进行积分求解,这在某些情况下不易做到,且边界频率不容易控制。尽管如此,窗函数法对多数选频滤波器还是普遍适用的,应用比较广泛。

7.3   频率取样设计法

前面讨论的数字滤波器的几种设计方法是一种时域逼近的思想,例如,在设计 IIR 数字滤波器的时候,是根据技术指标,利用现成的公式和表格,先设计一个模拟原型低通滤波器(巴特沃什、切比雪夫或椭圆滤波器等),然后再选用合适的变换公式来完成各种数字滤波器的设计。在设计 FIR 数字滤波器的时候,则是对理想滤波器的冲击响应加窗的方法来设计,以达到给定的技术要求。一般来说,这样设计出来的滤波器不是最佳的,而且很难设计出满足任意频率响应指标的数字滤波器。当难以用解析方法或表达式来描述滤波器的时候,就不得不采用直接逼近的方法。在采用直接逼近技术时,需要解线性或非线性方程组。在求解这些方程组的参数时,经常需要计算机来完成大量的计算工作,这样就形成了一套数字滤波器的计算机辅助设计方法。目前已经有许多计算机辅助设计(CAD)技术逼近任意频率特性的方法,包括 IIR 数字滤波器的最小均方误差法、最小平方逆设计法;FIR 数字滤波器的频率采样法、切比雪夫等波纹逼近法等。本节和下节将介绍频率采样法和切比雪夫等波纹逼近法设计 FIR 数字滤波器的思路及特性。

一个 FIR 滤波器的单位取样响应 $h(n)$ 是有限长序列,N 点有限长序列可以用它的 N 点离散傅里叶变换精确表示,利用前面得到的结论,可以用 $h(n)$ 的 DFT 结果 $H(k)$ 来表示 $h(n)$ 和 $H(z)$ 及 $H(e^{j\omega})$,即

$$h(n) = \frac{1}{N} \sum_{k=0}^{N-1} H(k) e^{j\frac{2\pi}{N}nk}, \quad 0 \leqslant n \leqslant N-1 \tag{7.28}$$

$$H(z) = \frac{1-z^{-N}}{N} \sum_{k=0}^{N-1} \frac{H(k)}{1-e^{j(\frac{2\pi}{N})k}z^{-1}} \tag{7.29}$$

$$H(e^{j\omega}) = H(z) \Big|_{z=e^{j\omega}} = \frac{e^{-j\omega\frac{N-1}{2}}}{N} \sum_{k=0}^{N-1} H(k) e^{j\pi k(1-\frac{1}{N})} \frac{\sin\left[\frac{N\left(\omega-\frac{2\pi}{N}k\right)}{2}\right]}{\sin\left[\frac{\left(\omega-\frac{2\pi}{N}k\right)}{2}\right]} \tag{7.30}$$

上面这组式子来源于离散傅里叶变换中的频域取样理论,这组式子使人联想到设计 FIR 滤波器的另一种思路,即从频域设计 FIR 滤波器,得到有限个频域序列 $H(k)$,就可以确定一个有限长的 $h(n)$,也就确定出了一个 FIR 滤波器 $H(z)$ 及 $H(e^{j\omega})$。也就是说,直接从频域入手,使得 $H(k)$ 逼近理想滤波器的频率响应 $H_d(e^{j\omega})$,对 $H_d(e^{j\omega})$ 进行逼近的一种最直接的方法就是在 $H_d(e^{j\omega})$ 的一个周期内进行均匀采样得到 N 个采样值 $H(k)$,再以 $H(k)$ 构成 FIR 滤波器,这就是 FIR 滤波器频率采样设计法的基本原理。

首先对 $H_d(e^{j\omega})$ 在一个周期内进行均匀采样,记为 $H(k)$。

$$H(k) = H_d(e^{j\omega})\Big|_{\omega=\frac{2\pi}{N}k} = H_d(e^{j\frac{2\pi}{N}k}), \quad 0 \leqslant k \leqslant N-1 \tag{7.31}$$

$H(k)$ 确定后,就可以确定 $h(n)$ 和 $H(z)$ 及 $H(e^{j\omega})$,这样就可以得到一个逼近理想滤波器 $H_d(z)$ 或 $H_d(e^{j\omega})$ 的 FIR 滤波器 $H(z)$ 或 $H(e^{j\omega})$,至少在频率采样点上,它们具有相同的频率响应,即

$$H(e^{j\frac{2\pi}{N}k}) = H_d(e^{j\frac{2\pi}{N}k}) \tag{7.32}$$

在采样点之间的频率响应它们是不相同的,$H(e^{j\omega})$ 是由这些采样点内插出来的。

频率采样设计法的原理是比较简单的,但在确定滤波器的线性相位时,要注意采样时 $H(k)$ 的幅度和相位一定要遵循线性相位的约束条件。

$H(e^{j\omega})$ 可写成

$$H(e^{j\omega}) = e^{-j\frac{N-1}{2}\omega}H(\omega) \tag{7.33}$$

其中

$$H(\omega) = \sum_{k=0}^{N-1} H_d(k) e^{j(N-1)\frac{k\pi}{N}} \frac{\sin\left[\dfrac{N(\omega - \dfrac{2\pi}{N}k)}{2}\right]}{N\sin\left[\dfrac{(\omega - \dfrac{2\pi}{N}k)}{2}\right]}$$

式中,$H_d(k)$ 为对 $H_d(e^{j\omega})$ 的采样。

要保证 $H(e^{j\omega})$ 为线性相位,$H(\omega)$ 必须为实数,即

$$H_d(k) e^{j(N-1)\frac{k\pi}{N}} = 实数 \tag{7.34}$$

考虑 $|H_d(k)| = 1$,式(7.34)等效为

$$H_d(k) = e^{-j(N-1)\frac{k\pi}{N}}, \quad 通带内 \tag{7.35}$$

根据 DFT 性质,要保证 $h(n)$ 为实数,$H_d(k)$ 必须为共轭偶对称,即

$$H_d(k) = H_d^*(-k) = H_d^*(N-k) \tag{7.36}$$

或

$$H_d(k) = H_d(N-k) \tag{7.37}$$

则有

$$H_d(N-k) = e^{-j(N-1)\frac{(N-k)}{N}\pi} = e^{-j(N-1)\pi} e^{j\frac{(N-1)k\pi}{N}} = e^{-j(N-1)\pi} H_d^*(k) \tag{7.38}$$

当 N 为偶数时,$e^{-j(N-1)\pi} = -1$,此时

$$H_d(N-k) = -H_d^*(k) \tag{7.39}$$

当 N 为奇数时,$e^{-j(N-1)\pi} = 1$,此时

$$H_d(N-k) = H_d^*(k) \tag{7.40}$$

当 N 为偶数时,若按式(7.40)求出 $H_d(k)$ 值,$H_d(k)$ 不满足共轭偶对称关系,得到的 $h(n)$ 不是一个实数,因此,可修改为下式:

N 为偶数,有

$$H_d(k) = \begin{cases} e^{-j(N-1)\frac{k\pi}{N}}, & 0 \leqslant k \leqslant \dfrac{N}{2} - 1 \\ 0, & k = \dfrac{N}{2} \\ -e^{-j(N-1)\frac{k\pi}{N}}, & \dfrac{N}{2} + 1 \leqslant k \leqslant N-1 \end{cases} \tag{7.41}$$

或

$$H_d(k) = \begin{cases} H_d(k) = e^{-j\frac{k\pi}{N}}, & 0 \leqslant k \leqslant \dfrac{N}{2} - 1 \\ H_d(N-k) = H_d^*(k), & 1 \leqslant k \leqslant \dfrac{N}{2} - 1 \\ H_d(k) = 0, & k = \dfrac{N}{2} \end{cases} \tag{7.42}$$

N 为奇数,有

$$H_d(k) = e^{-j(N-1)\frac{k\pi}{N}}, \quad k = 0,1,2,\cdots,N-1 \tag{7.43}$$

或

$$\left. \begin{aligned} H_d(k) &= e^{-j(N-1)\frac{k\pi}{N}}, & 0 \leqslant k \leqslant \dfrac{N-1}{2} \\ H_d(N-k) &= H_d(k), & 1 \leqslant k \leqslant \dfrac{N-1}{2} \end{aligned} \right\} \tag{7.44}$$

当 N 为偶数时,由于 $H_d\left(\dfrac{N}{2}\right) = 0$,因此,$N$ 为偶数的情况不适用来设计高通和带阻滤波器。

下面归纳出 FIR 滤波器的频率采样设计法的步骤:

(1) 根据所要求的滤波器类型,根据 N 是偶数还是奇数指定 $H_d(k)$,在阻带内,$H_d(k) = 0$。

(2) 根据 $H_d(k)$ 构成滤波器的 $H(z)$ 和 $H(e^{j\omega})$,并考察 $H(e^{j\omega})$ 的指标是否满足要求。

【例 7-5】 采用频率采样法设计一个低通 FIR 滤波器,通带截止频率为 0.2π,$N = 20$。

解 此题 N 为偶数,$H_d(e^{j\omega})$ 在一个周期内的取样间隔为 $\dfrac{2\pi}{20} = 0.1\pi$。因此,$0 \sim 0.2\pi$ 的通带内只能取 2 个点,$H_d(k)$ 按下式取样:

$$H_d(0) = 1$$
$$H_d(1) = e^{-j\frac{19\pi}{20}}$$
$$H_d(2) = H_d(3) = \cdots = H_d(18) = 0$$
$$H_d(19) = -e^{-j\frac{19(20-1)\pi}{20}} = e^{j\frac{19\pi}{20}} = H_d(1)$$

对 $H_d(k)$ 求 IDFT,得 $h(n)$:

$$h(0) = h(19) = -0.048\,77, \quad h(1) = h(18) = -0.039\,1$$
$$h(2) = h(17) = -0.020\,7, \quad h(3) = h(16) = 0.004\,6$$
$$h(4) = h(15) = 0.034\,36, \quad h(5) = h(14) = 0.065\,6$$
$$h(6) = h(13) = 0.095\,4, \quad h(7) = h(12) = 0.120\,71$$
$$h(8) = h(11) = 0.139\,1, \quad h(9) = h(10) = 0.148\,77$$

从以上结果可以看到,$h(n)$ 是关于 $\dfrac{N-1}{2} = \dfrac{19}{2} = 9.5$ 偶对称的。这正是 $H(e^{j\omega})$ 为线性相位的条件之一。

由 $h(n)$ 可以求出滤波器的频率响应 $H(e^{j\omega})$,幅频响应如图 7.13 中曲线 ① 所示。从图 7.13 中看出,与理想滤波器相比,所设计的滤波器在通带和阻带内出现了较大的波纹起伏,使滤波器的通带平坦性和阻带衰减性变差,要改善通带平坦性和阻带的衰减性,仅仅增加取样点

数 N 是不行的，N 增加，只能改变通带和阻带的起伏频率。而对起伏的电平大小没有影响，但 N 的增加可以改善滤波器的过渡带。减小波纹起伏的一个有效措施是在频域取样时，在通带和阻带交界处人为加若干过渡点，例如例 7-5 中，可取

$$H_d(2) = 0.5e^{-j\frac{19\times2\pi}{20}}$$

$$H_d(18) = 0.5e^{-j\frac{19\times2\pi}{20}}$$

再求 $h(n)$ 和 $H(e^{j\omega})$，幅频响应如图 7.13 中的曲线 ② 所示，从图中看出，加了过渡点 $H_d(2)$ 和 $H_d(18)$ 后，波纹起伏减小了，通带平坦性和阻带衰减性得到了改善。

上面对 $H_d(2)$ 的幅值指定为 0.5，对 $H(e^{j\omega})$ 的性能改善不一定是最优的，也可以指定为 0.4，0.3 或是其他值。一般来说，可以是 0～1 之间的任意值。增加一个过渡点对滤波器的性能改善是有限的，若希望得到更大的改进，可以采用多个过渡点的办法，例如，将 $H(2)$ 指定为 $0.7e^{-j19\times\frac{2\pi}{20}}$，将 $H(3)$ 指定为 $0.35e^{-j19\times\frac{3\pi}{20}}$，得到的滤波器的波纹起伏要更小一些，滤波器的性能要更好。

频率采样设计法在原理上并不复杂，还可以借用 FFT 来快速求解 $h(n)$，通过改变 N 和设置过渡点一般都能得到满意的结果。这种设计方法的缺点与窗函数设计法类似，就是不易精确确定通带和阻带的边界频率。频率采样法设计数字滤波器最大的优点是直接从频率域进行设计，比较直观，也适合于设计具有任意幅度特性的滤波器。但边界频率不容易控制，如果增加采样点数 N，对确定边界频率有好处，但 N 加大会增加滤波器的成本。

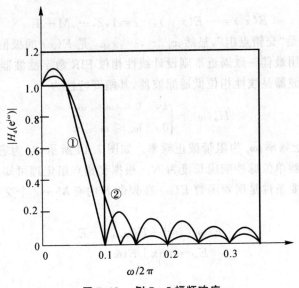

图 7.13　例 7-5 幅频响应

7.4　切比雪夫逼近设计法

切比雪夫逼近法是一种等波纹逼近法，它使误差在整个频带均匀分布。对相同的技术指标，这种滤波器所需要的阶数低，而对相同的滤波器阶数，这种切比雪夫逼近法的最大误差

最小。

切比雪夫最佳一致逼近的基本思想是：对于给定区间 $[a,b]$ 上连续函数 $f(x)$，在所有 M 次多项式的集合 P_M 中，寻找一多项式 $\hat{p}(x)$，使它在 $[a,b]$ 上对 $f(x)$ 的偏差和其他一切属于 P_M 的多项式 $p(x)$ 对 $f(x)$ 的偏差相比是最小的，即

$$\max_{a\leqslant x\leqslant b}|\hat{p}(x)-f(x)|=\min\{\max_{a\leqslant x\leqslant b}|p(x)-f(x)|\} \tag{7.45}$$

切比雪夫逼近理论指出，这样的多项式是存在的且是唯一的，并指出了构造这种最佳一致逼近多项式的方法，就是著名的"交错点组定理"。

设 $f(x)$ 是定义在区间 $[a,b]$ 上的连续函数，$p(x)$ 为 P_M 中一个阶次不超过 M 的多项式，并令

$$E_M=\max_{a\leqslant x\leqslant b}|p(x)-f(x)|$$

和

$$E(x)=p(x)-f(x)$$

$p(x)$ 是 $f(x)$ 最佳一致逼近多项式的充要条件是：$p(x)$ 在 $[a,b]$ 至少存在 $M+2$ 个交错点：

$$a\leqslant x_1\leqslant x_2\leqslant\cdots\leqslant x_{M+2}\leqslant b$$

使得

$$E(x_i)=\pm E_M,\quad i=1,2,\cdots,M+2$$

及

$$E(x_i)=-E(x_{i+1}),\quad i=1,2,\cdots,M+1$$

这 $M+2$ 个点即是"交错点组"，显然 $x_1,x_2,\cdots,x_{M+2}$ 是 $E(x)$ 的极值点。

下面讨论如何利用最佳一致逼近准则设计线性相位 FIR 数字滤波器。

设希望设计的滤波器是线性相位低通滤波器，其幅度特性为

$$H_d(\omega)=\begin{cases}1,&0\leqslant\omega\leqslant\omega_p\\0,&\omega_s\leqslant\omega\leqslant\pi\end{cases} \tag{7.46}$$

式中，ω_p 之为通带截止频率；ω_s 为阻带截止频率。如图 7.14 所示，δ_1 为通带波纹峰值，δ_2 为阻带波纹峰值。设滤波器单位脉冲响应长度为 N。根据交错点组定理可知，$H_g(\omega)$ 对 $H_d(\omega)$ 唯一最佳一致逼近的充要条件是误差函数 $E(\omega)$ 在频带 F 内有 $M+2$ 个交错点频率：$\omega_0,\omega_1,\cdots,\omega_{M+1}$，从而使得

$$|E(\omega_i)|=|-E(\omega_{i+1})=E_n$$
$$E_n=\max_{\omega\in F}|E(\omega)|$$

且

$$\omega_0<\omega_1<\cdots<\omega_{M+1}$$

假设设计的是 $h(n)=h(n-N-1)$，N 为奇数的情况，则有

$$H(e^{j\omega})=e^{-j\frac{N-1}{2}\omega}H_g(\omega) \tag{7.47}$$

$$H_g(\omega)=\sum_{n=0}^{\frac{1}{2}(N-1)}a(n)\cos n\omega \tag{7.48}$$

$$E(\omega)=W(\omega)\left[H_d(\omega)-\sum_{n=0}^{M}a(n)\cos n\omega\right] \tag{7.49}$$

由此可得

$$
\left.\begin{aligned}
W(\omega_k)\left[H_d(\omega_k) - \sum_{n=0}^{M} a(n)\cos n\omega_k\right] &= (-1)^k \rho \\
\rho = \max_{\omega \in F} x \mid E(\omega) \mid, \quad k &= 0,1,2,\cdots,M+1
\end{aligned}\right\}
\tag{7.50}
$$

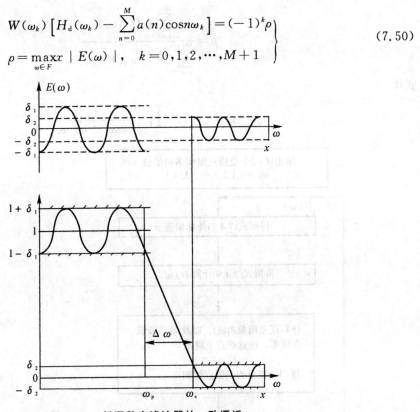

图 7.14　低通数字滤波器的一致逼近

其中 $W(\omega)$ 是为通带或阻带要求不同的逼近精度而设计的误差加权函数,将式(7.50)写成矩阵形式为

$$
\begin{bmatrix}
1 & \cos\omega_0 & \cos 2\omega_0 & \cdots & \cos M\omega_0 & \dfrac{1}{W(\omega_0)} \\
1 & \cos\omega_1 & \cos 2\omega_1 & \cdots & \cos M\omega_1 & \dfrac{-1}{W(\omega_1)} \\
1 & \cos\omega_2 & \cos 2\omega_2 & \cdots & \cos M\omega_2 & \dfrac{1}{W(\omega_2)} \\
\vdots & \vdots & \vdots & & \vdots & \vdots \\
1 & \cos\omega_{M+1} & \cos 2\omega_{M+1} & \cdots & \cos M\omega_{M+1} & \dfrac{(-1)^{M+1}}{W(\omega_{M+1})}
\end{bmatrix}
\begin{bmatrix}
a(0) \\ a(1) \\ a(2) \\ \vdots \\ a(M) \\ \rho
\end{bmatrix}
=
\begin{bmatrix}
H_d(\omega_0) \\ H_d(\omega_1) \\ H_d(\omega_2) \\ \vdots \\ H_d(\omega_M) \\ H_d(\omega_{M+1})
\end{bmatrix}
\tag{7.51}
$$

解式(7.51),可以唯一求出 $a(n)$,以及加权误差最大绝对值 ρ。由 $a(n)$ 可以求出滤波器的 $h(n)$。但实际上这些 $h(n)$ 是不知道的,且求解式(7.51)是比较困难的。在这里经常用的是数值分析中的雷米兹(Remez)算法,它依靠一次次迭代求得一组交错点组频率,而且每一次迭代过程都避免直接求解式(7.51)。图 7.15 所示是这种算法的流程图。下面是这种算法的步骤。

第一步:首先在频域内等间隔地取 $M+2$ 个频率 $\omega_0,\omega_1,\cdots,\omega_{M+1}$ 作为交错点组的初始猜测

值,然后按照下式计算 ρ:

$$\rho = \frac{\sum\limits_{k=0}^{M+1} a_k H_d(\omega_k)}{\sum\limits_{k=0}^{M+1} (-1)^k a_k / W(\omega_k)} \qquad (7.52)$$

式中

$$a_k = (-1)^k \prod_{i=0, j \neq k}^{M+1} \frac{1}{\cos\omega_i - \cos\omega_k} \qquad (7.53)$$

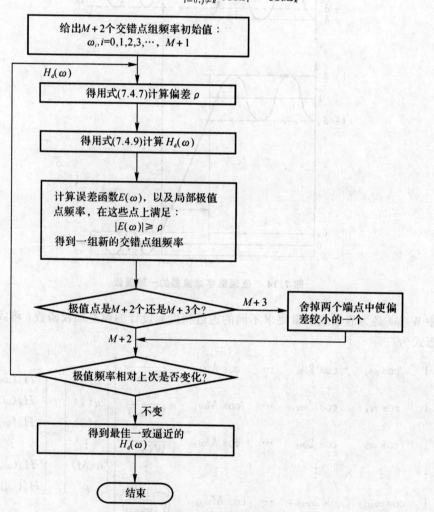

图 7.15　雷米兹算法的流程图

把 $\omega_0, \omega_1, \cdots, \omega_{M+1}$ 代入式(7.52)和式(7.53),可以求出 ρ,它是相对第一次指定的交错点组所产生的偏差,实际上就是 δ_2。这时的 ρ 当然不是最佳偏差,现在利用重心形式的拉格朗日插值公式,在不求出 $a(0), a(1), \cdots, a(M)$ 的情况下,得到一个 $H_g(\omega)$,即

$$H_g(\omega) = \frac{\sum_{k=0}^{M} \left(\dfrac{\beta_0}{\cos\omega - \cos\omega_k} \right) C_k}{\sum_{k=0}^{M} \dfrac{\beta_k}{\cos\omega - \cos\omega_k}} \tag{7.54}$$

式中

$$C_k = H_d(\omega_k) - (-1)^k \frac{\rho}{W(\omega_k)}, \quad k = 0, 1, \cdots, M \tag{7.55}$$

$$\beta_k = (-1)^k \prod_{i=0, j\neq i}^{M+1} \prod_{k i=0, j\neq i}^{M+1} \frac{1}{\cos\omega_i - \cos\omega_j} \tag{7.56}$$

把 $H_g(\omega)$ 代入式(7.49)，求出误差函数 $E(\omega)$。 如果对所有 $\omega_0, \omega_1, \cdots, \omega_{M+1}$ 都有 $|E(\omega)| \leqslant |\rho|$，那么说明 ρ 是波纹的极值，$\omega_0, \omega_1, \cdots, \omega_{M+1}$ 是交错点组。但第一次估计一般不会恰好如此，总有 $|E(\omega)| > |\rho|$，所以需要交换上次交错点组中的一些点，得到一组新的交错点组。

第二步：对上次确定的 $\omega_0, \omega_1, \cdots, \omega_{M+1}$ 的每一点进行检查，看其附近是否存在某一频率 $|E(\omega)| > |\rho|$，如有，在该点附近找出局部极值点，并且用该点代替原来的点。待 $M+2$ 个点都检查过以后，便得到新的交错点组 $\omega_0, \omega_1, \cdots, \omega_{M+1}$，再利用式(7.52)～式(7.56)求出 ρ，$H_g(\omega)$ 和 $E(\omega)$，于是完成一次迭代，同时完成一次交错点组的交换。

第三步：利用与第二步相同的方法，把所有 $|E(\omega)| > |\rho|$ 的点作为新的局部极值点，得到一组新的交错点组。

重复上述步骤。因为新的交错点组的选择都是作为每一次求出的 $E(\omega)$ 的局部极值点，因此，在迭代中，每次的 $|\rho|$ 都是递增的。ρ 最后收敛到自己的上限，此时，$H_g(\omega)$ 最佳一致逼近 $H_d(\omega)$。然后再按式(7.54)求出 $H_g(\omega)$，再由 $H_g(\omega)$ 求出 $h(n)$。这里要说明的是在雷米兹算法中，已知条件是 N，ω_p 和 ω_s，而 δ_1 和 δ_2 是可变的，在迭代过程中可最佳确定。另外，指定 ω_p 和 ω_s 作为极值频率，最多会出现 $M+3$ 个极值频率，因为采用交错点组准则，只需要 $M+2$ 个，这里去掉频率在 $0 \sim \pi$ 之间呈现较小误差的频率点，仍选 $M+2$ 个交错点组频率。

前面讨论过当 N 分别为奇数和偶数以及 $h(n)$ 分别为奇对称和偶对称时，线性相位 FIR 数字滤波器有四种不同形式。上面关于最佳一致逼近的讨论是基于 N 为奇数且 $h(n)$ 为偶对称的，这时 $H_g(\omega)$ 为一余弦函数的组合式(7.48)。为了对其他三种情况也能使用上述公式设计最佳滤波器，需要对它们的表达式做些改动，使得有与式(7.48)相同的表达形式。它们的幅度特性 $H_g(\omega)$ 分别如下：

(1)N 为奇数，$h(n)$ 为偶对称时：

$$H_g(\omega) = \sum_{n=0}^{\frac{1}{2}(N-1)} a(n)\cos n\omega \tag{7.57}$$

(2)N 为偶数，$h(n)$ 为偶对称时：

$$H_g(\omega) = \sum_{n=1}^{\frac{1}{2}N} b(n)\cos\left[\left(n - \frac{1}{2}\right)\omega\right] \tag{7.58}$$

(3)N 为奇数，$h(n)$ 为奇对称时：

$$H_g(\omega) = \sum_{n=0}^{\frac{1}{2}(N-1)} c(n)\sin n\omega \tag{7.59}$$

(4) N 为偶数，$h(n)$ 为奇对称时：

$$H_g(\omega) = \sum_{1}^{\frac{1}{2}N} d(n)\sin\left[\left(n-\frac{1}{2}\right)\omega\right] \tag{7.60}$$

对这四种形式分别做一些推导：

由式(7.57) 可得

$$H_g(\omega) = \sum_{n=0}^{M} a(n)\cos(n\omega), \quad M=\frac{N-1}{2} \tag{7.61}$$

由式(7.58) 可得

$$H_g(\omega) = \cos\left(\frac{\omega}{2}\right)\sum_{n=1}^{M} \tilde{b}(n)\cos(n\omega), \quad M=\frac{N}{2} \tag{7.62}$$

由式(7.59) 可得

$$H_g(\omega) = \sin(\omega)\sum_{n=0}^{M} \tilde{c}(n)\cos(n\omega), \quad M=\frac{N-1}{2} \tag{7.63}$$

由式(7.60) 可得

$$H_g(\omega) = \sin\left(\frac{\omega}{2}\right)\sum_{n=1}^{M} \tilde{d}(n)\cos(n\omega), \quad M=\frac{N}{2} \tag{7.64}$$

这样经过推导可以把 $H_g(\omega)$ 统一表示为

$$H_g(\omega) = Q(\omega)P(\omega) \tag{7.65}$$

其中 $P(\omega)$ 是系数不同的余弦函数的组合式，$Q(\omega)$ 是不同的常数，将上述情况归纳总结在表 7.4 中。

表 7.4　线性相位 FIR 数字滤波器四种情况表

表达式		$H_g(\omega)$	$P(\omega)$	$Q(\omega)$	M
$h(n)$ 偶对称	N 奇数	$\sum_{n=0}^{M} a(n)\cos n\omega$	$\sum_{n=0}^{M} a(n)\cos n\omega$	1	$(N-1)/2$
	N 偶数	$\sum_{n=0}^{M} b(n)\cos\left[\left(n-\frac{1}{2}\right)\omega\right]$	$\sum_{n=1}^{M} \tilde{b}(n)\cos(n\omega)$	$\cos(\omega/2)$	$N/2$
$h(n)$ 奇对称	N 奇数	$\sum_{n=0}^{M} c(n)\sin n\omega$	$\sum_{n=0}^{M} \tilde{c}(n)\cos(n\omega)$	$\sin\omega$	$(N-1)/2$
	N 偶数	$\sum_{n=0}^{M} d(n)\sin\left[\left(n-\frac{1}{2}\right)\omega\right]$	$\sum_{n=1}^{M} \tilde{d}(n)\cos(n\omega)$	$\sin(\omega/2)$	$N/2$

表 7.4 中 $b(n)$，$c(n)$ 及 $d(n)$ 与原系数 $\tilde{b}(n)$，$\tilde{c}(n)$ 及 $\tilde{d}(n)$ 之间的关系为

$$\left.\begin{aligned}
b(1) &= \tilde{b}(0) + \frac{1}{2}\tilde{b}(1) \\
b(n) &= \frac{1}{2}[\tilde{b}(n-1) + \tilde{b}(n)] \\
b(M) &= \frac{1}{2}\tilde{b}(M-1) \\
&\quad n = 2,3,\cdots,M-1
\end{aligned}\right\} \tag{7.66}$$

$$c(1) = \tilde{c}(0) - \frac{1}{2}\tilde{c}(1)$$

$$c(n) = \frac{1}{2}[\tilde{c}(n-1) - \tilde{c}(n)]$$

$$c(M-1) = \frac{1}{2}\tilde{c}(M-2) \tag{7.67}$$

$$c(M) = \frac{1}{2}\tilde{c}(M-1)$$

$$n = 2, 3, \cdots, M-2$$

$$d(1) = \tilde{d}(0) - \frac{1}{2}\tilde{d}(1)$$

$$d(n) = \frac{1}{2}[\tilde{d}(n-1) - \tilde{d}(n)] \tag{7.68}$$

$$d(M) = \frac{1}{2}\tilde{d}(M-1)$$

$$n = 2, 3, \cdots, M-1$$

我们将切比雪夫最佳一致逼近法设计 FIR 数字滤波器的步骤归纳如下：

(1) 输入滤波器技术要求：$N, H_d(\omega), W(\omega)$；

(2) 按照要求的滤波器类型求出 $\hat{H}_d(\omega), \hat{W}(\omega), P(\omega)$；

(3) 给出 $M+2$ 个交错点组频率初始值 $\omega_0, \omega_1, \cdots, \omega_{M+1}$；

(4) 调用雷米兹算法程序求解最佳极值频率和 $P(\omega)$ 系数；

(5) 计算单位脉冲响应 $h(n)$；

(6) 输出最佳误差和 $h(n)$。

7.5　IIR 数字滤波器与 FIR 数字滤波器比较

前面分别详细讨论了 IIR 数字滤波器和 FIR 数字滤波器的设计方法，下面对这两种数字滤波器的特点进行总结。

IIR 数字滤波器的主要优点是：

(1) 可以利用一些现有的公式和系数表设计选频滤波器。通常只要将技术指标代入设计方程组就可以设计出原型滤波器，然后在利用相应的变换公式求得所需要的滤波器系统函数的系数，设计方法简单。

(2) 在满足一定技术要求和幅频响应的情况下，IIR 数字滤波器设计成为具有递归运算的环节。所以它的阶次一般比 FIR 数字滤波器低，所用的存储单元少，滤波器处理延时小。

IIR 数字滤波器的主要缺点是：

(1) 一般只能设计有限频段的低通、高通、带通和带阻等普通的选频滤波器，除幅频特性可以满足技术要求外，它们的相频特性往往是非线性的，不适合对相位特性有严格要求的应用场合。

(2) 由于 IIR 数字滤波器采用了递归型结构，系统存在极点，因此设计系统函数时，必须把所有的极点放在单位圆内，否则系统不稳定。

FIR 数字滤波器的主要优点是：

(1)可以设计出具有严格线性相位的 FIR 数字滤波器，应用范围更大。

(2)由于 FIR 数字滤波器没有递归运算，因此不论在理论还是实际应用中，都不存在系统的稳定性问题。

(3)FIR 数字滤波器可以采用快速傅里叶变换实现快速卷积运算，在相同阶数的条件下运算速度快。

FIR 数字滤波器的主要缺点是：

(1)虽然可以采用加窗方法或频率采样等简单方法设计 FIR 数字滤波器，但往往在过渡带上和阻带衰减上难以满足要求，因此不得不多次迭代或者计算机辅助设计，从而使得设计过程变得复杂。

(2)在相同频率特性情况下，FIR 数字滤波器阶次比较高，存储单元多，处理延时大，成本较高。

从上面的比较可以看出 IIR 数字滤波器和 FIR 数字滤波器各有所长，所以在实际应用时候应该从多方面考虑加以选择。例如，在对于相位要求不敏感的场合，如一些检测信号、语音通信等应用，可以选用 IIR 数字滤波器，这样可以充分发挥其经济高效的特点，而对于图像处理、数据传输等以波形携带信息的应用场合，对线性相位要求高，这时应该采用 FIR 数字滤波器。

本章知识要点

(1)线性相位 FIR 数字滤波器的特性。

(2)两种线性相位的充要条件。

(3)FIR 数字滤波器的窗函数设计方法的原理、步骤和特点。

(4)FIR 数字滤波器频率取样设计法、切比雪夫逼近设计法的特点。

(5)FIR 和 IIR 数字滤波器的性能比较。

习 题

7.1 已知 FIR 滤波器的单位脉冲响应为

(1)$h(n)$ 长度 $N=6$，$h(n)=\{1.5,2,3,3,2,1.5\}$。

(2)$h(n)$ 长度 $N=7$，$h(n)=\{3,-2,1,0,-1,2,-3\}$。

试分别说明它们的幅度特性和相位特性各有什么特点。

7.2 已知第一类线性相位 FIR 滤波器的单位脉冲响应长度为16，其16个频域幅度采样值中的前9个为

$$H_g(k)=\{12,8.34,3.79,0,0,0,0,0,0\}, \quad k=0,1,\cdots,8$$

根据第一类线性相位 FIR 滤波器幅度特性 $H_g(\omega)$ 的特点，求其余 7 个频域幅度采样值。

7.3 试证明一个 N 阶 FIR 滤波器的单位脉冲响应 $h(n)$ 满足下列条件之一者亦为线性相

位滤波器。

(1) N 为偶数,$h(n) = -h(N-1-n)$。

(2) N 为奇数,$h(n) = \left[h(N-1-n), h\left(\dfrac{N-1}{2} \right) \right] = 0$。

7.4　假设一个数字系统其输出序列 $y(n)$ 和输入序列 $x(n)$ 之间满足下列关系,试求该系统的频率响应并画出幅频特性曲线:

(1) $y(n) = [x(n) + x(n+1) + x(n+2) + x(x+3)]/4$

(2) $y(n) = \dfrac{1}{8} \displaystyle\sum_{k=0}^{7} x(n+k)$

(3) $y(n) = x(n) - 2x(n+1) + x(n+2)$

7.5　设 FIR 滤波器的系统函数为

$$H(z) = \frac{1 + 0.9z^{-1} + 2.1z^{-2} + 0.9z^{-3} + z^{-4}}{10}$$

求出该滤波器的单位脉冲响应 $h(n)$,判断其是否具有线性相位特性,求出其幅度特性函数和相位特性函数。

7.6　用矩形窗设计线性相位低通 FIR 滤波器,要求过渡带宽度不超过 0.125π rad,希望逼近的理想低通滤波器频率响应函数 $H_d(e^{j\omega})$ 为

$$H_d(e^{j\omega}) = \begin{cases} e^{-j\omega\alpha}, & 0 \leqslant |\omega| \leqslant \omega_c \\ 0, & \omega_c < |\omega| \leqslant \pi \end{cases}$$

(1) 求出理想低通滤波器的单位脉冲响应 $h_d(n)$。

(2) 求出加矩形窗设计的低通 FIR 滤波器的单位脉冲响应 $h(n)$ 的表达式,确定 α 与 N 之间的关系。

(3) 简述 N 取奇数或者偶数对滤波特性的影响。

7.7　给定一理想低通 FIR 滤波器的频率特性:

$$H_d(e^{j\omega}) = \begin{cases} e^{-j\omega\alpha}, & |\omega| \leqslant 0.25\pi \\ 0, & 0.25\pi \leqslant |\omega| \leqslant \pi \end{cases}$$

现采用窗函数设计该滤波器,要求具有线性相位,滤波器系数的长度 N 为 29,分别采用矩形窗和海明窗进行设计,给出设计结果。

7.8　用矩形窗设计线性相位高通 FIR 滤波器,要求过渡带宽度不超过 0.1π rad,希望逼近的理想高通滤波器频率响应函数 $H_d(e^{j\omega})$ 为

$$H_d(e^{j\omega}) = \begin{cases} e^{-j\omega\alpha}, & \omega_c \leqslant |\omega| \leqslant \pi \\ 0, & 其他 \end{cases}$$

(1) 求出理想高通滤波器的单位脉冲响应 $h_d(n)$。

(2) 求出加矩形窗设计的高通 FIR 滤波器的单位脉冲响应 $h(n)$ 的表达式,确定 α 与 N 之间的关系。

(3) 简述 N 的取值有什么限制及其原因。

7.9　理想带通特性为

$$H_d(e^{j\omega}) = \begin{cases} e^{-j\omega\alpha}, & \omega_c \leqslant |\omega| \leqslant \omega_c + B \\ 0, & 其他 \end{cases}$$

(1) 求出该理想带通滤波器的单位脉冲响应 $h_d(n)$。

(2) 写出用升余弦窗设计的带通滤波器的单位脉冲响应 $h(n)$ 的表达式,确定 α 与 N 之间的关系。

(3) 要求过渡带宽度不超过 $\pi/16$ rad, N 的取值是否有限制? 为什么?

7.10 对下面每一种滤波器指标,选择满足 FIR 数字滤波器设计要求的窗函数类型和长度:

(1)阻带衰减为 20 dB,过渡带宽度为 1 kHz,采样频率为 12 kHz;

(2)阻带衰减为 50 dB,过渡带宽度为 5 kHz,采样频率为 20 kHz;

(3)阻带衰减为 50 dB,过渡带宽度为 500 Hz,采样频率为 5 kHz。

7.11 利用矩形窗、升余弦窗、改进升余弦窗和布莱克曼设计线性相位 FIR 低通滤波器。要求希望逼近的理想低通滤波器截止频率 $\omega_c = 0.25\pi$ rad, $N = 21$,求出分别对应的单位脉冲响应 $h(n)$ 的表达式。

第8章　数字信号处理技术的应用

如第1章所述,数字信号处理技术在众多领域的成功应用极大地促进了这门学科的发展,它已经成为应用最快、成效最为显著的学科之一。数字信号处理广泛用于通信、雷达、声呐、语言和图像处理、生物医学工程、仪器仪表、机械振动和控制等众多领域。近年来,随着DSP芯片技术的发展,DSP在通信,特别是个人通信PC(Personal Communication)、网络、家电和外设控制等方面显示了强劲的应用势头。

数字信号处理最基础的应用是基于傅里叶变换的数字频谱技术和数字滤波器应用,因为这两个技术可以在很多工程实际领域中被采用,例如,移动通信和数字仪器,以及无处不在的滤波器应用。DSP的应用离不开半导体技术和算法的支撑,数字信号处理器(DSP器件)快速的普及有力地推动了DSP技术的应用,高效率的信号处理算法与硬件的结合让成本、功耗、便携性等得到了大大改善。本章不可能完全展开讨论DSP的应用内容,它本身就是一门丰富的技术专业课程知识。本章结合音频处理、通信信号处理和雷达信号处理的应用,力图使读者能更好地了解前序章节理论知识的物理背景,了解DSP的应用方向。

8.1　数字信号处理器

数字信号处理器(Digital Signal Processor,DSP)是一种特别适用于进行实时数字信号处理的微处理器。DSP器件分为两大类:一类是专门用于FFT、FIR滤波、卷积等运算的芯片,称为专用DSP器件;另一类是可以通过编程完成各种用户要求的信息处理任务的芯片,称为通用数字信号处理器件,本节内容主要指的是通用DSP。DSP芯片已被广泛应用于数字通信、雷达、遥感、声呐、语音合成、图像处理、测量与控制、高清晰度电视、数字音响、多媒体技术、地球物理学、生物医学工程、振动工程以及机器人等各个领域。本节主要以美国德州仪器(TI)公司的TMS320C54x系列为例介绍通用数字信号处理器的结构和特点。

8.1.1　DSP芯片的特点

DSP芯片具有体积小、成本低、易于产品化、可靠性高、易扩展以及方便实现多机分布式并行处理等性能。它的这些特点主要由它的内部结构决定,大致有以下6个方面。

1. 哈佛结构

早期的微处理器内部大多采用冯·纽曼(Von-Neumann)结构,其片内程序空间和数据空间是共享的,取指令和取操作数都是通过一条总线分时进行的。当高速运算时,不但不能同时取指令和取操作数,而且还会造成传输通道上的瓶颈现象。而DSP内部采用的是程序空间和数据空间分开的哈佛(Havard)结构,允许同时取指令(来自程序存储器)和取操作数(来自数据存储器)。而且还允许在程序空间和数据空间之间相互传送数据,即改进的哈佛结构。

2. 多总线结构

许多 DSP 芯片内部都采用多总线结构,这样可以保证在一个机器周期内可以多次访问程序空间和数据空间。对 DSP 来说,内部总线是十分重要的资源,总线越多,可以完成的功能越复杂。

3. 流水线结构

DSP 执行一条指令,需要通过取指、译码、取操作数和执行等几个阶段。在 DSP 中,采用流水线结构,在程序运行过程中这几个阶段是重叠的。这样在执行本条指令的同时,还一次完成后三条指令的取操作数、译码和取指,将指令周期降到最小值。四级流水线操作如图 8.1 所示。

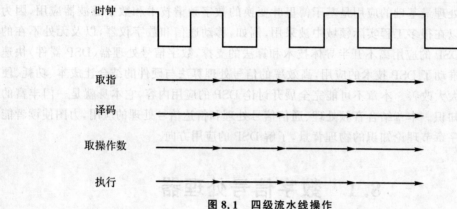

图 8.1 四级流水线操作

4. 多处理单元

DSP 内部一般都包括有多个处理单元,如算术逻辑运算单元、辅助寄存器运算单元、累加器以及硬件乘法器等。

5. 特殊 DSP 指令

为了更好地满足数字信号处理应用的需要,在 DSP 的指令系统中,设计了一些特殊的 DSP 指令,例如,FFT 的位倒置指令、乘累加指令等。

6. 指令周期短

早期的 DSP 指令周期约 400 ns,其运算速度约为 5MIPS(每秒执行五百万条指令)。随着集成电路工艺的发展,DSP 广泛采用亚微米 CMOS 制造工艺,如 TMS320C54x 系列,其运行速度可达 100MIPS。

8.1.2 TMS320C54x 数字信号处理器的硬件结构

TMS320C54x(以下简称 C54)是 TI 公司较早推出的一种 16 位定点 DSP 芯片,C54 内部结构围绕 8 条总线由 10 大部分组成,包括中央处理器 CPU、内部总线控制、特殊功能寄存器、数据存储器 RAM、程序存储器 ROM、I/O 口扩展功能、串口 HPI、并口 HPI、定时器、终端系统等。

　　C54x DSP 的主要特点在于它围绕 8 条总线构成的增强型哈佛结构;高度并行和带有专用硬件逻辑的 CPU 设计;高度专业化的指令系统;模块化结构设计;先进的 IC 工艺并且能够降低功耗和提高抗辐射能力的新的静电设计方法。图 8.2 所示是 C54x 的内部结构图。

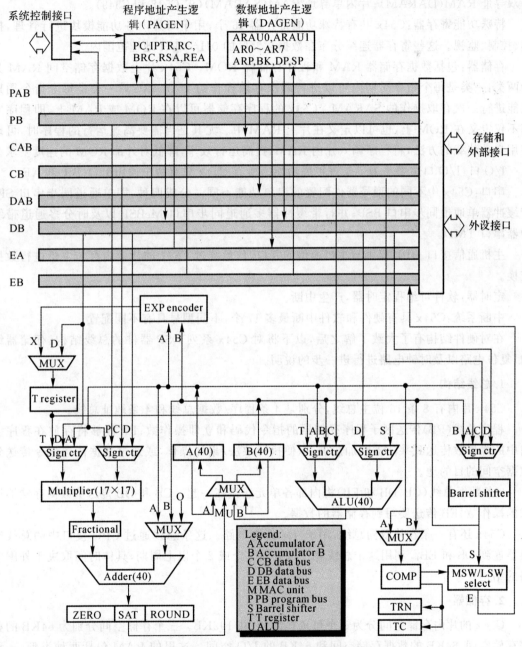

图 8.2　TMS320VC54x 的内部硬件结构图

　　各部分功能及主要特性如下:

　　中央处理器(CPU):C54x 系列的所有芯片 CPU 完全相同,可以进行高速并行算术和逻辑信息处理。CPU 采用先进的多总线结构(1 条程序总线,3 条数据总线和 4 条地址总线)。

包括:40 位算术逻辑运算单元(1 个 40 位桶形移位寄存器和 2 个独立的 40 位累加器);17 位×17 位并行乘法器;比较、选择、存储单元(CSSU);指数编码器;双地址生成器;192K 字可寻址存储空间(64KB 程序存储器,64KB 数据存储器以及 64KBI/O 空间);片内 ROM;片内双寻址 RAM(DARAM);片内单寻址 RAM(SARAM)(仅 C548 和 C549)。

特殊功能寄存器:C54x 共有特殊功能寄存器 26 个,用于对片内各功能模块进行管理、控制、控制、监视。这些寄存器连续分布在数据存储区的 0H~1FH 地址范围内。

存储器:包括数据存储器 RAM 和程序存储器 ROM。C54x 片上数据存储空间 RAM 分为两类:一类是每个指令周期内可以进行两次存取操作的 DARAM;另一类是每个指令周期只能进行一次存取操作的 SARAM。C54x 的程序存储器可以在 ROM 或 RAM 上,即程序空间不仅定义在 ROM 上,也可以定义在片上 RAM 中。尤其是当需要高速运行的程序时,可以应用自动装载的方法,将程序调入片内 RAM,提高运行效率,降低对外部 ROM 的速度要求。

I/O 口:I/O 口主要是为了实现扩展功能。所有 C54x 只有两个通用 I/O(BIO 和 $\overline{XF}$)。

串口:C54x 中不同的型号器件配置的串口功能不同。分成四种:即单通道同步串口 SP,带缓冲器单通道同步串口 BSP,并行带缓冲器多通道同步串口 McBSP 以及时分多通道带缓冲器串口 TMD。

主机通信接口 HPI:提供与主机通信的并口,信息统过 C54x 的片上内存与主机进行数据交换。

定时器:软件可编程定时器,产生中断。

中断系统:C54x 具有硬件和软件中断最多 17 个,不同型号具有不同配置。

在对硬件结构有了大致了解之后,以下将对 C54x 系列 DSP 器件的总线结构、存储器结构、复位电路以及时钟电路进行进一步的说明。

1. 总线结构

C54x 片内有 8 条 16 位主总线,分别是 4 条程序/数据总线和 4 条地址总线。

程序总线(PB)传送区子程序存储器的指令代码和立即操作数;PB 能够将存放在程序空间中的操作数传送到乘法器和加法器,以便执行乘法/累加操作,或通过数据传送指令传送到数据空间的目的地。

3 条数据总线(CB,DB 和 EB)将内部各单元连接在一起。CB 和 DB 传送从数据存储器读来的操作数,EB 传送要写到存储器的数据。

C54x 还有一条在片双向总线,用于寻址外围电路。这条总线通过 CPU 接口中的总线交换器连到 DB 和 EB。利用这个总线读/写,需要 2 个或 2 个以上周期,具体时间取决于外围电路的结构。

2. 存储器

C54x 的片内存储空间分为三个可选择部分,共 192KB。三个存储空间分别为 64KB 的程序存储空间、64KB 的数据存储空间和 64KB 的 I/O 空间。这里的 RAM 包括两种类型:一种是只可一次寻址的 SARAM,另一种是可以两次寻址的 DARAM。同时,还有数据存储器的 26 个特殊功能寄存器。在任何一个存储空间内,RAM,ROM,EPROM,EEPROM 或存储器映像外围设备都可以驻留在片内或者片外。图 8.3 所示为 TMS320C5402 的存储器分配映射图。

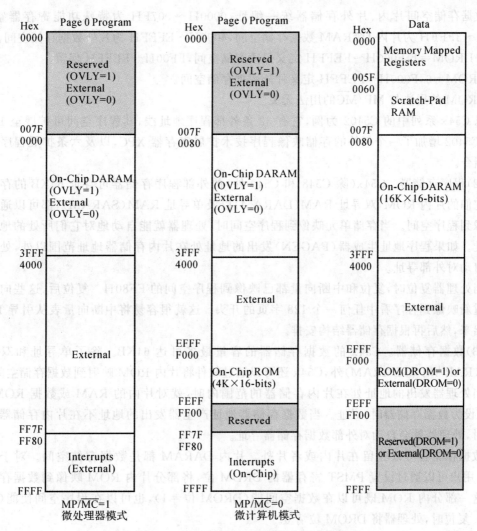

图 8.3 TMS320C5402 存储器分配映射图

(1)存储器地址空间分配。由图 8.3 可见,在 C54x 中,通过三个状态位,可以方便地"使能"和"禁止"程序和数据空间中的片内存储器。

三个状态位是:MP/$\overline{\text{MC}}$ 位,OVLY 位,DROM 位。由图可见,程序存储空间定义在片内还是片外由 MP/$\overline{\text{MC}}$ 和 OVLY 决定。CPU 工作方式控制位 MP/$\overline{\text{MC}}$ 决定 4000H~FFFFH 程序存储空间的片内、片外空间分配。F000H~FFFFH 由 DROM 位控制数据存储空间的片内和片外分配。

1)MP/$\overline{\text{MC}}$=1,4000H~FFFFH 程序存储空间全部定义为片外存储器。

2)MP/$\overline{\text{MC}}$=0,4000H~EFFFH 程序存储空间全部定义为片外存储器,FF00H~FFFFH 程序存储空间定义为片上存储器。

3)OVLY=1,0000H~007FH 保留,程序无法占用。0080H~3FFFH 定义为片内DARAM。

OVLY=0,0000H~3FFFH 全部定义为片外程序空间。

数据存储空间片内、片外存储器统一编址，0000H～007FH 为特殊功能寄存器空间，0080H～3FFFH 为片内 DARAM 数据存储空间，4000H～EFFFH 为片外数据存储空间。

4）DROM＝1，F000H～FEFFH 定义只读存储空间，FF00H～FFFFFH 保留。

DROM＝0，F000H～FEFFH 定义片外数据存储空间。

DROM 的用法与 MP/$\overline{\text{MC}}$的用法无关。

以 C54x 系列中的 C5402 为例，它有 32 条外部程序地址线，其程序空间可扩展至 1MB。为此，C5402 增加了一个额外的存储映像程序技术扩展寄存器 XPC，以及六条扩展程序空间寻址指令。

（2）程序存储器。C54x（除 C548 和 C549 外）的外部程序存储器可寻址 64KB 的存储空间。它们的片内 ROM，双寻址 RAM（DARAM）以及单寻址 RAM（SARAM），都可以通过软件映像到程序空间。当存储单元映像到程序空间时，处理器就能自动地对它们所处的地址范围寻址。如果程序地址生成器（PAGEN）发出的地址处在片内存储器地址范围以外，处理器就能自动对外部寻址。

当处理器复位时，复位和中断向量都已映像到程序空间的 FF80H。复位后，这些向量可以被重新映像到程序看中任何一个 128 字页的开头。这就很容易将中断向量表从引导 ROM 中移出来，然后再根据存储器结构安排。

（3）数据存储器。C54x 的数据存储器的容量最多可达 64KB。除了单寻址和双寻址 RAM（RARAM 和 DARAM）外，C54x 还可以通过软件将片内 ROM 映射到数据存储空间。

当处理器发出的地址处在片内存储器的范围内时，就对片内的 RAM 或数据 ROM（当 ROM 设为数据存储器时）寻址。当数据存储器地址产生器发出的地址不在片内存储器的范围内时，处理器就会自动对外部数据存储器寻址。

数据存储器可以驻留在片内或者片外。片内 DARAM 都是数据存储空间。对于某些 C54x，用户可以通过设置 PMST 寄存器的 DROM 位，将部分片内 ROM 映像到数据存储空间。这一部分内 ROM 既可以在数据空间能（DROM 位＝1），也可以在程序空间使能（MP/$\overline{\text{MC}}$）。复位时，处理器将 DROM 位清 0。

（4）特殊功能寄存器。特殊功能寄存器时非常重要的，对于 DSP 的使用者来说，掌握了这些寄存器的用法，就基本掌握了 DSP 应用的要点。C54x 的第一类特殊功能寄存器为 26 个，连续分布在数据存储区的 0H～1FH 地址范围内，这些寄存器的描述可以在厂家提供数据手册中找到，此处不再赘述。

8.2　数字频谱分析方法

8.2.1　数字频谱分析原理

数字频谱分析方法的数学基础是离散傅里叶变换 DFT（或 FFT），由于数字频谱技术优越的性能，已经逐渐取代模拟频谱分析技术。由傅里叶变换知，时域信号可以分解为一个、多个甚至是连续的不同频率、不同幅度和不同相位的正弦波。因此，用适当的方法可以把时域波形分解为相应的正弦波分量,然后对它们分别进行分析与测量。每个正弦波的性质由幅度和相位决定,换句话说,它们可以把时域信号等效到频域中去进行分析和测量,这就是频谱分析。工程技术人员需要了解信号的谐波失真、交调失真、噪声背景、调制等各种频谱情况,因为这些对通信质量都有重要的影响。与时域分析相比,频域分析有时更清楚,通过频谱测试还可以了解信号的频谱占用情况。图 8.4 所示是信号时域和频域分解的示意图。

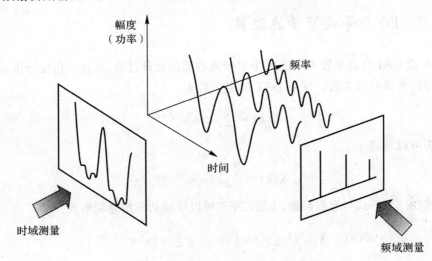

图 8.4　信号时域和频域分解示意图

一个数字频谱分析 DFT(FFT)的过程如图 8.5 所示。

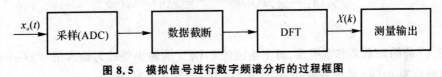

图 8.5　模拟信号进行数字频谱分析的过程框图

图 8.5 中每一个过程都需要满足一定的条件,才能保证数字频谱分析的质量,一般需要遵守以下原则:

(1) 若信号最高频率为 f_c,采样频率 F_s 的选择为

$$F_s \geqslant 2f_c(\text{Hz}) \tag{8.1}$$

(2) 根据谱分析精度需要,选定频率分辨率 $\Delta f \leqslant F_s/N$,确定信号的 DFT 分析点数为

$$N \geqslant F_s/\Delta f(\text{number}) \tag{8.2}$$

实际中,DFT 用 FFT 实现点数为 2 的整数次幂,所以,可以取 N 为大于以上值的 2 的幂次整数值,即 $N = 2^M$。

N 确定后即可以确定模拟信号的记录时间长度:$T > N/F_s(\text{s})$。

由于 DFT 输出的频谱函数下标为 $k,k=0,1,2,\cdots,N-1$,并没有直接表示频率的意义,需要换算真实的物理频率 $f(\text{Hz})$,而且,分析的频率范围没有直接对应频率量纲,很不直观。下面给出一个 N 点序列 DFT 获得的频谱分析指标和参数。

(1) 频率分辨率:$\Delta f = \dfrac{F_s}{N}$。

(2) 频谱分析范围：$\left[0 \sim \dfrac{F_s}{2}\right]\left[-\dfrac{F_s}{2} \sim 0\right)$ 对应 $k = 0, 1, 2, \cdots, \left[\dfrac{N}{2}\right], \left[\dfrac{N+1}{2}\right], \cdots,$ $N-1$。

(3) 下标 k 的频率值：$k\Delta f = k\dfrac{F_s}{N}\,(\text{Hz})\ k = 0, 1, \cdots, N-1$。

8.2.2 DFT 等效窄带滤波器

一个 N 点 DFT 可以等效为一组 N 个窄带滤波器的处理过程，从这一角度分析，DFT 是一种并行处理的频谱分析方法。N 点 DFT 的定义式为

$$X(k) = \sum_{n=0}^{N-1} x(n)\mathrm{e}^{-\mathrm{j}\frac{2\pi}{N}kn} \tag{8.3}$$

进一步分析可以写成

$$X(k) = \sum_{n=0}^{N-1} x(n)\mathrm{e}^{\mathrm{j}\frac{2\pi}{N}k(N-n)} \tag{8.4}$$

观察式(8.4)，形式与卷积很像，于是，DFT 可以写成如下的卷积形式：

$$X(k) = X_k(N) = y_k(m)\,\big|_{m=N} = \sum_{n=0}^{N-1} x(n)\mathrm{e}^{\mathrm{j}\frac{2\pi}{N}k(m-n)}\,\bigg|_{m=N}$$

$$X(k) = y_k(m)\,\big|_{m=N} \tag{8.5}$$

其中

$$y_k(n) = \sum_{n=0}^{N-1} x(n)\mathrm{e}^{\mathrm{j}\frac{2\pi}{N}k(m-n)} = x(n) * h_k(n)$$

$$h_k(n) = \mathrm{e}^{\mathrm{j}\frac{2\pi}{N}kn} \tag{8.6}$$

式(8.6)的物理意义非常明显：对于给定的 k，DFT 的输出等效为输入信号 $x(n)$ 通过一个单位冲击响应为 $h_k(n)$ 的滤波器在 N 时刻的取值，如图 8.6 所示。

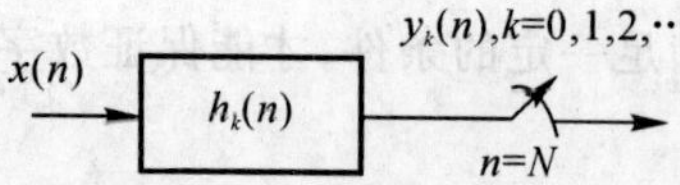

图 8.6 DFT 等效窄带滤波器示意图

窄带滤波器组 $h_k(n)$ 的频率特性为

$$H_k(\mathrm{e}^{\mathrm{j}\omega}) = \sum_{n=0}^{N-1} h_k(n)\mathrm{e}^{-\mathrm{j}\omega n} = \sum_{n=0}^{N-1} \mathrm{e}^{\mathrm{j}\frac{2\pi}{N}kn}\mathrm{e}^{-\mathrm{j}\omega n} = \sum_{n=0}^{N-1} \mathrm{e}^{-\mathrm{j}\left(\omega - \frac{2\pi}{N}k\right)n} =$$

$$\frac{\sin\left[N\left(\omega - \dfrac{2\pi}{N}k\right)\Big/2\right]}{\sin\left[\left(\omega - \dfrac{2\pi}{N}k\right)\Big/2\right]}\mathrm{e}^{-\mathrm{j}\left(\omega - \frac{2\pi}{N}k\right)(N-1)/2} \tag{8.7}$$

$$k = 0, \quad H_0(\mathrm{e}^{\mathrm{j}\omega}) = \frac{\sin\,(N\omega/2)}{\sin\,(\omega/2)}\mathrm{e}^{-\mathrm{j}\omega(N-1)/2}$$

窄带滤波器的频率特性示意图如图 8.7 所示。

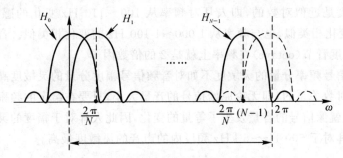

图 8.7　DFT 等效的窄带滤波器频率响应示意图

图 8.8 更形象地说明了 DFT 所等效的 N 个窄带滤波器输出的等效关系。每一个滤波器如同一个频率选择器，N 个滤波器把频谱分析的最大范围覆盖，彼此相隔 $2\pi/N$，滤波器输出在第 N 时刻的取值等效于 N 点 DFT 的频谱值，所以，DFT 的计算过程实际上就是一个滤波的过程，整个过程很像传统的扫频过程，但是 DFT 是同时进行的，因此，基于 DFT 的数字频谱分析方法可以被广泛用于信号的频谱分析应用领域中。

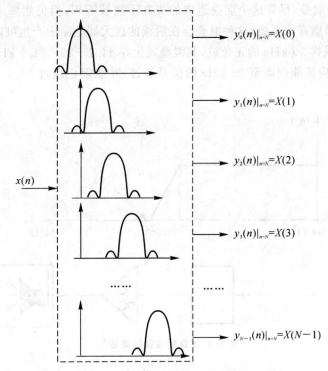

图 8.8　DFT 等效的窄带滤波器滤波过程示意图

8.3　音频信号处理

一般人的耳朵可以听到的声音的频率范围为 20 Hz～20 kHz，除极端的情况之外，人耳听觉对频率的灵敏度是近似对数的,即人耳对频率从 100～110 Hz 变化的感知程度与频率从 200～220 Hz 的变化相类似,也与频率从 1 000～1 100 Hz 的变化相类似。音乐家利用对数音节来表示音调,八度音节(octave)在频率上就是 2 的倍数因子。

人耳对音频信号频率分量的灵敏度不如对音频信号幅度分量的灵敏度高。人耳对幅度的灵敏度也是近似对数关系的,即无论原始信号的音量大小,只要在给定的频率上使信号的幅度增加一倍,听起来就像信号的音量发生了等量的变化,因此人耳对于幅度的灵敏度随频率的变化非常显著。人耳对于 500 Hz～5 kHz 频段内的声音的灵敏度最高。

8.3.1 音频信号的采样

普通的音频 CD(Compact Disc)以 44.1kHz 的速率存储数据样本,每个样本直接存储为 16bit 整数的形式。样本速率决定的最高音频信号的频率为 22.05kHz,这个频率超过一般人群的听觉范围。因此,普通 CD 所使用的数据格式超出了正常的需求。

假定设计一个 CD 播放器,其将样本序列直接输出到一个音频数模转换器(DAC),则这个 DAC 的输出会包含混叠,尽管这个混叠造成的失真不能被听到,但仍然要进行一定的滤波器处理,因为对于高品质音响系统,这种混叠会在后续的放大器电路中产生可以听到的干扰声。

以 44.1 kHz 采样 20 kHz 的正弦波,其混叠发生在 44.1－20＝24.1 kHz,因此,需要设计一个抗混叠滤波器应该能使高至 20 kHz 的信号通过,并能阻止超过 24.1 kHz 的频率成分,如图 8.9 所示。

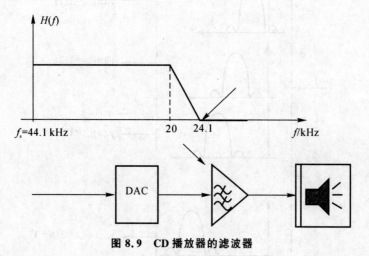

图 8.9　CD 播放器的滤波器

这样的滤波器特性要求是比较高的,常规的模拟元器件很难实现一个这样的滤波器,而且比较昂贵,性能也不稳定。但是这样技术指标的滤波器可以比较容易采用 FIR 滤波器来实现,根据滤波器技术指标要求的精确程度,FIR 滤波器的长度不会超过几十阶,是一个适中复杂度的 FIR 滤波器。

许多 CD 播放器采用另一种处理方案－过采样(oversampling)策略,其实现方案如图8.10 所示。对以 44.1 kHz 采样的信号样本进行 4×44.1 kHz＝176.4 kHz 的过采样处理,然后将这些样本送入数模转换器。这样,20 kHz 正弦波的混叠为 176.4－20＝156.4 kHz。在转换器输出端,抗混叠滤波器的技术指标是比较宽松的,因为滤波器的过渡带和阻带可以在 20～156.4 kHz 的范围内缓慢衰减,如图 8.11 所示。

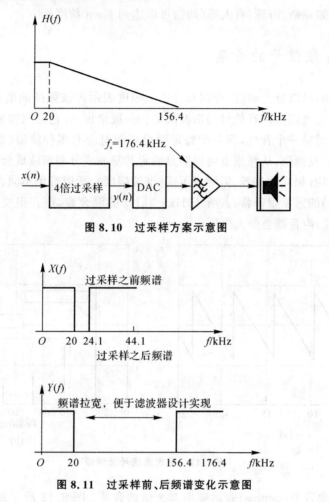

图 8.10　过采样方案示意图

图 8.11　过采样前、后频谱变化示意图

　　过采样信号处理的益处是可以容易地对每个样本用较少的比特来表示,可以获得相同的信号质量,这允许人们采用较低精度(价格低廉)的数模转换器,这种思路可以推广到极端情况,就是一比特(1bit)数模转换器技术。

　　除了 CD 中的 44.1 kHz 频率,实际还有 48 kHz 等采样频率,它的好处是和现有电话系统的频率关系比例比较合适,电话系统一般采用 8 kHz,被认为是智能语音系统的最低速率。CD一般采用 16bit 存储,实际音频数据还有一种 A 率或 μ 率的压缩方式编码,可以节省存储空间。音频信号应用中,16bit 是最大 bit 数,再增加已无必要性。

　　人耳能够听到的最大和最小的声音相差 120dB,振幅相差 100 万倍。听者能够察觉到信号改变 1dB(振幅 12％变化)时的声音响度的变化,换句话说,人耳感知最微弱的私语到最响亮的雷声有 120 个响度级别,耳朵的灵敏度令人惊异!当听到非常微弱的声音时,耳鼓震动的幅度小于分子的直径。人耳对响度的感知大概是实际声音功率的 1/3 次方的关系,例如,如果增加 10 倍的声音功率,听者感觉到大概是增加了两倍(10 的 1/3 次方=2)。

　　人类听觉范围为 20 Hz～20 kHz,在 1～4 kHz 是最敏感的。人类可以较好地区分声音的方向,却不能很好地区分声源的远近,人类听觉系统大体判断高频声音离得近一些,低频声音远一些,因为高频信息在长距离传输中会耗散掉。回声可以用来测量声源的距离,动物和人可以训练这一功能,如蝙蝠、海豚、盲人等(动物可以达到 1 cm 精度)。

8.3.2 音频信号的音质

对声音的感知,可以分为响度、音调和音色。响度表示声波强度的度量;音调表示声音中基波成分的频率;音色则由声音信号的谐波决定。一般来说,音色的感知来源于耳朵对泛音的探测,特定的波形对应一个音色,而一个特定音色可能对应有多种波形(相位不同)。图 8.12 所示是锯齿波信号及频谱,从频谱上可以明显确定其基波成分和谐波成分。

不同乐器可以有相同的基音,但泛音不同(谐波幅度),所以音色不同。人耳对基音和泛音(频率为倍数关系)的感觉很奇特,若听 1kHz+3kHz 的混合音,声音很悦耳;但若听 1kHz + 3.1 kHz 的混合音,声音就会令人生厌。

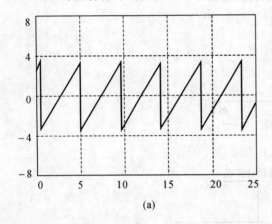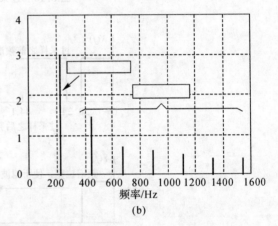

(a)　　　　　　　　　　　　(b)

图 8.12　锯齿波信号及频谱

音乐中的八度音节(octave)表示频率差 2 倍的音节。图 8.13 所示是钢琴键盘布局示意图,在钢琴上,每 7 个白键后频率是加倍的,是一种频率的对数表示方法。全部琴键跨越了 7 个八度音节稍多一点。国际标准音为 440 Hz,是高音 A。那么根据十二平均律的计算原理,相差一个半音的两个音,频率比应为

$$f_+ = f(2^{1/12}) \approx 1.059f \tag{8.8}$$

BCDEFG BCDEFG BCDEFG BCDEFG BCDEFG BCDEFG BCDEFG BC

A—27.5 Hz　A—55 Hz　A—110 Hz　A—220 Hz　A—440 Hz　A—880 Hz　A—1 760 Hz　A—3 520 Hz

C—262 Hz
(Middle C)

图 8.13　钢琴键盘音节排列示意图

　　虽然钢琴只覆盖了人类听觉的 20％(4 kHz),但可以产生 70％声音信息(10 个八度中的 7 个)。在人的一生中,所感知的最高频率会从 20 kHz 下降到 10 kHz,但仅丧失了听觉的 10％。音乐需要 20 kHz 的带宽,自然语音只需要大约 3.2 kHz。即使音频范围减少到 16％(3.2 kHz),信号仍然包括 80％(8 个八度)。

　　当设计一个数字音频系统时,需要考虑音质和速率。可以简单分为三种情况:

　　(1)高保真音乐:音质最重要,速率几乎不受限制;

　　(2)电话通信:音质自然,较低速率;

　　(3)压缩语音:速率最重要,音质容许失真,用于军事通信、手机、语音邮件、多媒体语音存储等。

　　表 8.1 是几种音频信号音质与速率的关系。

表 8.1　几种音频信号音质与速率的关系

所需音质	带宽	采样率	比特	数据率 $\dfrac{}{\text{kb} \cdot \text{s}^{-1}}$	备注
高品质音乐(CD)	5 Hz～20 kHz	44.1 kHz	16bit	706	可满足音乐发烧友,好于人类听觉
电话语音质量 (带压缩解压)	200 Hz～3.2 kHz 200 Hz～3.2 kHz	8 kHz 8 kHz	12 bit 8 bit	96 64	良好语音音质,不能用于音乐
LPC 语音编码	200 Hz～3.2 kHz	8 kHz	12 bit	4	DSP 语音压缩,极低速率,话音质量低

8.3.3　电话拨号的应用

　　电话拨号音产生和检测是音频处理的一个典型应用,在所有具有 TOUCH - TONE 功能的电话机中,每一个按键都对应一组唯一的双音(two - tone)信号,称为"双音多频(DTMF)",用来表示电话拨号键盘的按键信息。设置 7 个频率编码 10 个数字和两个特殊键" * ""♯",图 8.14 所示为双音频率的多频组合图。

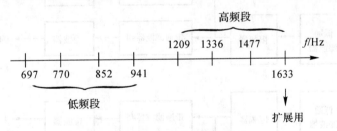

图 8.14　双音频率的多频组合图

　　图 8.15 所示是电话拨号键盘和双音频的对应关系,每按下一个按键,就会产生两个音频信号的组合信号,作为该按键的双音信号进行语音编码等后续处理。

　　双音多频信号处理的典型算法可以采用离散傅里变换或者数字滤波器进行处理,提取双音信号,根据频率的组合值确定按键值。

　　图 8.16 所示是采用窄带滤波器处理的方案图。根据低频组信号和高频组信号的频率不同,分别采用 1 000 Hz 的低通滤波器和 1 200 Hz 的高通滤波器进行滤波,分出两组信号,再

经过限幅器减小幅度起伏的影响。下一步对两组信号分别采用八个带通滤波器进行单频信号的分离,八个带通滤波器的中心频率分别对应双音多频信号的频率值,低频四个:679 Hz,770 Hz,852 Hz,941 Hz;高频四个:1 209 Hz,1 336 Hz,1 477 Hz,1 633 Hz。根据检波器的输出幅度值可以分别在每一组频率中选择一个频率值,最后根据这两个双音频率确定拨号按键的值,检测完成。

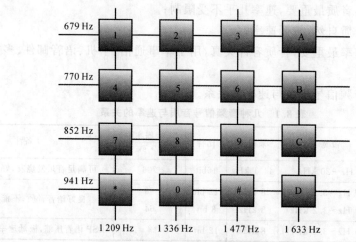

图 8.15　电话按键和双音频率的对应关系

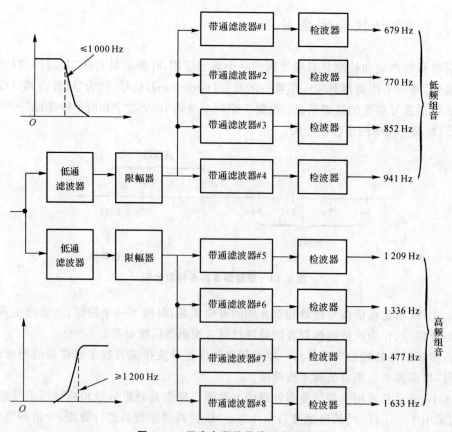

图 8.16　双音多频信号检测方案图

8.3.4　调频(FM)立体声的应用

低频率的音频信号经过调制后进行传送,在接收端进行解调和滤波,常用的调制解调方式是 AM 和 FM。FM 立体声广播接收机的一个重要特性是在接收端,声音可以通过具有单喇叭的单声道 FM 收音机收听,也可以通过双声道 FM 接收机收听。FM 立体声系统是典型的频分复用(FDM)例子。图 8.17 所示是 FM 立体声发射机原理框图。

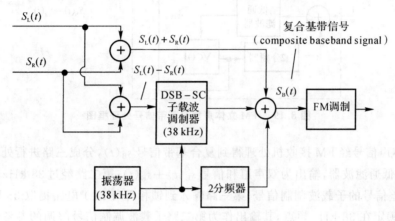

图 8.17　FM 立体声发射机原理框图

图 8.17 中,$s_L(t)$,$s_R(t)$ 分别表示左、右声道的音频信号,分别组合成和信号 $s_L(t)+s_R(t)$ 和差信号 $s_L(t)-s_R(t)$,差信号经过 38 kHz 双边带抑制载波调制再与和信号及 19 kHz 导频信号组成复合基带信号(composite baseband signal)$s_B(t)$,有

$$s_B(t) = s_a(t) + s_p(t)\sin(2\pi \times 38\,000t) + \sin(2\pi \times 19\,000t) \tag{8.9}$$

其中,$s_a(t)$ 和 $s_p(t)$ 分别表示双声道和信号 $s_L(t)+s_R(t)$ 和差信号 $s_L(t)-s_R(t)$。19 kHz 的导频信号用于接收处理时同步 38 kHz 的子载波。图 8.18 所示是 FM 立体声复合基带信号的频谱构成。

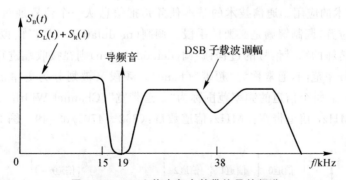

图 8.18　FM 立体声复合基带信号的频谱

复合基带信号接收处理时可以应用滤波器技术进行处理,图 8.19 所示是 FM 立体声基带信号处理框图。

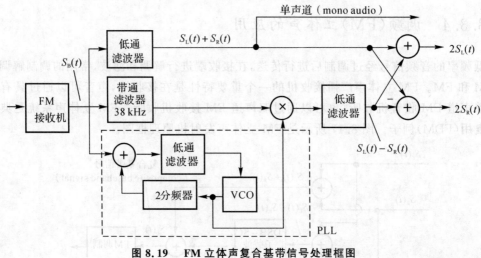

图 8.19　FM 立体声复合基带信号处理框图

　　FM 立体声信号经 FM 接收机处理得到复合基带信号 $s_B(t)$，分成三路进行处理，第一路经过 15 kHz 的低通滤波器，输出为双声道和信号 $s_L(t) + s_R(t)$；第二路经过 38 kHz 带通滤波器，输出双声道差信号的子载波调制信号；第三路输入到锁相环（PLL）电路提取 38 kHz 子载波，PLL 的输出锁定在 38 kHz 频点，其输出作为第二路子载波调制信号解调的参考信号，第二路解调输出为双通道差信号 $s_L(t) - s_R(t)$。第一路处理得到的和信号和第二路处理得到的差信号经过简单的加减运算可以得到二倍左声道信号 $2s_L(t)$ 和二倍右声道信号 $2s_R(t)$，从而获得 FM 立体声信号。第一路输出的双声道和信号可以直接输出到单声道音频系统。

8.4　通信信号处理

　　通信是数字信号处理应用最广泛的领域之一，无论是调制解调还是编码解码等通信技术都能找到 DSP 技术的应用。通信技术的基本任务是把信息从一个位置通过无线或有线的链路传送到另一个位置，调制解调是必要的手段。调制（modulation），是将模拟信号或数字信号转化为合适信道传输的窄带信号的过程；解调（demodulation）则在接收端进行反过程处理。

　　一个较宽的频率范围，通常称为"频带"（band）。频段又被划分为更窄的频率范围，称为"信道"（Channels）。每个信道的频率范围称为"信道带宽"（Channel Width）。例如，电视广播频带：470～862 MHz，信道带宽：8MHz，信道数量：(862－470)/8＝49。图 8.20 所示为频带和信道的示意图。

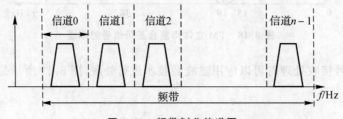

图 8.20　频带划分信道图

8.4.1　摩尔斯码解调的信号处理

摩尔斯(Morse)码是一种简单表示字符信息的开关信号,是美国人摩尔斯于 1844 年发明的。摩尔斯码由点" · "和划" — "两种符号组成,常用摩尔斯码与 ASCII 码对照表见表 8.2。

表 8.2　摩尔斯码和 ASCII 码对照表

字符	Morse 码	字符	Morse 码	字符	Morse 码
A	· —	M	— —	Y	— · — —
B	— · · ·	N	— ·	Z	— — · ·
C	— · — ·	O	— — —	1	· — — — —
D	— · ·	P	· — — ·	2	· · — — —
E	·	Q	— — · —	3	· · · — —
F	· · — ·	R	· — ·	4	· · · · —
G	— — ·	S	· · ·	5	· · · · ·
H	· · · ·	T	—	6	— · · · ·
I	· ·	U	· · —	7	— — · · ·
J	· — — —	V	· · · —	8	— — — · ·
K	— · —	W	· — —	9	— — — — ·
L	· — · ·	X	— · · —	0	— — — — —

在实际中,一般规定摩尔斯码的格式为:点的长度为 100 ms,划的长度为 300 ms,字符(数字)内点与点、点与划、划与划的间隔为一个点的长度,字符的间隔为四个点的长度。图 8.21 所示是字符串"ADF"的摩尔斯码的编码波形图。

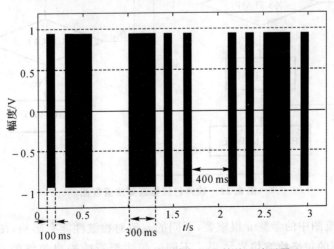

图 8.21　字符串"ADF"的摩尔斯码的编码波形图

下面介绍摩尔斯码的检测方法。摩尔斯码识别的目的是解调出点划序列,用作导航台的识别码。摩尔斯码一般用音频(1 000 Hz)调制在载波上,检测的原理是解调,下面分别介绍几种方案。

1. 希尔伯特(Hilbert)变换检波法

设音频滤波器滤出的信号为

$$x(n) = a(n)\cos(\omega_0 n + \varphi_0) \tag{8.10}$$

其中,$a(n)$ 为摩尔斯码序列;ω_0 为调制音频信号的数字角频率;φ_0 为初相。

对式(8.10)求希尔伯特变换,得

$$H[x(n)] = a(n)\sin(\omega_0 n + \varphi_0) \tag{8.11}$$

通过对式(8.10)和式(8.11)求二次方和并开二次方,可求出莫尔斯电码序列为

$$a(n) = \sqrt{x^2(n) + H^2[x(n)]} \tag{8.12}$$

该方法的优点是检波效率高,但是该方法中的 Hilbert 变换以及开二次方运算都须占用大量的时间,DSP 实时实现要求较高。

2. 软件包络检波算法

该方法用软件算法来实现二极管包络检波过程,与硬件包络检波电路相比,软件包络检波算法的优点是灵活性好,而且不会由于二极管产生非线性失真。但是算法中的参数选择很重要,否则,检波的性能会受到影响。图 8.22 所示是软件包络检波算法流程。

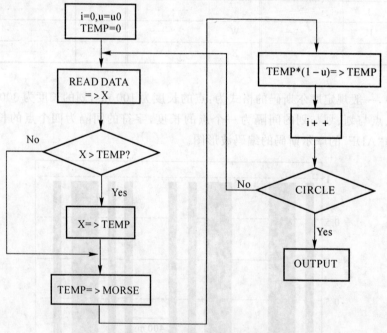

图 8.22　软件包络检波算法流程图

图 8.22 所示流图中的参数 u 很重要,不同的 u 值对检波性能有影响,图 8.23、图 8.24 和图 8.25 是三种 u 值的包络检波仿真结果。不同 u 值主要影响输出包络的平坦性和上升下降沿,小的 u 值,包络的边沿特性好,平坦性差;u 值大,平坦性好,但边沿不够陡峭。实际中可以根据脉冲包络的宽度适当选取合适的 u 值。

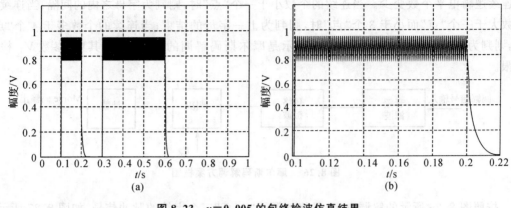

图 8.23 $u=0.005$ 的包络检波仿真结果

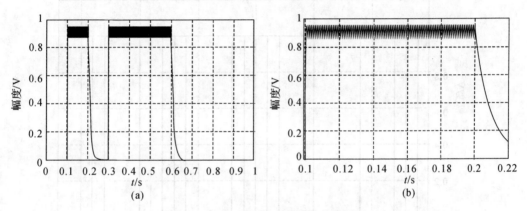

图 8.24 $u=0.002$ 的包络检波仿真结果

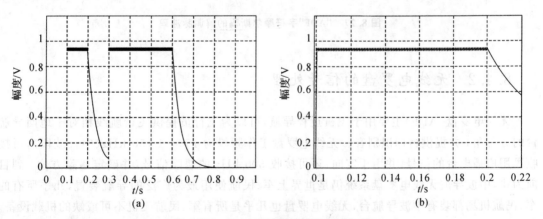

图 8.25 $u=0.05$ 的包络检波仿真结果

包络检波后通过抽样判决,可以得到理想的方波信号,摩尔斯码识别是通过对抽样判决后的逻辑和计数实现的。

设音频数据采样率为 5 kHz,因此摩尔斯码每个"点"占用 500 个连续的逻辑电平。由于上升沿与下降沿失真的影响,"点"所占的连续逻辑电平的个数变多,字符间或字符内间隔所占的连续逻辑电平个数变少。当连续的个数小于一个"点"时,则判为字母之内的间隔;当连续的个数大于一个"点"而小于 3 个"点"时,则判为上一字母的结束;当连续的个数多于 4 个"点"时,则判为摩尔斯码的结束。图 8.26 所示是摩尔斯码解调的方案框图,其中,参数 V_T 检测门限。

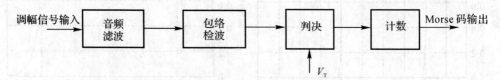

图 8.26   摩尔斯码解调方案框图

按照图 8.26 所示的解调方案,最终解调了"ADF"三个字符的脉冲信号,如图 8.27 所示。

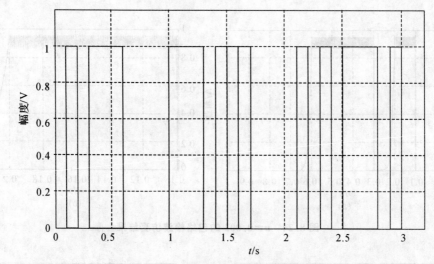

图 8.27   "ADF"字符摩尔斯码的解调脉冲码

8.4.2   无线电罗盘的信号处理

无线电罗盘(ADF)主要用于飞机近程导航,可以为飞行员提供飞行航线相对于地面导航台的方位角,并提供台标识别音。无线电罗盘工作频段为 150~1 750 kHz(中长波段),可接收民用广播电台的信号,并用于定向;还可接收 500 kHz 的遇险信号,并确定遇险方位。到目前为止,中波导航无线电罗盘系统仍是世界上军、民航使用最为广泛的导航装置,几乎所有的军、民航机场都装有中波导航台,无线电罗盘也几乎是所有军、民航飞机不可或缺的机载设备。但由于工作在中波波段,噪声干扰很大,测量精度较低。图 8.28 所示是无线电罗盘定向示意图。

无线电罗盘的信号模型是一种调幅信号模型,调制信息可以天线定向信号和信标音,中频信号模型表达式为

$$x_I(t) = A\{1 + M\sin[\Omega_L t + U_c(n)\theta + \varphi] + V_a\}\cos(\Omega_I t + \theta_0) \tag{8.13}$$

式中,Ω_I, θ_0 分别是中频信号的频率和初相;Ω_L 是天线低频调制频率,一般为 90 Hz;θ 是飞机

和导航台的偏差方向角;V_a 是信标摩尔斯码调制的音频($1\,000\,Hz$);M 是调幅指数。图 8.29 所示分别是包含摩尔斯码和不包含摩尔斯码的信号波形图。

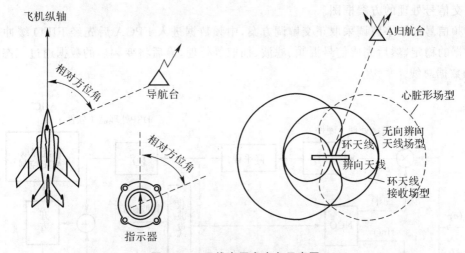

图 8.28　无线电罗盘定向示意图

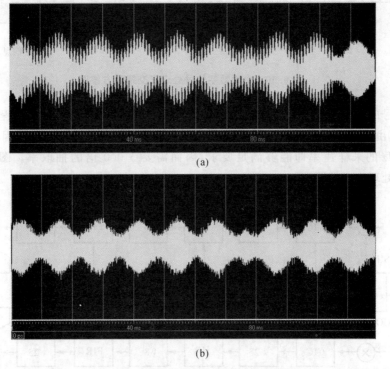

图 8.29　无线电罗盘中频调幅信号波形

(a) 包含摩尔斯码;　(b) 不包含摩尔斯码

　　下面介绍无线电罗盘数字解调的信号处理方法。假定采用 FPGA＋DSP 的硬件平台,设系统的采样频率为 $25\,MHz$,采样后的中频数字信号为

$$x_1(n) = A\{1 + M\sin\left[\omega_L n + U_c(n)\theta + \varphi\right] + V_a\}\cos\left(\omega_1 n + \theta_0\right) \tag{8.14}$$

式中，ω_1 和 Ω_L 分别是中频数字信号频率和天线低频调制的数字频率。

对 $x_1(n)$ 进行中频数字信号处理的方案分为 FPGA 硬件处理和 DSP 软件处理，图 8.30 所示是正交信号处理的方案框图。

中频信号的数字解调采取正交解调方案，中频数据进入 FPGA 后先经 FIFO 缓冲以确保接收数据的稳定，然后完成信号混频、滤波、抽取等处理，最后将变频后的数据通过三态门送入 DSP 的数据总线。

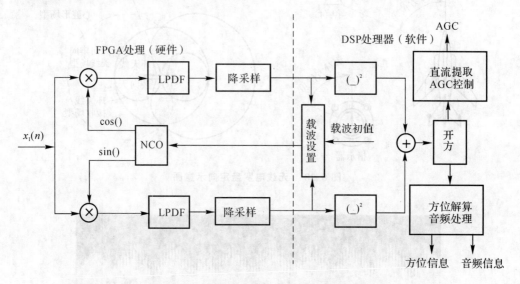

图 8.30　中频数字信号处理正交解调方案图

中频信号的采样频率为 25 MHz，为了降低 DSP 的工作量，在信号解调过程中需要降低信号采样速率，由于基带信号带宽只有 1 kHz（摩尔斯码的载波频率为 1 kHz），因此对于基带信号只需 5 kHz 的采样速率即能够满足要求，因而需要 5 000 倍的抽取率。图 8.31 所示是 FPGA 信号处理组成框图。

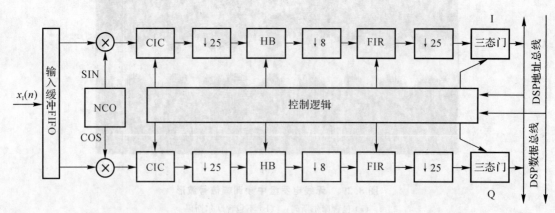

图 8.31　FPGA 信号处理框图

在图 8.31 的方案中，CIC（Cascaded Integrator Comb）称为级联积分梳状滤波器，是一种整系数高效滤波器，滤波器的单位采样响应和系统函数分别为

$$h(n) = \begin{cases} 1, & 0 \leqslant n \leqslant D-1 \\ 0, & \text{其他} \end{cases} \tag{8.15}$$

$$H(z) = \frac{1-z^{-D}}{1-z^{-1}} = H_1(z)H_2(z) \tag{8.16}$$

图 8.32 所示是 CIC 滤波器的实现方框图。

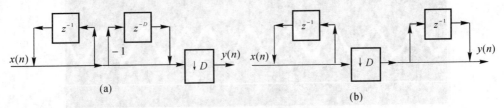

图 8.32　CIC 滤波器的实现方框图

HB 是半带滤波器(Half-Band filter),特别适合于实现抽取或内插,而且计算效率高,实时性好,其频率响应如图 8.33 所示。

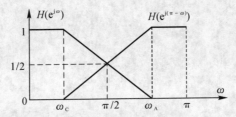

图 8.33　半带滤波器 HB 的频率特性

半带滤波器的阻带宽度与通带宽度是相等的,并满足关系式 $\omega_A = \pi - \omega_c$。半带滤波器的冲击响应 $h(n)$ 在偶数点全为零,所以采用半带滤波器实现采样率变换时,只需一半的计算量。

图 8.34~图 8.37 分别是不含摩尔斯码的中频信号的数字混频器输出、CIC 滤波器输出信号、HB 滤波器输出信号和 FIR 滤波器输出信号的仿真波形图。

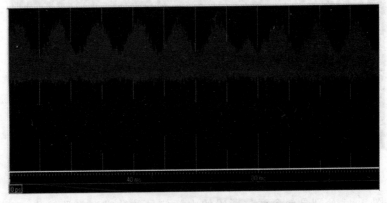

图 8.34　混频器输出信号波形(不含摩尔斯码)

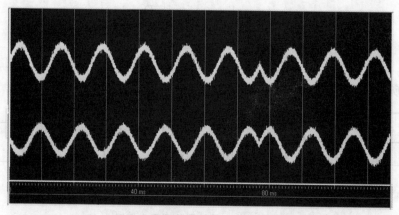

图 8.35　CIC 滤波器输出信号波形(不含摩尔斯码)

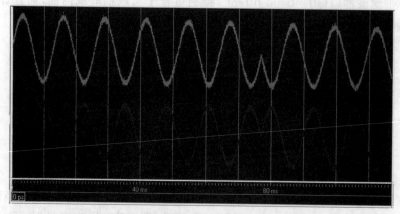

图 8.36　HB 滤波器输出信号波形(不含摩尔斯码)

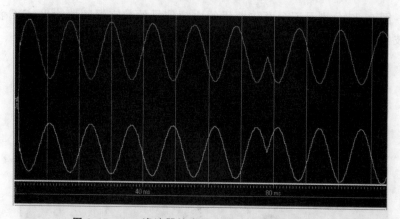

图 8.37　FIR 滤波器输出信号波形(不含摩尔斯码)

　　图 8.38~图 8.41 分别是包含摩尔斯码的中频信号的数字混频器输出、CIC 滤波器输出信号、HB 滤波器输出信号和 FIR 滤波器输出信号的仿真波形图。

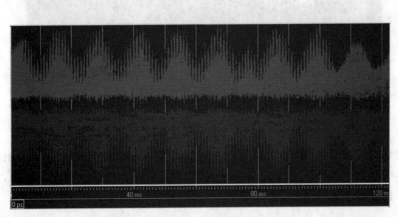

图 8.38　混频器输出信号波形(包含摩尔斯码)

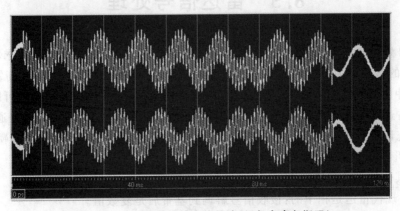

图 8.39　CIC 滤波器输出信号波形(包含摩尔斯码)

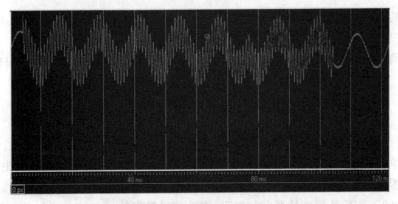

图 8.40　HB 滤波器输出信号波形(包含摩尔斯码)

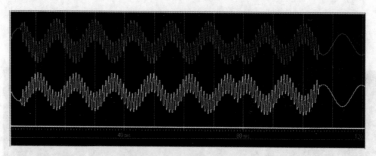

图 8.41　FIR 滤波器输出信号波形(包含摩尔斯码)

从以上仿真结果可以看出,采用数字信号的解调方案可以较好地提取无线电罗盘中调幅信息,图 8.41 中包含摩尔斯码的音频信号可以用一个数字带通滤波器提取出来,并采用数字解调方法进行检波处理。

8.5　雷达信号处理

雷达信号处理(Radar Signal Processing,RSP)的目的是与雷达的功能和要求相关的。一般来讲,RSP 的目的是为了提高雷达测量的指标,例如,通过脉冲积累可以提高雷达信号的 SIR,通过脉冲压缩或其他波形设计技术可以改善雷达分辨率和 SIR,加窗技术可以改善天线旁瓣特性。雷达信号处理吸收了其他技术领域相似的技术和概念,最为接近的是通信和声呐。线性滤波和统计检测理论是雷达目标检测的核心。RSP 包括匹配滤波器、多普勒谱估计、雷达成像、波束形成、目标识别和跟踪等技术。

RSP 与其他技术的主要区别:

(1) 很多现代雷达是相干的:接收信号解调到基带后是复数值。

(2)雷达信号动态范围很大,有时达到 100 dB 以上。所以,雷达接收机的增益控制是很常见的。

(3)雷达的工作环境很差,信号干扰比 SIR 往往不高。例如,检测一个点目标需要 10～20 dB,但在信号处理之前一个单一接收脉冲的 SIR 往往小于 0 dB。

(4)雷达信号往往是宽带的,单个脉冲可达几兆赫兹或几百兆赫兹,甚至 1 GHz。

8.5.1　雷达信号处理的基本原理

作为最复杂的电子系统之一,雷达一般可以分为三大部分:天线和收发单元、信号处理单元、数据处理单元。图 8.42 所示是雷达的基本组成框图,当然,一个雷达系统图中还应该包括显示单元、伺服系统和电源等部分。

随着雷达的工作任务越来越复杂和繁重,雷达信号处理的任务越来越先进和复杂,数字技术也越来越体现在雷达信号处理的算法中。本节主要讨论雷达信号处理的基本方法,并着重说明其原理和思想。图 8.43 所示是现代雷达信号处理的一个流程示意图,其中,根据雷达的用途和设计要求,有些环节是可以省去的。

从图 8.43 中可以看出,现代雷达信号处理方法是很丰富和复杂的,由于篇幅所限,本节仅对其中的脉冲压缩处理算法做一介绍。

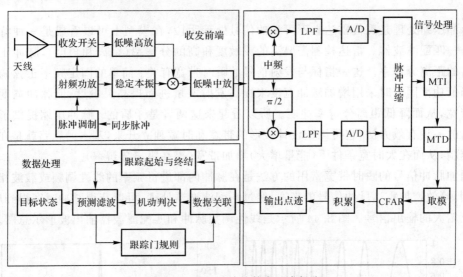

图 8.42　雷达系统的基本组成部分

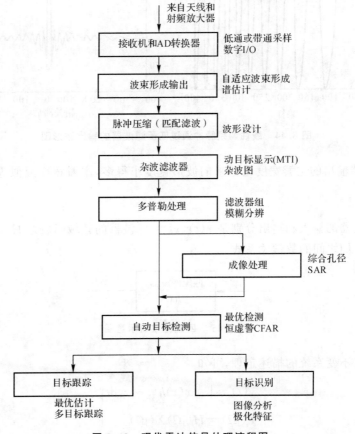

图 8.43　现代雷达信号处理流程图

8.5.2　脉冲压缩与匹配滤波器

脉冲压缩处理是现代雷达必不可少的信号处理手段,在模型上可以看成是一种特殊的滤波器——匹配滤波器。雷达检测需要高的灵敏度和高的分辨率(距离和角度),脉冲压缩可以获得高的距离分辨率。这一指标与发射信号的瞬时带宽有关。简单的固定频率正弦调制的脉冲在峰值功率固定时采用增加脉冲宽度来提高发射能量进而提高灵敏度,但脉冲宽度增大会减小带宽,从而降低距离分辨率性能。所以看起来这两者是矛盾的。脉冲压缩提供了解决这一矛盾的一种有效方法,它可以使设计波形的带宽和时宽独立开来,基本的思路就是在脉冲内进行调制,从而在大时宽条件下(能量增大)增加带宽(提高距离分辨率)。

增加脉冲信号的瞬时带宽常用的方法是在脉冲内部进行频率的线性调频或载波相位的编码调制,等效增加雷达脉冲信号的带宽,经过匹配滤波器处理,可以获得脉冲时宽得到压缩、幅度得到增大的输出信号。图 8.44 所示是线性调频脉冲和匹配滤波器输出波形示意图。

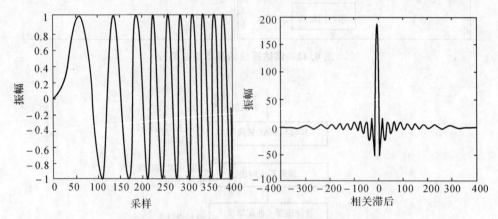

图 8.44　线性调频脉冲通过匹配滤波器的输出波形图

匹配滤波器输出的主瓣宽度比原来的波形宽度小得多,主瓣宽度近似等于带宽的倒数,即 $\Delta\tau \approx \dfrac{1}{\beta}(s)$。

设匹配滤波器的输入和输出分别是 $x(t),y(t)$,滤波器的频域函数是 $H(\mathrm{j}\Omega)$,如图 8.45 所示。下面推导它们之间的数学关系式。

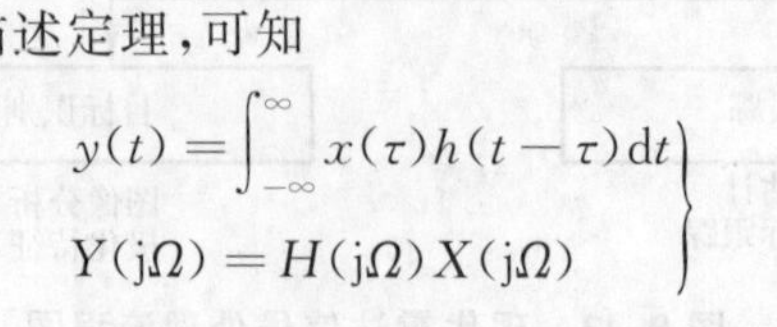

$$x(t) \longrightarrow \boxed{\begin{array}{c}\text{匹配滤波器} \\ H(\Omega)\end{array}} \longrightarrow y(t)$$

图 8.45　匹配滤波器示意图

根据线性时不变系统的描述定理,可知

$$\left.\begin{aligned}y(t) &= \int_{-\infty}^{\infty} x(\tau)h(t-\tau)\mathrm{d}t \\ Y(\mathrm{j}\Omega) &= H(\mathrm{j}\Omega)X(\mathrm{j}\Omega)\end{aligned}\right\} \tag{8.17}$$

$$| y(T_M) |^2 = | \frac{1}{2\pi} \int_{-\infty}^{\infty} X(\mathrm{j}\Omega) H(\mathrm{j}\Omega) \mathrm{e}^{\mathrm{j}\Omega T_M} \mathrm{d}\Omega |^2$$

假设 $x(t) = s(t) + n(t)$，其中 $n(t)$ 为白噪声干扰，其功率密度为 $N_0/2$，总噪声功率为

$$n_p = \frac{1}{2\pi} \frac{N_0}{2} \int_{-\infty}^{\infty} | H(\mathrm{j}\Omega) |^2 \mathrm{d}\Omega \tag{8.18}$$

在 $t = T_M$ 时刻信噪比 SNR 定义为

$$\chi = \frac{| y(T_M) |^2}{n_p} = \frac{\left| \frac{1}{2\pi} \int_{-\infty}^{\infty} X(\mathrm{j}\Omega) H(\mathrm{j}\Omega) \mathrm{e}^{\mathrm{j}\Omega T_M} \mathrm{d}\Omega \right|^2}{\frac{N_0}{4\pi} \int_{-\infty}^{\infty} | H(\mathrm{j}\Omega) |^2} \tag{8.19}$$

根据施瓦兹不等式可以确定使其最大的频率响应为

$$\left| \int_{-\infty}^{\infty} A(\Omega) B(\Omega) \mathrm{d}\Omega \right|^2 \leqslant \left(\int_{-\infty}^{\infty} | A(\Omega) |^2 \mathrm{d}\Omega \right) \left(\int_{-\infty}^{\infty} | B(\Omega) |^2 \mathrm{d}\Omega \right)$$

上式当且仅当 $B(\Omega) = \alpha A^*(\Omega)$ 时等号成立，可得

$$\chi \leqslant \frac{\left(\frac{1}{2\pi} \right)^2 \int_{-\infty}^{\infty} | X(\mathrm{j}\Omega) \mathrm{e}^{\mathrm{j}\Omega T_M} |^2 \mathrm{d}\Omega \int_{-\infty}^{\infty} | H(\mathrm{j}\Omega) |^2 \mathrm{d}\Omega}{\frac{N_0}{4\pi} \int_{-\infty}^{\infty} | H(\mathrm{j}\Omega) |^2} \tag{8.20}$$

当滤波器频率响应满足下式时，式(8.19)取得最大值：

$$\left. \begin{array}{l} H(\Omega) = \alpha X^*(\Omega) \mathrm{e}^{-\mathrm{j}\Omega T_M} \\ h(t) = \alpha x^*(T_M - t) \end{array} \right\} \tag{8.21}$$

此滤波器称为"匹配滤波器"，该滤波器在 $t = T_M$ 时刻获得最大的输出信噪比功率值。

如果雷达改变波形，接收机滤波器的冲击响应也要随之变化，以维持匹配关系。使输出信噪比最大化的时间点 T_M 是任意的，但系统的因果性应该满足 $T_M > \tau$，τ 为脉冲宽度。

设输入 $x(t) = s(t) + n(t)$，包含目标和噪声，则匹配滤波器输出为

$$y(t) = \alpha \int_{-\infty}^{\infty} x(t') s^*(t' + T_M - t) \mathrm{d}t' = \alpha \int_{-\infty}^{\infty} [s(t') + n(t')] s^*(t' + T_M - t) \mathrm{d}t' =$$

$$\alpha \int_{-\infty}^{\infty} s(t') s^*(t' + T_M - t) \mathrm{d}t' + \alpha \int_{-\infty}^{\infty} n(t') s^*(t' + T_M - t) \mathrm{d}t'$$

假定信号和噪声的相关性很小，上式可以简化为

$$y(t) \approx \alpha \int_{-\infty}^{\infty} s(t') s^*(t' + T_M - t) \mathrm{d}t' = \alpha R_s(T_M - t)$$

上式可以看作是信号的自相关函数，因此，匹配滤波器也称为相关器。

设一个雷达的发射信号的包络为

$$x(t) = \begin{cases} 1, & 0 \leqslant t \leqslant \tau \\ 0, & \text{其他} \end{cases}$$

则匹配滤波器的冲击响应为

$$h(t) = \alpha x^*(T_M - t) = \begin{cases} \alpha, & T_M - \tau \leqslant t \leqslant T_M \\ 0, & \text{其他} \end{cases}$$

信号波形和匹配滤波器的冲击响应如图 8.46 所示。

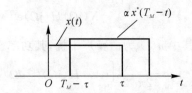

图 8.46   信号波形和冲击响应示意图

根据匹配滤波器原理,输出 $y(t)$ 为

$$y(t) = \begin{cases} \alpha t - (T_M - \tau), & T_M \leqslant t \leqslant T_M + \tau \\ \alpha[(T_M - \tau) - t], & t \geqslant T_M + \tau \\ 0, & \text{其他} \end{cases}$$

输出波形如图 8.47 所示。可以看到,简单脉冲匹配滤波器输出是时宽 2 倍宽度的三角波,在 $t = T_M$ 时输出达到最大。这个结果简单明了地说明了匹配滤波器的原理。

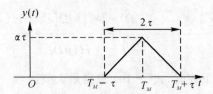

图 8.47   匹配滤波器的输出波形

本章知识要点

(1)DSP 芯片的特点。

(2)数字频谱分析的原理和过程。

(3)音频信号分析的方法。

(4)FFT 算法的实现。

(5)通信信号处理的原理。

(6)雷达信号处理的原理。

(7)匹配滤波器的基本概念。

习   题

8.1   简述模拟信号进行数字频谱分析的主要过程,为确保分析精度,DFT 的点数选择应满足什么条件?

8.2   简述雷达信号处理中的脉冲压缩方法,该方法解决了雷达信号处理中的什么技术问题?

附 录

附录1 模拟滤波器设计参数表

附表1.1 各阶巴特沃什分解多项式 $B_n(s)$

N	a_0	a_1	a_2	a_3	a_4	a_5	a_6	a_7	a_8
1	1								
2	1	1.414							
3	1	2	2						
4	1	2.612	3.414	2.613					
5	1	3.236	5.236	5.236	3.236				
6	1	3.864	7.464	9.141	7.464	3.864			
7	1	4.949	10.103	14.606	14.606	10.103	4.949		
8	1	5.126	13.138	21.848	25.691	21.848	13.138	5.126	
9	1	5.759	16.582	31.163	41.986	41.986	31.163	16.582	5.759

注：$B_n(s) = a_0 + a_1 s + a_2 s^2 + \cdots + a_{N-1} s^{N-1} + a_N s^N$

附表1.2 各阶巴特沃什因式分解多项式

N	$B_n(s)$
1	$1+s$
2	$1+\sqrt{2}s+s^2$
3	$(1+s)(1+s+s^2)$
4	$(1+0.765s+s^2)(1+1.848s+s^2)$
5	$(1+s)(1+0.618s+s^2)(1+1.618s+s^2)$
6	$(1+0.517s+s^2)(1+\sqrt{2}s+s^2)(1+1.932s+s^2)$
7	$(1+s)(1+0.445s+s^2)(1+1.246s+s^2)(1+1.802s+s^2)$
8	$(1+0.39s+s^2)(1+1.111s+s^2)(1+1.663s+s^2)(1+1.962s+s^2)$
9	$(1+s)(1+0.347s+s^2)(1+s+s^2)(1+1.532s+s^2)(1+1.897s+s^2)$

附表 1.3　前 8 阶切比雪夫多项式

N	$T_N(x)$
0	$T_0(x) = 1$
1	$T_1(x) = x$
2	$T_2(x) = 2x^2 - 1$
3	$T_3(x) = 4x^3 - 3x^2$
4	$T_4(x) = 8x^4 - 8x^2 + 1$
5	$T_5(x) = 16x^5 - 20x^3 + 5x$
6	$T_6(x) = 32x^6 - 48x^4 + 18x^2 - 1$
7	$T_7(x) = 64x^7 - 112x^5 + 56x^3 - 7x$
8	$T_8(x) = 128x^8 - 256x^5 + 160x^4 - 32x^2 + 1$

注：$T_N(x) = 2x T_{N-1}(x) - T_{N-2}(x), N > 2$

附录 2　切比雪夫滤波器设计参数表

1. 当波纹起伏为 $\frac{1}{2}$ dB，1 dB，2 dB，3 dB 时，低通滤波器的切比雪夫多项式 $V_N(s)$

设切比雪夫滤波器传递函数 $H_N(s) = \dfrac{K}{V_N(s)}$，其中

$$K = \begin{cases} \dfrac{b_0}{(1+\varepsilon^2)^{\frac{1}{2}}}, & N \text{ 为偶数} \\ b_0, & N \text{ 为奇数} \end{cases}$$

附表 2.1　当波纹起伏为 $\frac{1}{2}$ dB，1 dB，2 dB，3 dB 时，低通滤波器的切比雪夫多项式 $V_N(s)$

N	b_0	b_1	b_2	b_3	b_4	b_5	b_6	b_7	b_8	b_9
				a. $\frac{1}{2}$ dB 波纹系数 $\varepsilon = 0.349, \varepsilon^2 = 0.122$					
1	2.862									
2	1.156	1.425								
3	0.715	1.534	1.252							
4	0.379	1.025	1.716	1.197						
5	0.178	0.752	1.309	1.937	1.172					
6	0.094	0.432	1.171	1.589	2.171	1.159				
7	0.044	0.282	0.755	1.647	1.869	2.412	1.151			
8	0.023	0.152	0.583	1.148	2.184	2.149	2.656	1.146		
9	0.011	0.094	0.340	0.983	1.611	2.781	2.429	2.092	1.142	
10	0.005	0.049	0.237	0.626	1.527	2.144	3.440	2.790	3.149	1.140

N	b_0	b_1	b_2	b_3	b_4	b_5	b_6	b_7	b_8	b_9
b. 1 dB 波纹系数 $\varepsilon = 0.508$，$\varepsilon^2 = 0.258$										
1	1.965									
2	0.102	1.097								
3	0.491	1.238	0.655							
4	0.275	0.742	1.453	0.952						
5	0.122	0.580	0.974	1.688	0.936					
6	0.068	0.307	0.939	1.202	1.930	0.928				
7	0.030	0.213	0.548	1.357	1.428	2.176	0.923			
8	0.017	0.107	0.447	0.846	1.836	1.655	2.423	0.919		
9	0.007	0.070	0.244	0.786	1.201	2.378	1.881	2.670	0.917	
10	0.004	0.034	0.182	0.455	1.244	1.612	2.981	2.107	2.919	0.915

N	b_0	b_1	b_2	b_3	b_4	b_5	b_6	b_7	b_8	b_9
c. 2 dB 波纹系数 $\varepsilon = 0.764$，$\varepsilon^2 = 0.584$										
1	1.307									
2	0.636	0.803								
3	0.326	1.022	0.737							
4	0.205	0.516	1.256	0.716						
5	0.081	0.459	0.693	1.499	0.706					
6	0.051	0.210	0.771	0.867	1.745	0.701				
7	0.020	0.166	0.382	1.144	1.039	1.993	0.697			
8	0.012	0.072	0.358	0.598	1.579	1.211	2.242	0.696		
9	0.005	0.054	0.168	0.644	0.856	2.076	1.383	2.491	0.694	
10	0.003	0.023	0.144	0.317	1.038	1.158	2.636	1.555	2.740	0.693

N	b_0	b_1	b_2	b_3	b_4	b_5	b_6	b_7	b_8	b_9
d. 3 dB 波纹系数 $\varepsilon = 0.997$，$\varepsilon^2 = 0.995$										
1	1.002									
2	0.707	0.644								
3	0.250	0.928	0.597							
4	0.176	0.404	1.169	0.581						
5	0.062	0.407	0.548	1.414	0.574					
6	0.044	0.163	0.699	0.690	1.662	0.570				
7	0.015	0.146	0.300	1.051	0.831	1.911	0.568			
8	0.011	0.056	0.320	0.471	1.466	0.971	2.160	0.567		
9	0.003	0.047	0.131	0.583	0.678	1.943	1.112	2.410	0.565	
10	0.002	0.018	0.127	0.249	0.949	0.921	2.483	1.252	2.569	0.565

注：$V_N(s) = b_0 + b_1 s + b_2 s^2 + \cdots + b_{N-1} s^{N-1} + b_N s^N$

2. 当波纹起伏为 $\frac{1}{2}$ dB,1 dB,2 dB,3 dB 时,低通滤波器的切比雪夫多项式 $V_N(s)$ 的零点位置

设切比雪夫滤波器传递函数 $H_N(s) = \dfrac{K}{V_N(s)}$,其中

$$K = \begin{cases} \dfrac{b_0}{(1+\varepsilon^2)^{\frac{1}{2}}}, & N \text{ 为偶数} \\ b_0, & N \text{ 为奇数} \end{cases}$$

附表 2.2　当波纹起伏为 $\frac{1}{2}$ dB,1 dB,2 dB,3 dB 时,低通滤波器的切比雪夫多项式 $V_N(s)$ 的零点位置

$N=1$	$N=2$	$N=3$	$N=4$	$N=5$	$N=6$	$N=7$	$N=8$	$N=9$	$N=10$
a. $\frac{1}{2}$ dB 波纹系数 $\varepsilon=0.349$, $\varepsilon^2=0.122$									
-2.86	-0.71	-0.17	-0.36	-0.62	-0.07	-0.25	-0.03	-0.19	-0.02
	$\pm j1.00$		$\pm j1.01$		$\pm j1.00$		$\pm j1.00$		$\pm j1.00$
		-0.31	-0.42	-0.11	-0.21	-0.05	-0.12	-0.03	-0.08
		$\pm j1.02$	$\pm j0.42$	$\pm j1.01$	$\pm j0.73$	$\pm j1.00$	$\pm j0..85$	$\pm j1.00$	$\pm j0..90$
				-0.29	-0.28	-0.15	-0.18	-0.09	-0.12
				$\pm j0.62$	$\pm j0.27$	$\pm j0.80$	$\pm j0.56$	$\pm j0.88$	$\pm j0.71$
						-0.23	-0.29	-0.15	-0.15
						$\pm j0.44$	$\pm j0.19$	$\pm j0.65$	$\pm j0.46$
								-0.18	-0.17
								$\pm j0.34$	$\pm j0.15$

$N=1$	$N=2$	$N=3$	$N=4$	$N=5$	$N=6$	$N=7$	$N=8$	$N=9$	$N=10$
b. 1 dB 波纹系数 $\varepsilon=0.508$, $\varepsilon^2=0.258$									
-1.96	-0.54	-0.49	-0.13	-0.28	-0.06	-0.20	-0.03	-0.15	-0.02
	$\pm j0.89$		$\pm j0.98$		$\pm j0.99$		$\pm j0.99$		$\pm j0.99$
		-0.24	-0.33	-0.08	-0.16	-0.04	-0.09	-0.02	-0.10
		$\pm j0.96$	$\pm j0.40$	$\pm j0.99$	$\pm j0.72$	$\pm j0.99$	$\pm j0..84$	$\pm j0.99$	$\pm j0..71$
				-0.23	-0.23	-0.13	-0.14	-0.07	-0.04
				$\pm j0.61$	$\pm j0.26$	$\pm j0.79$	$\pm j0.56$	$\pm j0.87$	$\pm j0.89$
						-0.18	-0.17	-0.12	-0.09
						$\pm j0.44$	$\pm j0.19$	$\pm j0.65$	$\pm j0.45$
								-0.14	-0.10
								$\pm j0.34$	$\pm j0.15$

$N=1$	$N=2$	$N=3$	$N=4$	$N=5$	$N=6$	$N=7$	$N=8$	$N=9$	$N=10$
			c. 2 dB 波纹系数 $\varepsilon=0.764, \varepsilon^2=0.584$						
-1.30	-0.40	-0.36	-0.10	-0.21	-0.04	-0.15	-0.02	-0.12	-0.01
	$\pm j0.68$		$\pm j0.95$		$\pm j0.98$		$\pm j0.98$		$\pm j0.99$
		-0.18	-0.25	-0.06	-0.12	-0.03	-0.07	-0.02	-0.07
		$\pm j0.92$	$\pm j0.39$	$\pm j0.97$	$\pm j0.71$	$\pm j0.98$	$\pm j0..83$	$\pm j0.99$	$\pm j0..71$
				-0.17	-0.17	-0.09	-0.11	-0.06	-0.04
				$\pm j0.60$	$\pm j0.26$	$\pm j0.79$	$\pm j0.56$	$\pm j0.87$	$\pm j0.89$
						-0.13	-0.13	-0.09	-0.09
						$\pm j0.43$	$\pm j0.19$	$\pm j0.64$	$\pm j0.45$
								-0.11	-0.10
								$\pm j0.34$	$\pm j0.15$

$N=1$	$N=2$	$N=3$	$N=4$	$N=5$	$N=6$	$N=7$	$N=8$	$N=9$	$N=10$
			d. 3 dB 波纹系数 $\varepsilon=0.997, \varepsilon^2=0.995$						
-1.00	-0.32	-0.29	-0.08	-0.17	-0.03	-0.12	-0.02	-0.09	-0.01
	$\pm j0.77$		$\pm j0.94$		$\pm j0.97$		$\pm j0.98$		$\pm j0.99$
		-0.14	-0.20	-0.05	-0.10	-0.02	-0.06	-0.01	-0.04
		$\pm j0.90$	$\pm j0.39$	$\pm j0.96$	$\pm j0.71$	$\pm j0.98$	$\pm j0..83$	$\pm j0.98$	$\pm j0..89$
				-0.14	-0.14	-0.07	-0.09	-0.04	-0.06
				$\pm j0.59$	$\pm j0.26$	$\pm j0.78$	$\pm j0.55$	$\pm j0.87$	$\pm j0.70$
						-0.11	-0.10	-0.07	-0.07
						$\pm j0.43$	$\pm j0.19$	$\pm j0.64$	$\pm j0.45$
								-0.09	-0.08
								$\pm j0.34$	$\pm j0.15$

参 考 文 献

[1] Smith Steven W. 实用数字信号处理——从原理到应用[M]. 北京:人民邮电出版社,2010.

[2] 胡广书.数字信号处理——理论、算法与实现[M].3 版.北京:清华大学出版社,2010.

[3] Sanjit K Mitra. 数字信号处理——基于计算机的方法[M].3 版. 北京:清华大学出版社,2006.

[4] Orfanidis Sophocles J. Introduction to Signal Processing[M]. 北京:清华大学出版社,1999.

[5] Mark Owen. 实用信号处理[M]. 北京:电子工业出版社,2009.

[6] 高西全,丁玉美. 数字信号处理[M].3 版.西安:西安电子科技大学出版社,2008.

[7] Mark A Richards. 雷达信号处理基础[M]. 北京:电子工业出版社,2008.

[8] 赵健,李勇. 数字信号处理[M]. 北京:清华大学出版社,2006.

[9] 赵健,王宾,马苗. 数字信号处理[M].2 版. 北京:清华大学出版社,2011.

[10] 王艳芬,王刚,张晓光,等. 数字信号处理原理及实现[M].2 版. 北京:清华大学出版社,2013.

[11] 赵树杰. 雷达信号处理技术[M]. 北京:清华大学出版社,2010.

[12] TMS320C54x DSP Reference Set, Volume 1(SPRU131g). 德州仪器公司. TMS320C54 DSP 参考手册.第 1 卷,CPU 和接口:CPU and Peripherals.

[13] 彭启琮.TMS320C54X 实用教程[M]. 成都:电子科技大学出版社,2000.

[14] 程乾生. 数字信号处理[M].2 版. 北京:北京大学出版社,2010.

[15] McClellan James H,Schafer Ronald W,Yoder Mark A. DSP First:A Multimedia Approach[M]. NJ:Prentice Hall,1998.

[16] 奥本海姆 A V,谢弗 R W. 离散时间信号处理[M].2 版. 西安:西安交通大学出版社,2003.

[17] Chen Chi-Tsong.数字信号处理:频谱计算与滤波器设计[M].英文版. 北京:电子工业出版社,2002.

[18] 唐向宏,孙闽红. 数字信号处理[M]. 北京:高等教育出版社,2012.

[19] 刘纪红,孙宇舸,叶柠. 数字信号处理原理与实践[M]. 北京:清华大学出版社,2014.